高职高专计算机系列规划教材

SOHO网组建与管理

■主 编 陆 英 龙朝中 沈国祥

南京大学出版社

图书在版编目(CIP)数据

SOHO网组建与管理 / 陆英，龙朝中，沈国祥主编.
— 南京 ：南京大学出版社，2018.6
ISBN 978-7-305-20382-4

Ⅰ. ①S… Ⅱ. ①陆… ②龙… ③沈… Ⅲ. ①计算机网络—高等职业教育—教材 Ⅳ. ①TP393

中国版本图书馆CIP数据核字(2018)第135169号

出版发行 南京大学出版社
社　　址 南京市汉口路22号　　　　邮　编 210093
出 版 人 金鑫荣

书　　名 SOHO网组建与管理
主　　编 陆 英 龙朝中 沈国祥
责任编辑 徐 鹏 王南雁　　　　编辑热线 025-83593923

照　　排 南京南琳图文制作有限公司
印　　刷 宜兴市盛世文化印刷有限公司
开　　本 787×1092 1/16 印张 15.75 字数 364 千
版　　次 2018年6月第1版 2018年6月第1次印刷
ISBN 978-7-305-20382-4
定　　价 42.00元

网址：http://www.njupco.com
官方微博：http://weibo.com/njupco
官方微信号：njupress
销售咨询热线：(025) 83594756

前言

随着计算机网络技术的快速发展，社会各行各业对计算机网络技术人才的需求不断增大、要求不断提高。为了使计算机网络技术专业课程教学能更好地满足人才培养的需求，提高计算机网络技术人才培养的质量，我们进行了“SOHO 网组建与管理”课程的开发和建设工作，并将该课程定为计算机网络技术专业的重点认知课程。为了有效实施该课程，我们组织编写了《SOHO 网组建与管理》教材。

本书以江苏城市职业学院高等职业教育计算机网络技术专业人才培养方案为依据，在合理调整专业课程设置的基础上，以学习者的需求和学习特点为导向，以任务形式整合组建 SOHO 网络的基础知识和技能，打破传统课程知识体系，以能力为本位，以实用、够用为原则，注重实践性和拓展性。本书在编写体例上采用项目教学形式，在逐步实现项目任务要求的同时，学习项目中涉及的知识点。全书共有六个项目，每个项目由若干具体工作任务组成，主要包括认识计算机网络、组网准备、组建 SOHO 网络、组建无线网络、网络管理和网络维护等内容。本书以一位创业者组建公司办公网络并逐步推进网络建设为任务案例，以通俗易懂的语言、图文并茂的形式阐述任务实施的过程和要点，方便学习者依例解决实际问题，做到知识和技能融会贯通。每个任务后面还安排了针对性强的实践操作，便于学习者巩固理论知识和操作技能。

本书以“情景描述——任务分析——任务实施——任务知识——任务实践——任务评价”为主要结构的教学模式，突出了学习者的主体性和能动性，可以使学习者通过学习实践，具备对家庭网络、小型办公局域网进行简单规划、实施及管理的能力，并学习和巩固计算机网络组建、SOHO 网络组建、无线网络组建、网络管理和网络维护等基础知识。本书可以作为高职高专计算机网络技术专业的专业认知课程或其他专业计算机网络技术课程的教学用书，也可作为计算机网络爱好者实用的自学用书。

本书由陆英、龙朝中、沈国祥主编，邵念斌、赵文斌和雒晓霞参加编写。在本书的编写过程中，得到了昆山开放大学、江苏城市职业学院（昆山校区）张国翔校长和信息与自动化系同仁的热心指导与大力协助，在此，对他们致以衷心的感谢。同时，本书作为第三期江苏省职业教育教学改革研究课题以及江苏开放大学、江苏城市职业学院教学改革研究课题的研究成果，也得到了江苏省教科院、江苏开放大学、江苏城市职业学院的大力支持，在此一并表示感谢！

由于时间仓促及作者水平有限，书中难免存在不足之处，恳请广大读者提出宝贵意见，不吝赐教，以便修订时更正。

编　者

2018 年 3 月

目　录

项目一　认识计算机网络

任务一　计算机网络的基本应用

【情景描述】

李想同学是电子商务专业的学生，虽然学的不是计算机网络专业，但他发现班级很多同学都对网络感兴趣。一方面，网络的快速发展已经渗透到学习、生活的方方面面，大家都离不开网络了；另一方面，电子商务专业的学生将来无论是就业还是创业，都离不开网络。因此，他打算先从计算机网络的概念、发展历程和应用着手，对网络有一个初步的认识。

【任务分析】

本任务的主要目的是对计算机网络是什么、能做什么以及计算机网络的由来和发展有一个全面的认识，具体包括以下几个内容：

(1) 理解计算机网络的定义和基本要素；

(2) 了解计算机网络的基本发展过程；

(3) 认识计算机网络多样化的应用形式；

(4) 掌握 SOHO 网络的概念。

【任务实施】

(一) 计算机网络的定义和组成

人们对计算机网络这一概念有着不同的理解和定义，目前主流的理解是：将地理位置不同的、具有独立功能的计算机或由计算机控制的外部设备，通过通信设备和线路连接起来，在网络操作系统的控制下，按照约定的通信协议进行信息交换，实现资源共享的系统。

根据上述定义，计算机网络的基本组成如图 1-1-1 所示。在这个定义中可以看到计算机网络的组成涉及三个要素：

(1) 两台或两台以上的计算机相互连接起来才能构成网络，达到资源共享的目的。

(2) 计算机之间通信、交换信息时，需要一条通信线路。这条线路的连接是物理的，由硬件实现，也称为传输介质。

(3) 计算机之间通信、交换信息时，还需要有彼此约定并共同遵守的通信规则，这就是协议。

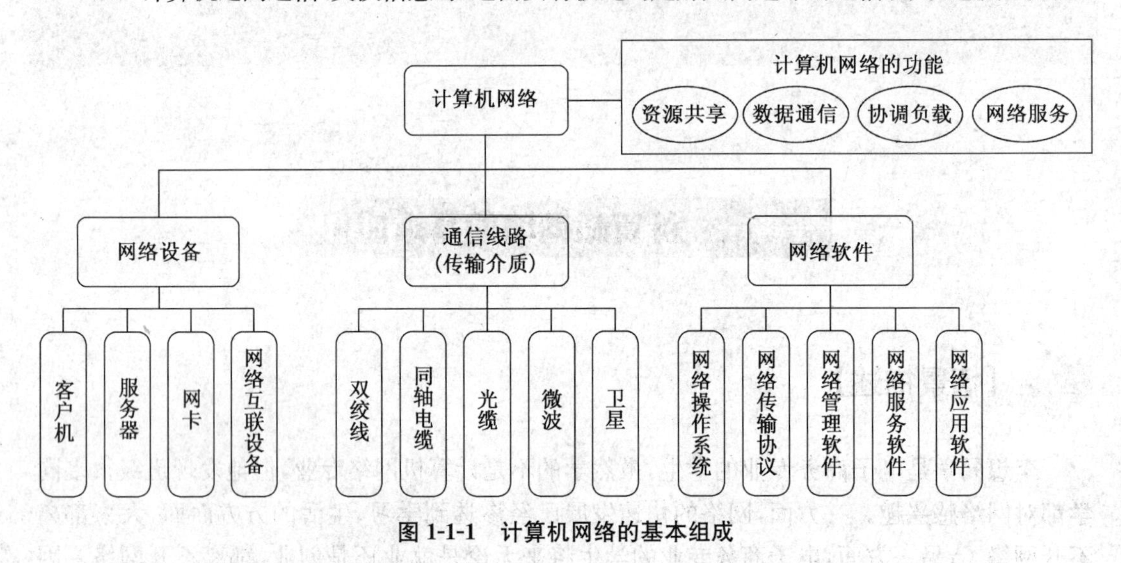

图 1-1-1　计算机网络的基本组成

(二) 计算机网络的由来和发展

计算机网络是计算机技术和通信技术相结合的产物，其发展过程最早可追溯到 20 世纪 50 年代初，由美国航空公司和 IBM 公司开始联合研究计算机通信技术应用于飞机订票系统，这一成果成为计算机网络的最初应用实践。至今，计算机网络已经过了四个发展阶段。

(1) 第一阶段——诞生阶段，面向终端的计算机网络。这一阶段的网络是以单个计算机为中心的远程联机系统，由于终端没有 CPU 和内存，所以由主机集中控制整个网络，既要负责通信，还要负责所有的数据处理，这种形式的网络在运行效率和可靠性上均有不足。第一代网络的典型代表是由一台计算机和全美范围 2000 多个终端组成的飞机订票系统，第一阶段的计算机网络如图 1-1-2 所示。

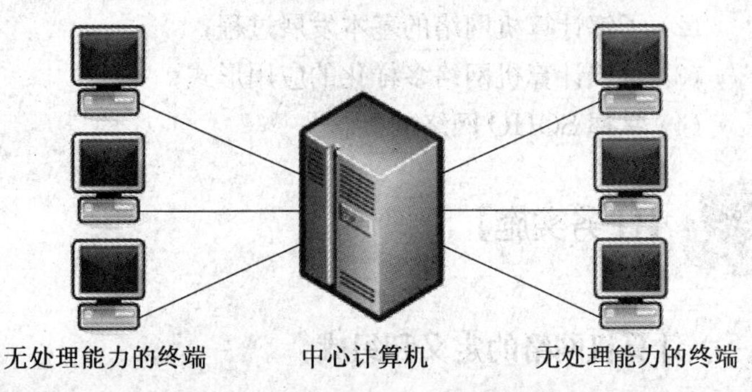

图 1-1-2　第一阶段的计算机网络

(2) 第二阶段——形成阶段,具有通信功能的多机系统。这一阶段的网络是以多个主机通过通信线路互连起来,为用户提供服务的系统。针对上一代网络随着连接终端数目的增多而导致中心计算机负载过重的问题,在通信线路和中心计算机之间设置了接口报文处理机(IMP),专门负责与终端之间的通信任务,这种数据处理和通信处理分开的协作模式,能够更好地发挥中心计算机的工作效率。这一代网络的典型代表是美国国防部协助开发的ARPAnet,这一网络应用既是Internet的前身,也被认为是现代计算机网络诞生的标记。第二阶段的计算机网络如图1-1-3所示。

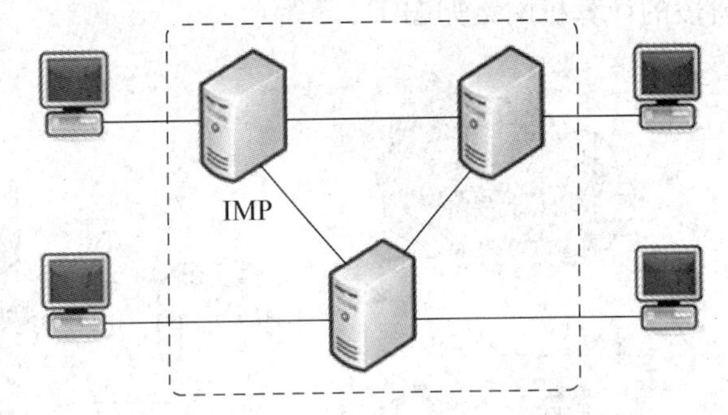

图 1-1-3　第二阶段的计算机网络

(3) 第三阶段——互连互通阶段,遵循国际标准化协议的计算机网络。ARPAnet兴起后,计算机网络发展迅猛,各大计算机公司相继推出自己的网络体系结构及实现这些结构的软硬件产品。由于没有统一的标准,导致不同厂商的产品之间无法有效互连。

因此,产生了两种国际通用的最重要的体系结构,即TCP/IP体系结构和国际标准化组织的OSI体系结构,国际通用体系结构的出现使得网络产品有了统一的标准,同时也促进了企业的竞争,尤其为计算机网络向标准化方向发展提供了重要基础。第三阶段的计算机网络如图1-1-4所示。

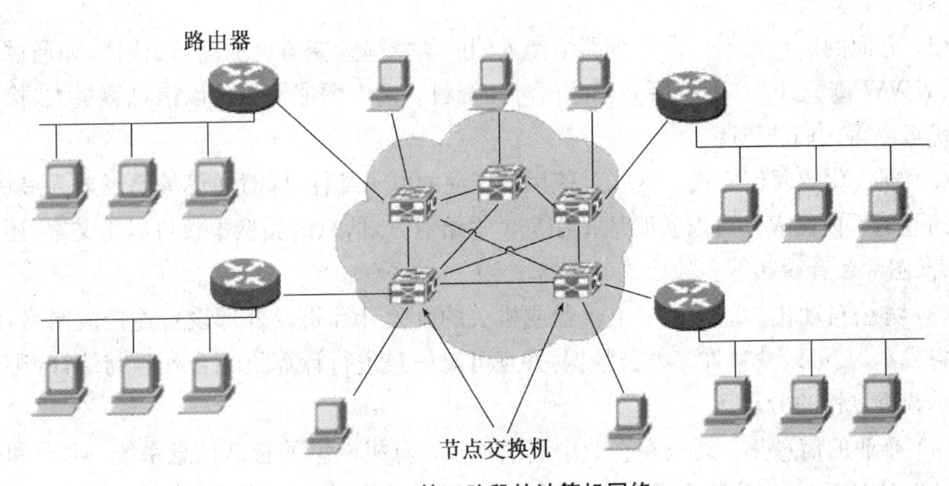

图 1-1-4　第三阶段的计算机网络

(4) 第四阶段——高速网络技术阶段,高速率智能化的计算机网络。通信技术尤其是光纤通信技术的发展为高速网络提供了基础,光纤作为一种高速率、高带宽、高可靠性的传输介质在各国的信息基础建设中被广泛应用,网络带宽不断提高,促进了网络应用的多样化和复杂化。同时,用户不仅对网络的传输带宽提出了越来越高的要求,还对网络的可靠性、安全性和可用性等提出了新的要求。为了向用户提供更高质量的网络服务,网络管理也进入了智能化阶段，包括网络的配置管理、故障管理、性能管理和安全管理等都可以通过智能化程度很高的网络管理软件来实现。计算机网络由此进入了高速、智能的发展阶段。第四阶段的计算机网络如图 1-1-5 所示。

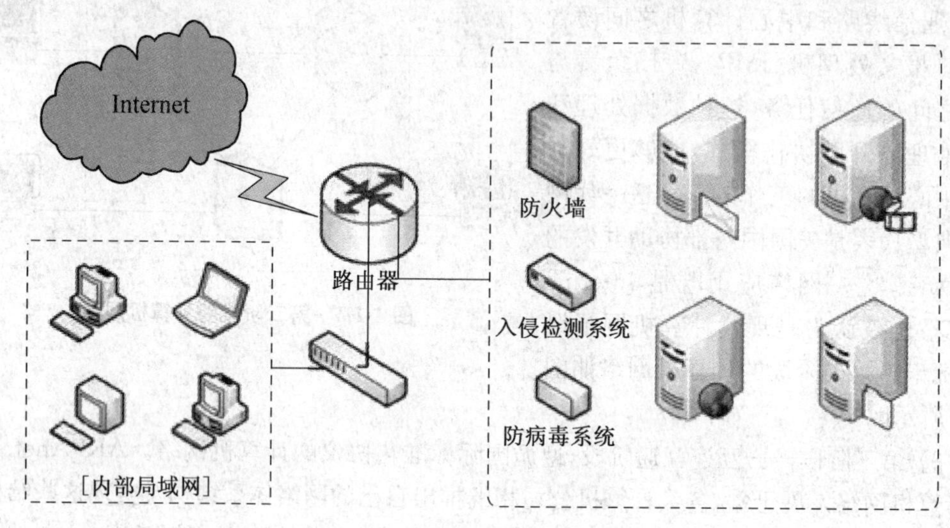

图 1-1-5　第四阶段的计算机网络

（三）计算机网络的主要应用

随着计算机网络的发展与普及，网络上的应用也越来越多样化，典型的网络应用包括以下内容。

（1）方便的信息检索。计算机网络使人们的信息检索变得更加高效、快捷，如通过网上搜索、WWW 浏览、FTP 下载所需要的信息和资料。网上图书馆更是以信息容量大、检索方便的优点赢得人们的青睐。

（2）现代化的通信方式。网络上使用最广泛的电子邮件、即时通信等已经成为最快捷、廉价的通信手段。人们可以实时地把信息发送给对方，信息的类型不仅可以是文本，还可以是声音、图片和音视频等多种形式。

（3）办公自动化。通过将一个企业或机关的办公计算机及外部设备连接成网络，既可以节省成本，又可以共享许多办公数据，并且可对信息进行计算机综合处理与统计，避免了许多单调重复性的劳动。

（4）企业的信息化。通过在企业中实现基于计算机网络的管理信息系统（MIS）和企业资源计划（ERP），可以实现企业生产、销售、管理和服务的全面信息化，从而有效地提高生产率。采用网络化、信息化企业管理的网络结构如图 1-1-6 所示。

（5）电子商务与电子政务。计算机网络还推动了电子商务和电子政务的发展。企业与企业、企业与个人之间可以通过网络实现交易和购物；政府部门则可以通过电子政务工程实施公开化、审批程序标准化，提高政府的办事效率，并使之更好地为企业或个人服务。电子政务系统的基本功能如图 1-1-7 所示。

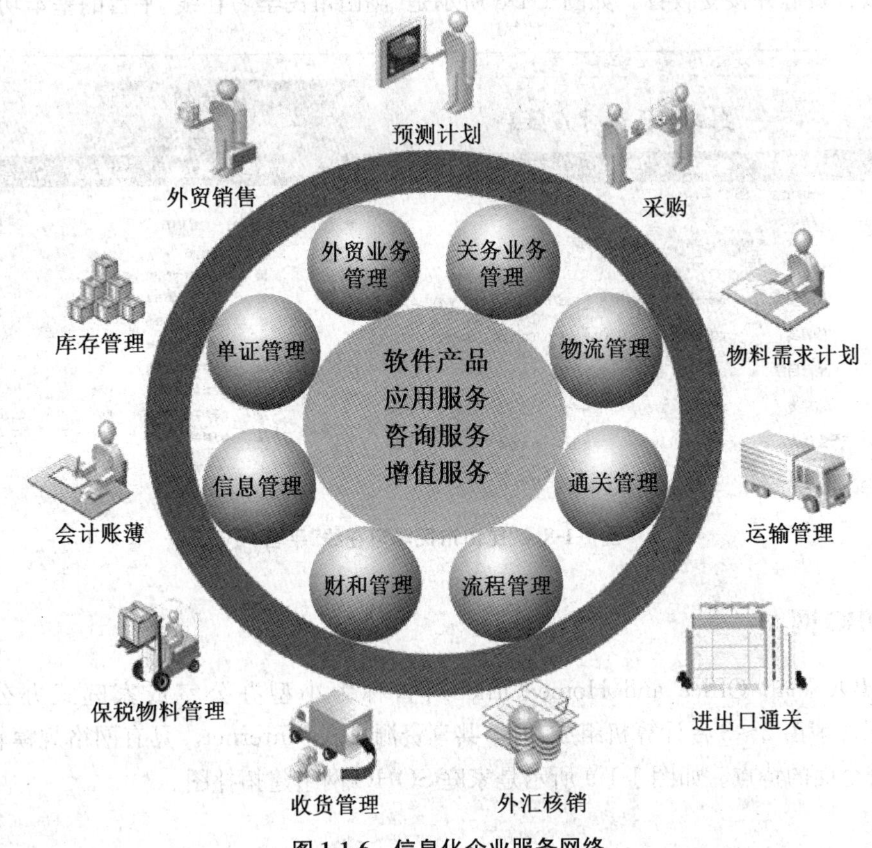

图 1-1-6　信息化企业服务网络

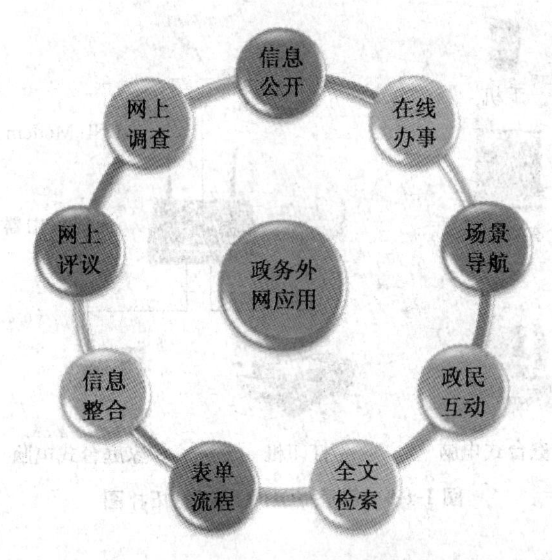

图 1-1-7　电子政务系统基本功能

(6) 远程教育和网络学习。计算机网络提供了新的实现自我教育和终身教育的渠道。基于网络的远程教育、网络学习使得人们可以突破时间、空间和身份的限制，方便地获取网络上的教育资源并接受教育。如图1-1-8所示是"昆山市民学习在线"平台的基本功能。

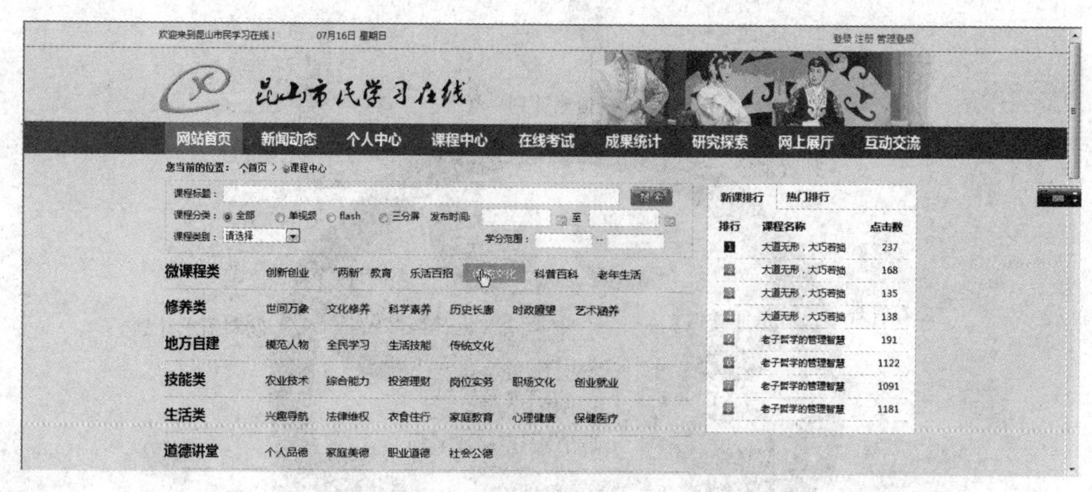

图1-1-8 "昆山市民学习在线"平台

(四) SOHO网

SOHO(Small Office and Home Office)网，称为小型办公室或家庭式办公网络。SOHO网一般由2～8台计算机组成，能够共享资源、访问Internet。具有网络规模较小，但功能比较全面的特点。如图1-1-9所示是家庭SOHO网组建拓扑图。

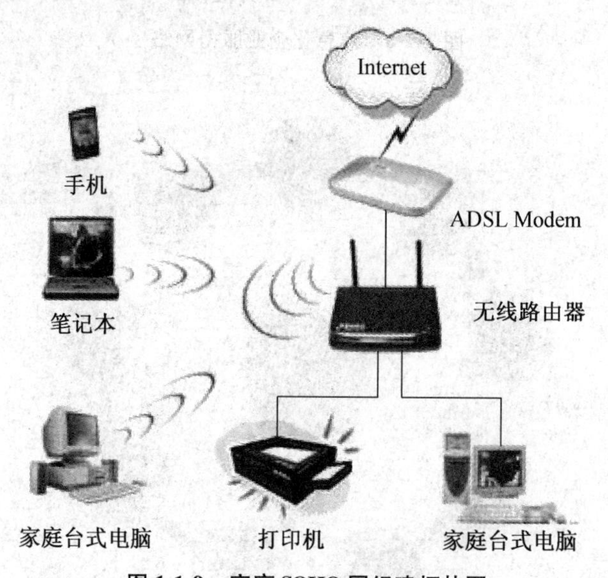

图1-1-9 家庭SOHO网组建拓扑图

【任务知识】

(一) 终端

终端(Terminal)也称终端设备,是计算机网络中处于网络最外围的设备,主要用于用户信息的输入以及处理结果的输出等。在早期计算机系统中,由于计算机主机昂贵,因此一个主机一般会配置多个终端,这些终端本身不具备计算能力,仅仅承担信息输入输出的工作,运算和处理均由主机来完成。

(二) 电子商务和电子政务

电子商务是以商务活动为主体,以计算机网络为基础,以电子化方式为手段,在法律许可范围内所进行的商务活动交易过程。与传统商务活动相比,电子商务具有更广阔的环境、更广阔的市场、更快速的流通和低廉的价格等优势,也更符合时代的要求,具有广阔的发展空间。

电子政务是政府部门/机构利用现代信息科技和网络技术,实现高效、透明、规范的电子化内部办公、协同办公和对外服务的程序、系统、过程和界面。与传统政府的公共服务相比,更具有直接性、便捷性、低成本性以及更好的平等性等特征。

【思考与讨论】

(1) 什么是计算机网络?计算机网络由哪几个部分组成?
(2) 计算机网络的发展分为哪几个阶段?每个阶段有什么特点?
(3) 简述计算机网络的发展趋势。
(4) 计算机网络主要应用在哪些方面?
(5) 什么是 SOHO 网?请举例说明。

【任务评价】

评价一下自己的任务完成情况,在相应栏目中打"√"。

项目		评价依据	优秀	良好	合格	继续努力
任务背景（10）		明确任务要求，解决思路清晰				
任务实施准备（20）		收集任务所需资料，任务实施准备充分				
任务实施（40）	子任务	评价内容或依据				
	任务一	正确理解计算机网络的定义				
	任务二	认识计算机的各个发展阶段及特点				
	任务三	全面了解计算机网络的应用				
任务效果（30）		正确完成任务目标，具有较强的团队精神和合作意识，在任务实施过程中具有探究精神				
问题与感想						

任务二　计算机网络的构成要素

【情景描述】

虽然李想同学对计算机网络的定义及应用有了一定的认识，但对网络的构成和基本工作原理并不清楚，所以他想对网络的基本构成、数据通信实现方式以及网络体系结构有一个总体了解，为今后的学习和实践打下基础。

【任务分析】

本任务的主要目的是从系统结构的角度理解计算机网络的组成原理，并对计算机网络数据通信技术和体系结构有一个基本认识，具体包括以下几个内容：

(1) 掌握计算机网络的系统组成；

(2) 认识计算机网络的分类方法；

(3) 理解关于数据通信的主要技术；

(4) 理解计算机网络的体系结构。

【任务实施】

(一) 计算机网络的系统组成

计算机网络是由硬件系统和软件系统组成的。

(1) 网络硬件是计算机网络系统的基础。构成一个计算机网络系统，首先要将计算机及其附属硬件与网络中其他计算机系统连接起来。网络硬件通常由服务器、客户机、传输介质、网络适配器和网络互连设备等组成，如图 1-2-1 所示。

服务器是提供和管理网络服务的计算机；客户机是使用网络服务的计算机；传输介质是将各台计算机连接起来相互通信、交换信息的物理通道；网络适配器(俗称网卡)是将计算机与传输介质连接的接口设备，实现计算机数据和网络信息之间的相互转换；网络互连设备(如交换机、路由器、防火墙等)的作用类似于交通枢纽，将不同类型的网络互相连接成统一的通信系统，以实现更大范围的资源共享。

(2) 网络软件是实现网络功能不可缺少的部分。网络软件主要包括各种网络应用程序、网络操作系统和网络通信协议。其中网络应用程序就是实现如网络浏览、网络通讯、远程控制等具体功能的实际应用软件；操作系统是统一管理网络软硬件资源，使各种网络应用得以运行的基础平台；网络通信协议则是为计算机之间彼此有效通信而制订的“共同语言”，

通过协议来描述双方在解决交流什么、如何交流、何时交流等问题时应共同遵守的通信规则。如图 1-2-2 所示是网络操作系统 Windows Server 2008 的管理界面。

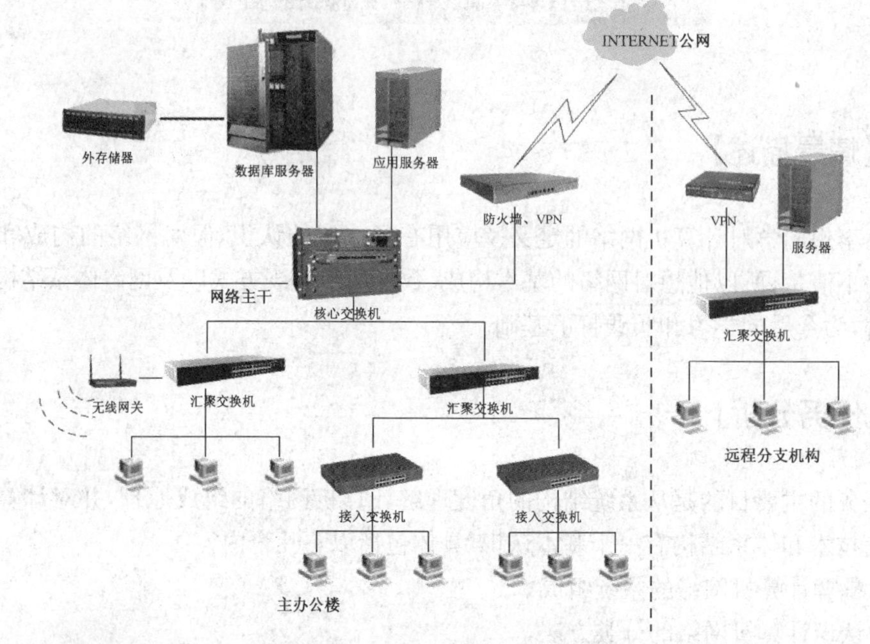

图 1-2-1　计算机网络的硬件组成

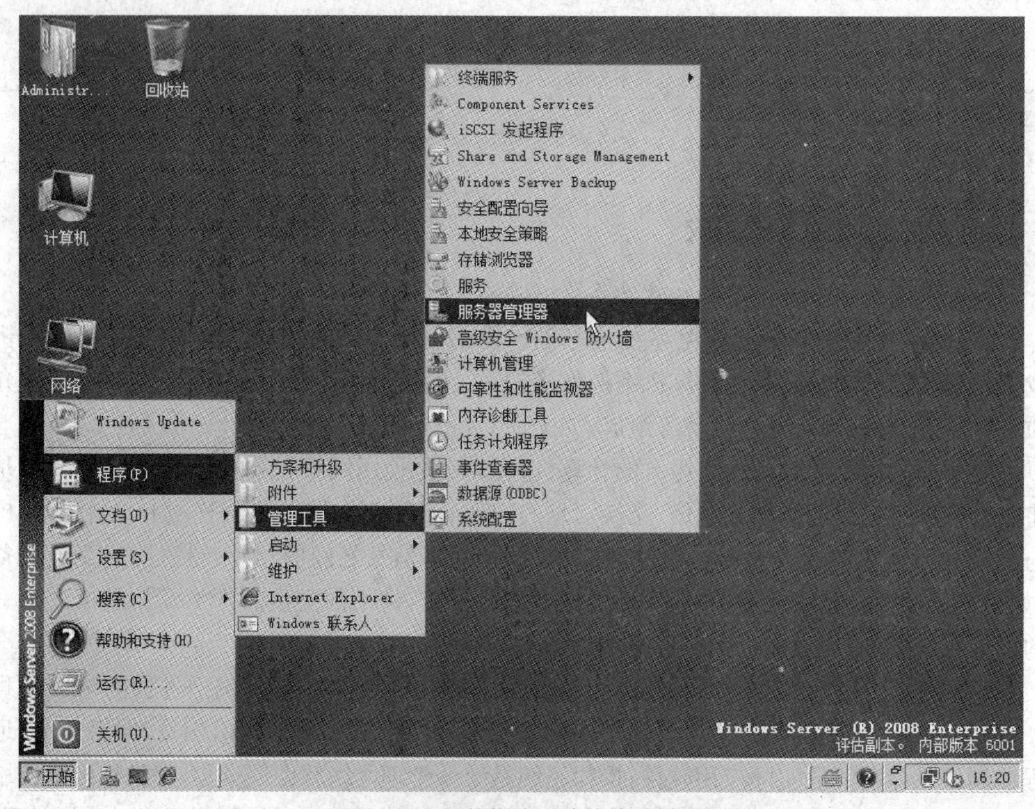

图 1-2-2　网络操作系统的管理界面

(二) 计算机网络的分类

计算机网络根据不同的分类方式有不同的分类结果，目前主流的分类方法有以下几种：

1. 根据网络的覆盖范围来划分

计算机网络可以分为局域网（LAN）、城域网（MAN）和广域网（WAN），这三种类型网络的关系如图 1-2-3 所示。

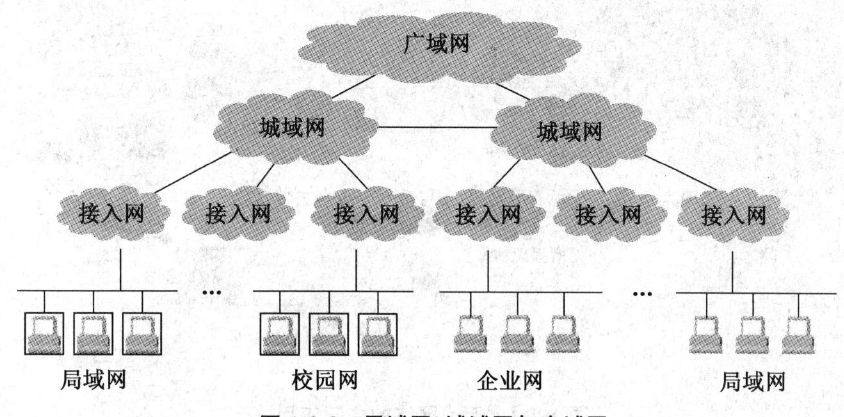

图 1-2-3　局域网、城域网与广域网

(1) 局域网(Local Area Network，LAN)，是指范围在十公里以内的办公楼群或校园内的计算机相互连接所构成的计算机网络。局域网具有规模较小、数据传输率高、可靠性高的特点。

(2) 城域网(Metropolitan Area Network，MAN)，覆盖范围一般是一个城市，它介于局域网和广域网之间，范围从几十公里到上百公里。主要满足大量企业、公司的多个局域网互连的需求。城域网具有数据传输速率高、技术先进、安全的特点。

(3) 广域网(Wide Area Network，WAN)，可以覆盖整个城市、国家，甚至整个世界，形成国际性的远程网络，一般从几百公里到几千公里。广域网具有规模大、数据传输速率较低、技术复杂的特点。

随着计算机网络技术的发展，局域网、城域网和广域网的界限已经变得模糊。

2. 根据网络通信介质来划分

计算机网络可以分为有线网和无线网，有线网采用同轴电缆、双绞线、光纤等物理介质来传输数据，无线网采用卫星、微波、红外等无线形式来传输数据。有线网的优点是传输速度快、抗干扰能力强；无线网的优点是组网灵活快捷、扩展性能好，具有更广阔的应用空间。如图 1-2-4 所示是无线通信在各个领域的广泛应用。

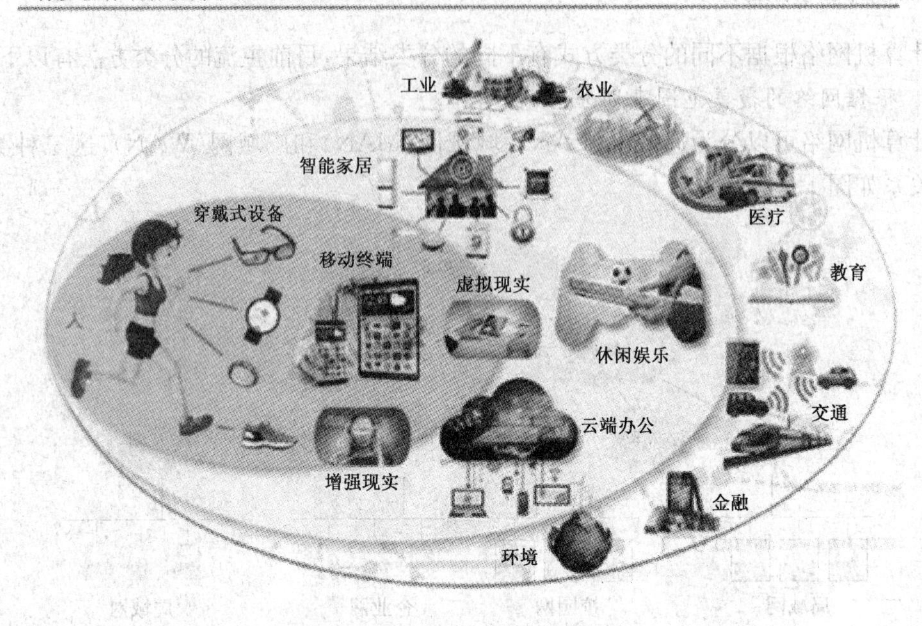

图 1-2-4　无线网络的广泛应用

3. 根据网络的使用对象来划分

计算机网络可以分为公用网和专用网两种，公用网一般由政府电信部门管理和控制，对所有人提供服务，只要符合网络拥有者的要求就能访问该网络，如公共电话交换网(PSTN)、数字数据网(DDN)、综合业务数字网(ISDN)等。专用网为一个或几个部门所拥有，它只为拥有者服务，不允许外部人员使用，如金融、石油、铁路等行业都有自己的专网。

4. 根据网络的拓扑结构来划分

网络拓扑是指网络中通信线路和节点(服务器、工作站、网络互连设备等)的几何形状，用以表示整个网络的结构外貌，反映各节点之间的结构关系，拓扑结构影响着整个网络的设计、功能、可靠性和通信费用等方面，是计算机网络十分重要的系统要素。目前常用的网络拓扑结构有总线型、星型、环型、树型以及混合型结构，如图 1-2-5 所示。

总线型拓扑：总线型拓扑结构中，所有设备连接到一条传输介质上。总线结构所需要的电缆数量少、线缆长度短，易于布线和维护。多个结点共用一条传输信道，信道利用率高，但故障诊断和隔离比较困难。

星型拓扑：星型结构具有一个中心，多个分节点。它结构简单，连接方便，管理和维护都相对容易，而且扩展性强。网络延迟时间较小，传输误差低。但中心故障影响整个网络通信，同时共享能力差，通信线路利用率不高。

环型拓扑：环型拓扑网络由节点形成一个闭合环。工作站少，节约设备。当然，这样就导致一个节点出问题，网络就会出问题，而且不易诊断故障。

树型拓扑：树型拓扑从总线拓扑演变而来，形状像一棵倒置的树，顶端是树根，树根以下带分支，每个分支还可再带子分支，树根接收各站点发送的数据，然后再广播发送到全网。

优点是好扩展、容易诊断错误，但对根部要求高。

网状拓扑：网状拓扑的优点是不受瓶颈问题和失效问题的影响，一旦某一线路出问题，可以通过其他线路替代，但太复杂、成本高。

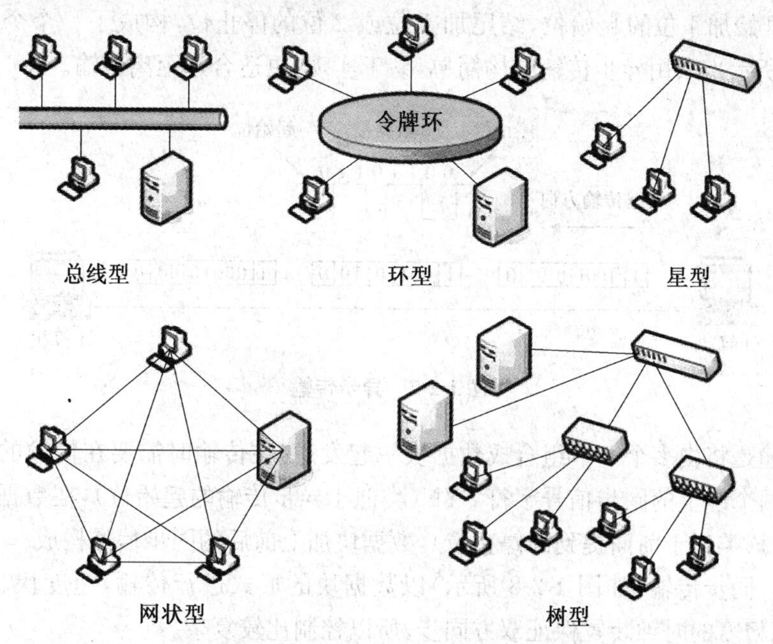

图 1-2-5　计算机网络拓扑结构

(三) 数据通信主要技术

数据通信是针对计算机的结构原理，研究将计算机中的二进制数据利用网络进行传输、交换和处理的理论、方法和实现技术。

(1) 网络数据和网络信号。数据是指网络中存储、处理和传输的二进制编码，它是信息的载体，可以是各种文字、图像、音视频等，这也是我们需要利用网络进行交流共享的对象。信号就是根据通信介质的传输要求，将数据转换为适合通信介质传输的不同形式和特性的电磁信号、光信号、调制信号等。

网络信号一般分为模拟信号和数字信号，如图 1-2-6 所示。由于数字信号相比于模拟信号具有抗干扰能力强、安全性高等技术优势，目前已经成为主流的网络信号表现形式。

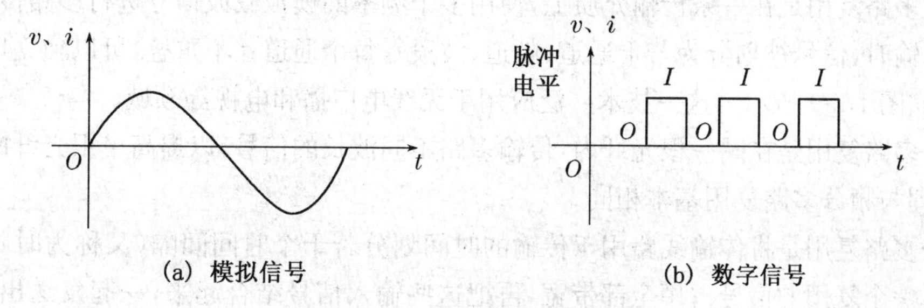

图 1-2-6　模拟信号和数字信号

（2）同步传输和异步传输。为了保证网络通信双方在发送和接收的数据上内容相同，序列一致，需要建立双方共同遵守的同步机制，目前常用的同步机制有异步传输和同步传输两种。

异步传输是将每个字节作为一个单元独立传输，为了标志字节的传输开始和结束，会在每个字节的开始加 1 位的起始位，结尾加 1 位或 2 位的停止位，构成了一个个传输“字符”（如图 1-2-7 所示），采用异步传输结构简单，易于实现，更适合远距离传输。

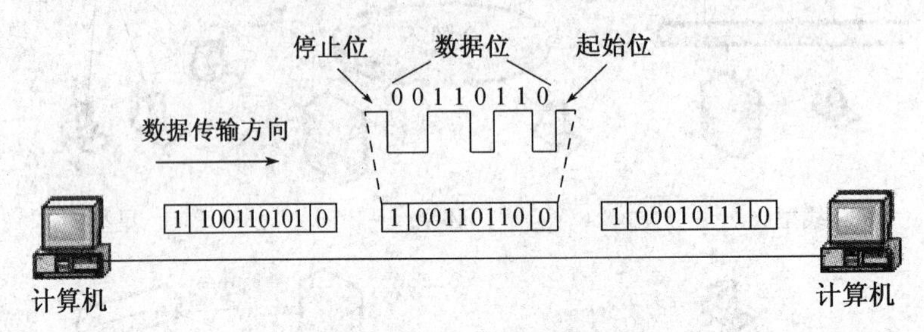

图 1-2-7　异步传输

同步传输是将由多个字节组合成数据块一起发送，在传输时需要在传输的数据块前面加上两个或两个以上的同步信号字符 SYN（类似于异步传输的起始位），在数据块结束处加上后同步信号（类似于前面提到的停止位），数据块加上前后的同步信号构成一个数据单位，称为数据帧。同步传输（如图 1-2-8 所示）以数据块的形式进行传输，速度快、线路利用率高，但需要高精度的时钟装置保证双方同步，所以控制比较复杂。

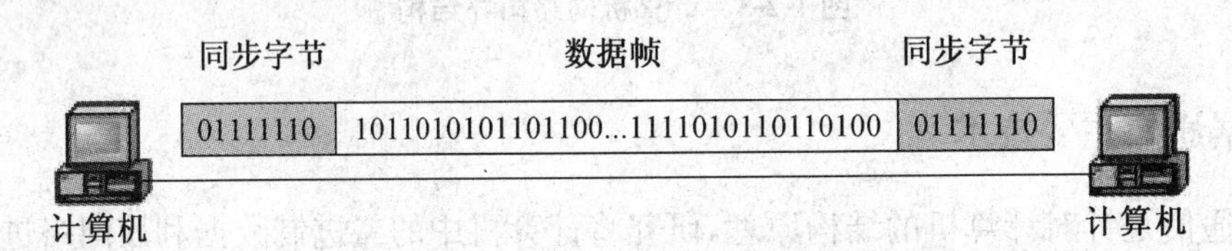

图 1-2-8　同步传输

（3）多路复用技术。为了提高通信介质的利用率，降低网络成本，在单一线路上可以同时传输多个不同来源的信息，也就是先由复合器将不同发送端发出的信息复合为一个信息并通过单一信道传输，接收前由分离器分出各个信号，再被各个接收端接收，这种技术被称为多路复用技术。目前常用的多路复用技术有频分多路复用（FDM）、时分多路复用（TDM）和波分多路复用（WDM）三种。

频分多路复用是在一条传输介质上，使用多个频率的模拟载波信号进行多路传输，在频分多路传输时，信号被划分为若干通道（频道、波段），每个通道互不重叠，可以独立地进行数据传输，如图 1-2-9 所示。这一技术广泛应用于无线电广播和电视等领域。

波分多路复用是在同一根光纤内，传输多路不同波长的信号，以提高单根光纤的传输能力，其原理与频分多路复用基本相同。

时分多路复用是将传输线路用于传输的时间划分若干个时间间隔（又称为时隙），每一个时隙由一个复用的信号占用全部带宽，再把这些输入信号结合起来，一起发送出去，如图 1-2-10 所示。

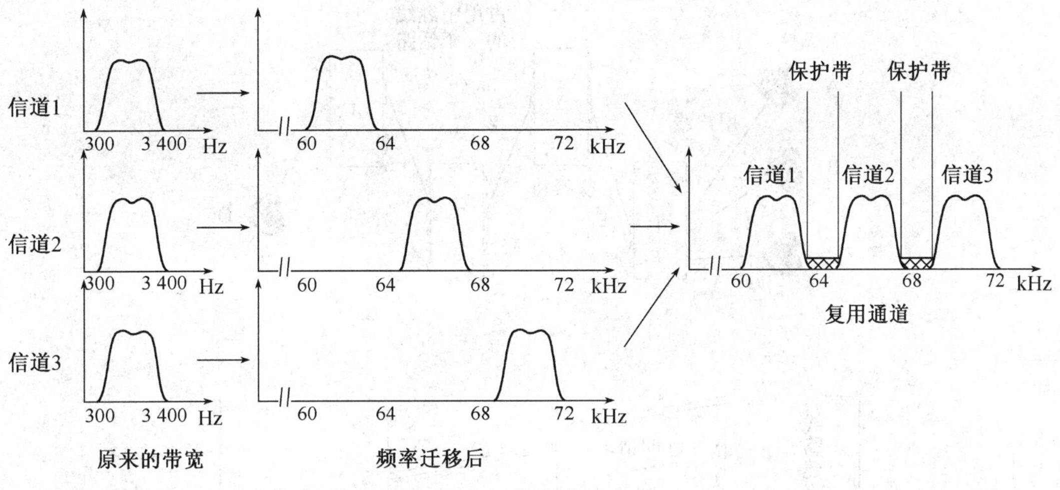

图 1-2-9　频分多路复用

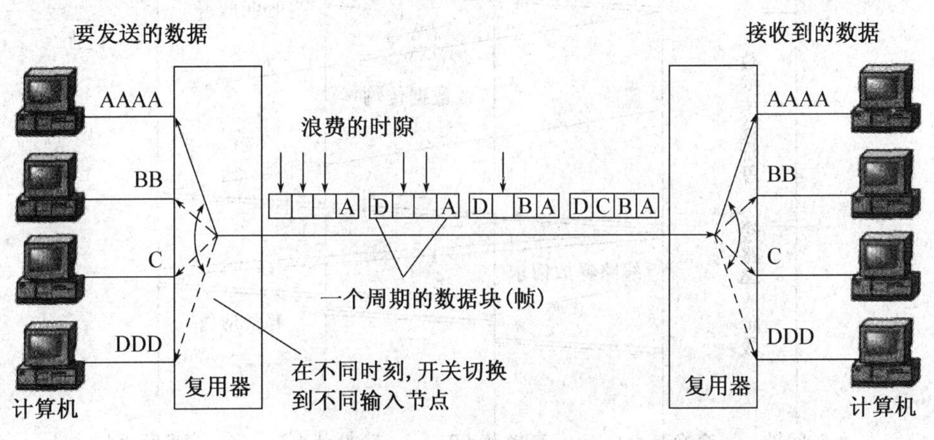

图 1-2-10　时分多路复用

(4) 电路交换和存储—转发交换。在网络中传输数据时，一般不是发送端和接收端直接连接，而是要经过多个中间节点，在相邻两个节点之间传输数据的技术称为数据交换技术，目前常用的数据交换技术有电路交换、报文交换和分组交换。

电路交换是在传输数据之前从网络中选择若干中间节点参与建立物理线路，在整个数据传输过程中所建立的线路必须始终保持连接状态，在数据传输完成后释放各个节点，将线路的使用权交还给网络，至此整个通信结束，如图 1-2-11 所示。

存储—转发交换是利用网络节点的数据存储能力，由网络节点首先将经过的数据接收并存储起来，然后选择一条适当的链路，在信道空闲时，将数据转发出去，经过若干中间结点的逐级中转，最后将数据送至目的地，如图 1-2-12 所示。

根据转发数据单元的不同，存储—转交换方式分为报文交换和分组交换，报文交换是整个报文(数据块)作为信息交换单位，在各个节点之前存储转发，而分组交换是将这些报文分割成若干个小段(限制所传输数据的最大长度，典型的最大长度为一千位或几千位)。

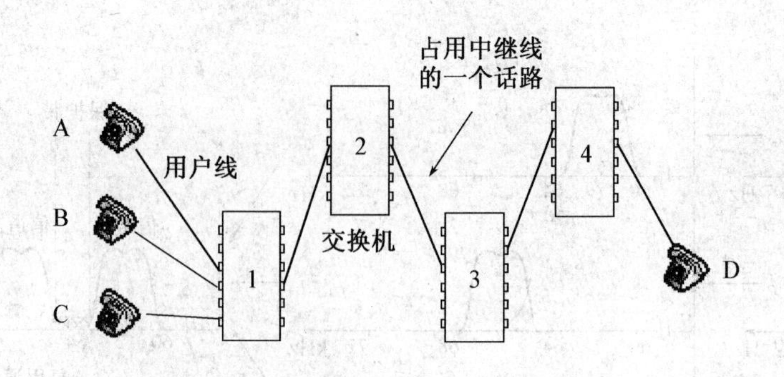

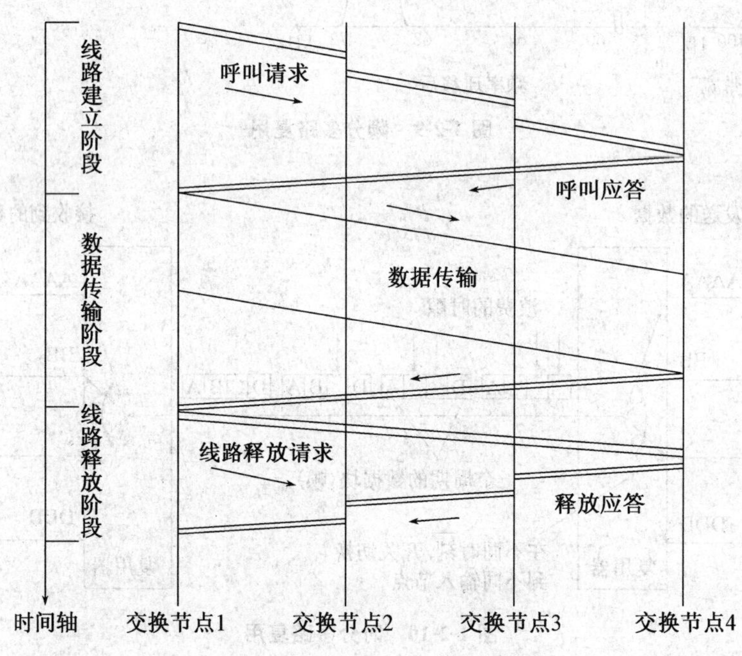

图 1-2-11　电路交换基本原理

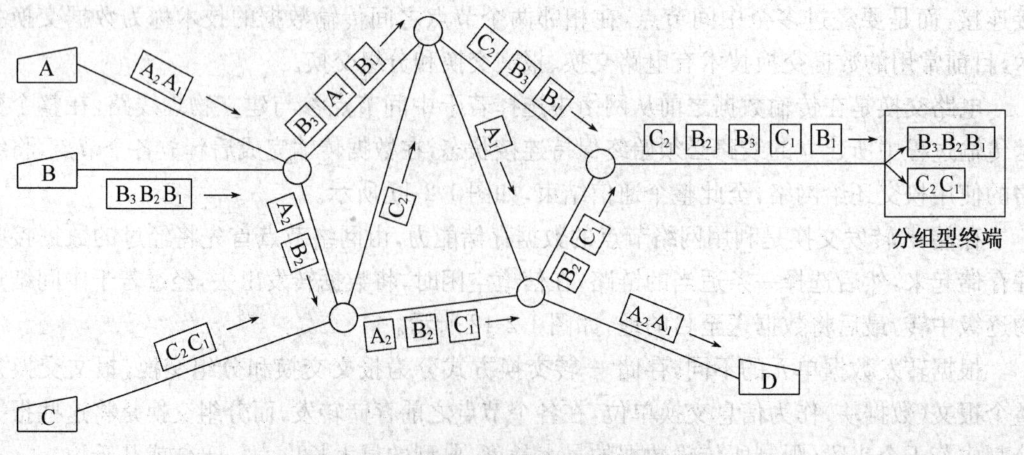

图 1-2-12　分组交换基本原理

为每个小段加上有关地址数据和段的分割信息，组成一个数据包，也叫分组。在发送端将一个长报文分割成多个分组（数据包），在接收端再将多个分组（数据包）按照顺序重新组织成一个长报文。由于分组交换可以大大提高通信线路的利用率，所以分组交换已经成为计算机网络中主流的数据交换技术。

（四）计算机网络的体系结构

计算机网络是一个功能庞大、结构复杂的系统，为了减少网络系统设计的复杂性，提高网络系统的稳定性和可管理性，一般将计算机网络分为相对独立的若干层，每一层都有一系列解决特定问题、具有既定用途的协议，每一对相邻层之间都有一个接口，各层通过接口可与相邻的层进行通信，下层（较低级别的层）向上层（较高级别的层）提供服务，并把这一层如何实现这一服务的细节向上层屏蔽。网络的体系结构如图 1-2-13 所示。

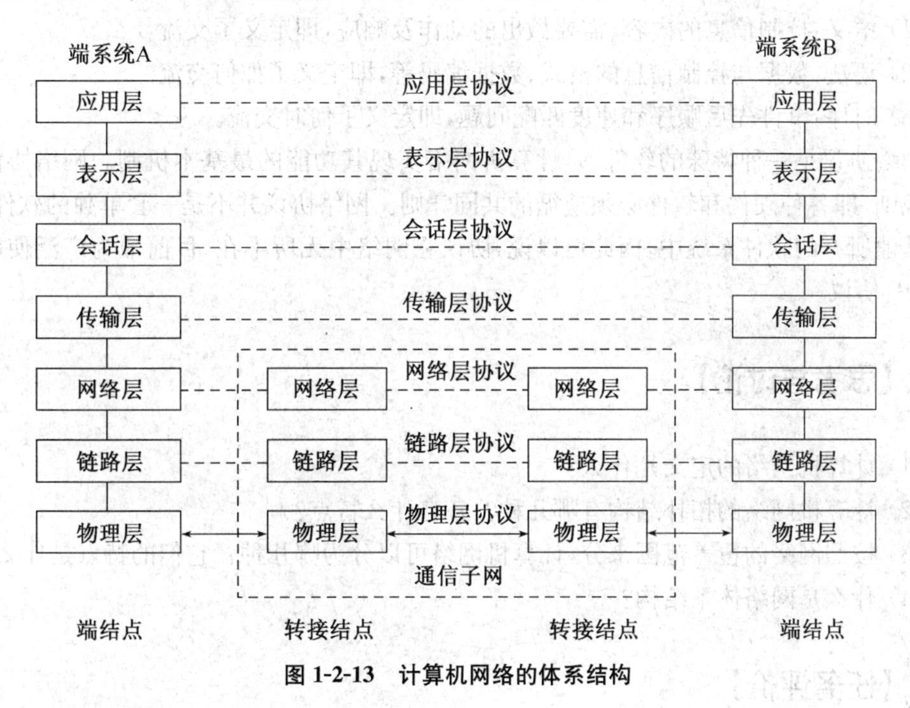

图 1-2-13 计算机网络的体系结构

【任务知识】

（一）网络操作系统

网络操作系统（NOS）是网络上各计算机能方便而有效地共享网络资源，为网络用户提供所需的各种服务的软件和有关规程的集合。网络操作系统分为服务器端（Server）及客户端（Client）。服务器是网络的控制中心，并向客户提供服务；客户是用于本地处理和访问服务器的站点。

(二) 网络节点

网络节点是指一台计算机或其他设备与一个有独立地址和具有传送或接收数据功能的网络相连。节点可以是工作站、客户、网络用户或个人计算机，还可以是服务器、打印机和其他网络连接的设备。每一个工作站、服务器、终端设备、网络设备，即拥有自己唯一网络地址的设备都是网络节点。

(三) 网络协议

网络协议(Protocol)是网络上所有设备(网络服务器、计算机及交换机、路由器、防火墙等)之间通信规则的集合，它规定了通信时信息必须采用的格式和这些格式的意义，网络协议是由三个要素组成：

(1) 语义：控制信息的内容、需要做出的动作及响应，即定义了交流什么。

(2) 语法：数据与控制信息的格式、数据编码等，即定义了如何交流。

(3) 时序：事件先后顺序和速度匹配问题，即定义了何时交流。

网络协议是一种特殊的软件，是计算机网络实现其功能的最基本机制。网络协议的本质是规则，即各种硬件和软件必须遵循的共同守则。网络协议并不是一套单独的软件，它融合于其他所有的软件系统中，因此可以说，协议在网络中无所不在，目前最为广泛使用的是TCP/IP协议。

【思考与讨论】

(1) 计算机网络的定义是什么？

(2) 计算机网络的拓扑结构有哪几种？各有什么特点？

(3) 按照网络的覆盖范围来分，计算机网络可以分为哪几种？它们的特点是什么？

(4) 什么是网络体系结构？

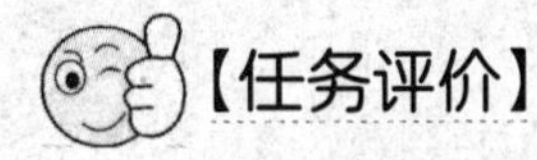

【任务评价】

评价一下自己的任务完成情况，在相应栏目中打“√”。

<table>
<tr><td colspan="2">项目</td><td>评价依据</td><td>优秀</td><td>良好</td><td>合格</td><td>继续努力</td></tr>
<tr><td colspan="2">任务背景
(10)</td><td>明确任务要求,解决思路清晰</td><td></td><td></td><td></td><td></td></tr>
<tr><td colspan="2">任务实施准备
(20)</td><td>收集任务所需资料,任务实施准备充分</td><td></td><td></td><td></td><td></td></tr>
<tr><td rowspan="4">任务实施
(40)</td><td>子任务</td><td>评价内容或依据</td><td colspan="4"></td></tr>
<tr><td>任务一</td><td>理解计算机网络的软硬件组成</td><td></td><td></td><td></td><td></td></tr>
<tr><td>任务二</td><td>理解计算机网络主要通信技术</td><td></td><td></td><td></td><td></td></tr>
<tr><td>任务三</td><td>理解计算机网络的体系结构</td><td></td><td></td><td></td><td></td></tr>
<tr><td colspan="2">任务效果
(30)</td><td>正确完成任务目标,具有较强的团队精神和合作意识,在任务实施过程中具有探究精神</td><td></td><td></td><td></td><td></td></tr>
<tr><td colspan="2">问题与感想</td><td colspan="5"></td></tr>
</table>

*任务三[1] 网络专业的主要岗位和能力需求

【情景描述】

作为一名计算机网络技术专业的学生，应当对网络专业有一个概括性了解。例如网络专业将来的就业方向，大学期间需要学习哪些主干课程，掌握哪些操作技能，拿到哪些专业证书等。了解网络专业的基本情况，将有助于确立个人未来的职业生涯规划。

【任务分析】

本任务的主要目的：对计算机网络技术专业的就业前景及岗位职责有一个基本认识，对专业人才的综合能力要求有一个全面理解，具体包括以下几个内容：

(1) 了解计算机网络技术专业的人才培养目标，明确该专业将来主要的就业方向；

(2) 了解计算机网络技术专业技能培养的主要内容，明确将来要学习的专业技能；

(3) 熟悉计算机网络技术专业的职业资格认证，了解各种专业证书的侧重范围及基本要求；

(4) 了解计算机网络技术专业需要学习的主要课程。

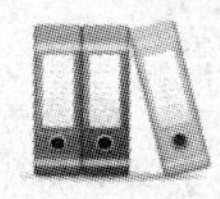

【任务知识】

(一) 计算机网络技术专业的主要就业岗位及能力要求

计算机网络技术专业涉及不同方向，可以从事多个具体的工作岗位，如网络管理、工程设计、软件研发、网站制作、网络产品推介与营销等。见表 1-3-1 所示，列举了计算机网络技术专业学生将来可以从事的主要就业岗位。

[1] 本任务主要针对计算机网络专业的学生，非网络专业学生可以不作要求。

表 1-3-1　计算机网络专业主要从事岗位

序号	核心工作岗位及相关工作岗位	岗位叙述	职业能力要求与素质
1	网站开发（核心岗位）	根据企业安排，依据客户需求，开发 Web 网站，保证 Web 网站的实施及后续正常运行（包括修改 BUG、软件升级）	1. 基本网页设计能力，熟练掌握一种以上流行网页开发设计工具； 2. 会用 PhotoShop 进行网站美工处理； 3. 会 ASP/JSP 进行动态网页设计； 4. 会发布网站； 5. 有一定的英语能力和语言表达
2	网络管理（核心岗位）	根据企业安排，进行一个单位网络的维护，保证网络正常运行，优质运行（包括网络速度符合客户需要，防范病毒和网络攻击，有 FTP 等网络服务架构能力并保证运行正常）	1. 具备计算机组网能力，熟悉市场主要交换机、路由器品种及其配置； 2. 具备网络安全知识及使用网络安全软件和设备的能力； 3. 熟悉主流网络服务及其架构，如 DNS、DHCP、FTP、Web、EMAIL 等； 4. 有一定的英语能力和语言表达能力，良好的沟通能力； 5. 有较好个人素质和适应岗位能力，能够吃苦耐劳
3	网页设计（核心岗位）	能够使用常用的网页设计工具和图像、动画制作工具制作静态网页和 Web 应用程序	1. Dreamweaver 网页设计（HTML、JavaScript）； 2. Flash、PhotoShop； 3. Access＋ASP、SQL、ASP. NET
4	计算机及网络产品销售、售后服务	组装、维修、维护计算机及网络设备	1. 熟悉计算机及网络设备的主要领域，针对某一领域，熟悉主要厂商及产品，熟悉产品特点； 2. 能够制作设备采购清单和标书； 3. 有一定的计算能力和财务知识，熟悉销售行业的基本流程和规则； 4. 良好的语言表达能力和良好的与人沟通能力； 5. 有较好个人素质和适应岗位能力，能够吃苦耐劳

无论从事哪个具体岗位，从业人员应具备合乎要求的综合素质及职业能力，包括：

(1) 基础知识。有关网络的基础知识是从事一切网络相关工作的前提。

(2) 专业技能。总体来说，计算机网络专业的技能培养也包括“硬件”和“软件”两个方面。硬件方面包括网络的搭建、配置、管理，网络设备的调试、监控与排查等；软件方面包括网站建设与维护、应用程序的设计开发、网络服务与营销等。

(3) 个人基本素质。计算机网络的发展日新月异，网络从业人员需要跟上发展的需要。不断提高自身的基本素质，这基本素质包括良好的思想道德素质、全面的科学文化素质、扎实的专业素质和积极向上的身心素质。此外还要具备一定的英文阅读能力、良好的语言表达能力、优秀的团体协作能力、持续的自我学习能力等。从能力培养角度可以理解为以下几个方面的要求，见表 1-3-2 所示。

表 1-3-2　计算机网络专业人才的综合能力要求

专业能力	社会能力	方法能力
1. 熟悉计算机技术的相关基础知识，能够进行计算机及外围设备的维修维护； 2. 熟悉计算机常见操作系统的安装和使用； 3. 熟悉计算机软件开发技术，熟悉 C 语言、VB，熟悉数据库系统及 Web 开发知识； 4. 掌握市场主流交换机、路由器的选型及基本配置技术； 5. 熟悉网络安全技术，掌握市场主流网络安全设备的安装和配置	1. 有较强的事业心、高度的责任感和正直的品质； 2. 讲信用，有道德，遵纪守法； 3. 具有团队合作精神； 4. 思维严谨，工作踏实，勤奋努力； 5. 有较好的安全意识和法律意识； 6. 良好的语言表达能力和与人沟通能力	1. 具备一定的分析、判断和概括能力，具备较强的逻辑思维能力； 2. 较好的文字处理能力，熟悉主要工作过程中各类文档的编写； 3. 良好的学习能力，对新技术有学习和研究精神

(二) 计算机网络专业的人才培养目标

针对五年一贯制计算机网络专业的学生，旨在培养与我国社会主义现代化建设要求相适应，德、智、体、美全面发展，具备良好的职业道德和职业素养，能够从事中小型企事业单位网络组建、维护和应用管理工作，网络综合布线工程现场施工与管理工作，网站开发工作，参与应用软件编制工作，计算机及网络产品的营销及售后服务等一线工作的发展型、复合型、创新型技术技能人才。

(三) 计算机网络专业技能认证简介

在计算机网络专业学生的培养过程中，推行双(多)证管理制度，将实践性教学安排与职业资格证书考核有机结合，鼓励学生在取得毕业证书的同时，取得与专业相关职业资格证书，鼓励学生经培训并通过社会化考核取得与提升职业能力相关的其他技术等级证书。职业资格认证包括必选和可选两部分。

1. 本专业毕业生应取得以下职业资格证书

(1) 全国计算机等级考试一级(教育部)，如图 1-3-1 所示；

(2) 计算机维修调试中级工(人力资源和社会保障部门组织)；

(3) 计算机网络操作高级工(人力资源和社会保障部门组织)。

2. 本专业毕业生也可选择以下职业资格证书

(1) 网络管理员、网络工程师(工信部、思科、华为、神码、锐捷等认证)，如图 1-3-2 所示；

(2) 网页设计师(NIT、ADOBE、CIW 认证)；

(3) 程序员(NIT、全国计算机等级考试二级以上)；

(4) 计算机系统操作工中级以上(人力资源和社会保障部门组织)。

图 1-3-1　计算机等级考试一级证书样张

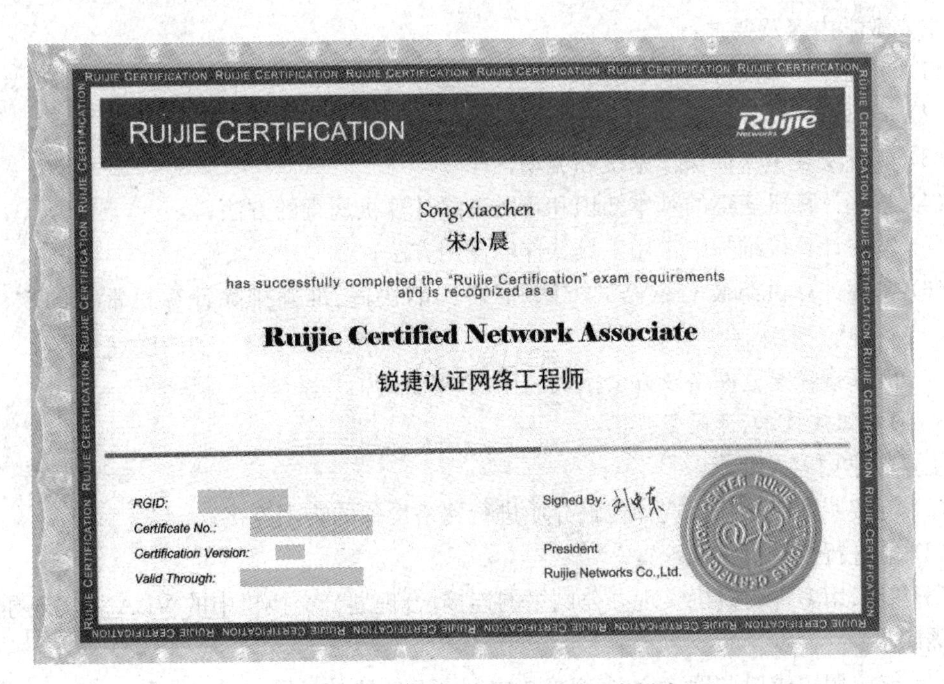

图 1-3-2　锐捷认证网络工程师证书样张

3. 网络工程师考证简介

网络工程师是通过学习和训练，掌握网络技术的理论知识和操作技能的网络技术人员。网络工程师能够从事计算机信息系统的设计、建设、运行和维护工作。网络工程师分硬件网络工程师和软件网络工程师两大类，具体类型包括：

(1) 负责网络平台框架的布局和设置，如 Java 软件工程师和 Java 网络工程师；

(2) 负责网络平台信息的采集和录入支持，如信息技术工程师；

(3) 负责网络平台的推广方向和推广模式，如网络推广师；

(4) 负责网络平台的运作方向以及平台维护管理等工作，如网络运营工程师；

(5) 负责网络平台发展到一定阶段的商业模式和盈利方向，如网站商务工程师、电子商务工程师；

(6) 负责网络产品的定位和封装，如项目工程师。

(四) 计算机网络技术专业主要专业课程

1. 计算机网络基础(课时数:80)

主要教学内容及要求：

(1) 掌握计算机通信基础理论知识、网络概念、网络协议；

(2) 掌握 TCP/IP 网络协议；

(3) 掌握局域网实现技术及互联网原理与技术；

(4) 了解网络中常见的网络设备及其功能。

2. 计算机组装与维护(课时数:64)

主要教学内容及要求：

(1) 掌握计算机硬件组成、结构、各部件性能、硬件发展的最新技术；

(2) 能够组装计算机硬件；

(3) 能够安装主流的操作系统和驱动程序；

(4) 掌握计算机病毒的基本知识和预防清除计算机病毒的方法；

(5) 掌握计算机维护中常用工具软件的使用方法；

(6) 掌握计算机组装与维修的方法和技巧，能快速、准确排除计算机常见的软、硬件故障；

(7) 能够排除家庭网络及办公室网络中的常见故障。

3. 网络组建技术(课时数:80)

主要教学内容及要求：

(1) 能按照网络拓扑图选择传输介质进行网络设备的物理连接；

(2) 能进行交换机常规配置；

(3) 能采用多种交换机实现办公网络的连接，合理划分交换机中的 VLAN，实现办公网络的隔离；

(4) 能应用生成树 STP 解决多交换机之间冗余链路的环路；

(5) 会配置静态路由、默认、RIP 动态路由协议、OSPF 动态路由协议，实现区域网络互联互通；

(6) 能根据常见公司网络拓扑图实现网络组建与网络服务的协同工作；

(7) 会配置访问控制列表(ACL)实现常规的网络安全设置；

(8) 能配置网络地址转换(NAT)实现互联网接入；

(9) 能使用防火墙实现常用网络安全设置；

(10) 能进行中小型企业网、园区网的日常维护及常见故障的排除。

4. 网络管理与安全技术(课时数:64)

主要教学内容及要求:

(1) 能进行常用防火墙 ACL 规则配置;

(2) 能进行 Windows 主机安全防护配置;

(3) 能利用工具进行信息加密及密码破译;

(4) 完成密钥分配;

(5) 会安装和配置证书服务;

(6) 会进行数据库的备份、恢复与加密;

(7) 进行常用防火墙的特性、工作模式和安全区域等配置;

(8) 能进行网络隔离;

(9) 会使用适当的工具检测、发现和清除病毒;

(10) 能运用安全检测工具分析处理安全漏洞;

(11) 能破解简单网络攻击;

(12) 能进行网络安全测试与日常维护;

(13) 能进行网络安全验收与评估。

5. 数据库构建与管理(课时数:90)

主要教学内容及要求:

(1) 掌握数据库管理技术的发展历史、数据库系统的基本概念、DBMS 的功能和作用、数据库的安全性和完整性、关系型数据库的基本概念;

(2) 掌握数据库的设计、表的基本操作、开发工具的使用方法;

(3) 能熟练使用小型桌面数据库系统解决各类常见的数据管理方面的应用问题,具有初步的数据库应用系统开发能力;

(4) 运用关系数据库通用语言 SQL 语言进行数据库操作;

(5) 掌握数据库、表、视图、存储过程、触发器的基本使用;

(6) 能够结合一种高级程序语言进行数据库系统的开发应用。

6. 网页制作与发布(课时数:90)

主要教学内容及要求:

(1) 掌握 PhotoShop 图像处理软件的基础知识和基本操作技能,培养学生的美工基础,使学生能根据要求及主题使用图形图像处理软件设计制作、加工处理相应图像作品;

(2) 掌握 Flash 软件的基本功能、基本绘图工具的使用方法、各种图形对象编辑工具的使用方法、基本动画的制作、图层特效动画的制作、声音和按钮的综合应用及简单脚本的编写,并通过综合设计使学生掌握 Flash 动画制作的基本制作技巧;

(3) 掌握网页设计基本思想、常用方法和技巧,能熟练使用网页制作软件 Dreamweaver 进行静态网页的制作;

(4) 掌握 HTML、JavaScript(或 VB Script)等语言,能够熟练定义使用 CSS;

(5) 能够使用 ASP. net 或 ASP 技术结合数据库开发网站的后台管理与技术支持软件,

具备为企事业单位设计制作实际网页的综合能力；

(6) 能够结合数据库技术开发留言板、聊天室、简单网络办公系统、信息管理系统、电子商务网站等动态网站。

7. 网络综合布线系统工程技术(课时数:64)

主要教学内容及要求：

(1) 了解综合布线七大系统的功能；

(2) 能进行综合布线施工图绘制,综合布线系统材料预决算；

(3) 了解智能化大厦的综合布线的分类、布线原则、方法；

(4) 掌握常用布线工具的使用方法、综合布线测试方法；

(5) 能进行垂直和水平系统的实际工程布线。

8. 网络操作系统(课时数:80)

主要教学内容及要求：

(1) 会安装、维护服务器系统软件和应用软件；

(2) 会管理用户和磁盘,能管理和配置活动目录；

(3) 根据要求设置组策略；

(4) 能配置和维护各种 Windows 网络服务器,如 DNS 服务器、DHCP 服务器、Web 服务器、FTP 服务器、邮件服务器、文件服务器、流媒体服务器等。

【思考与讨论】

(1) 计算机网络专业人才的培养目标是什么?

(2) 计算机网络专业人才有哪些具体的能力要求?

(3) 计算机网络专业的职业资格认证主要有哪些?

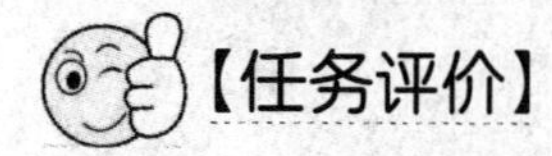

【任务评价】

评价一下自己的任务完成情况,在相应栏目中打“√”。

<table>
<tr><th colspan="2">项目</th><th>评价依据</th><th>优秀</th><th>良好</th><th>合格</th><th>继续努力</th></tr>
<tr><td colspan="2">任务背景
(10)</td><td>明确任务要求,解决思路清晰</td><td></td><td></td><td></td><td></td></tr>
<tr><td colspan="2">任务实施准备
(20)</td><td>收集任务所需资料,任务实施准备充分</td><td></td><td></td><td></td><td></td></tr>
<tr><td rowspan="4">任务实施
(40)</td><td>子任务</td><td>评价内容或依据</td><td colspan="4"></td></tr>
<tr><td>任务一</td><td>熟知网络专业人才的培养目标</td><td></td><td></td><td></td><td></td></tr>
<tr><td>任务二</td><td>理解网络专业人才的综合能力要求</td><td></td><td></td><td></td><td></td></tr>
<tr><td>任务三</td><td>熟知网络专业主要专业课程</td><td></td><td></td><td></td><td></td></tr>
<tr><td colspan="2">任务效果
(30)</td><td>正确完成任务目标,具有较强的团队精神和合作意识,在任务实施过程中具有探究精神</td><td></td><td></td><td></td><td></td></tr>
<tr><td colspan="2">问题与感想</td><td colspan="5"></td></tr>
</table>

项目二　组网准备

任务一　网卡安装

【情景描述】

李想的同学新买了一块网卡，但不知道如何安装，想请李想帮忙。李想发现有的网卡是集成在计算机主板上的，有的网卡是独立的，可以进行安装和拆卸，有的网卡是插拔式的，类型非常多。而且，除了安装网卡硬件外，通常还需要安装网卡驱动程序。李想决定好好学习网卡的相关知识，并帮助同学完成网卡的安装。

【任务分析】

网卡是网络中最基本的部件之一，是连接计算机与网络的硬件设备。正确安装网卡是保证顺利连网的前提。本任务的主要目的是掌握网卡及驱动程序的正确安装，具体包括以下内容：

(1) 了解网卡在计算机中的作用；

(2) 掌握网卡的基本知识和分类；

(3) 可以正确熟练地安装网卡和网卡驱动程序。

【任务实施】

(一) 网卡的安装

网卡的安装有以下几步：(1) 关闭计算机，切断电源；(2) 打开计算机的机箱；(3) 在主板上找到一个适合所购买网卡的总线插槽；(4) 用螺丝刀把该插槽后的挡板去掉；(5) 将网卡插入该总线插槽，如图 2-1-1 所示；(6) 用螺丝将网卡固定好；(7) 把机箱重新盖好，插上与网络相连的电缆，并接上交流电源。

图 2-1-1　安装网卡

(二) 网卡驱动程序的安装

在安装网卡时，必须将管理网卡的设备驱动程序安装在计算机的操作系统中，这个安装程序会询问驱动文件保存在存储器的什么位置。

如果网络无法连接，首先要检查网卡及其设备驱动程序是否处于正常的工作状态。此外，有的软件在安装或卸载时还会破坏已安装好的网卡驱动程序。当出现此类情况时，可以在专业网站下载并重新安装与网卡型号相匹配的驱动程序进行修复。

查看及更新网卡驱动程序的步骤如下：

(1) 在 Windows 7 系统中打开【设备管理器】窗口的步骤：右击选择【计算机】|【属性】|【设备管理器】，如图 2-1-2 所示。

(2) 展开【网络适配器】，右击相应的网络适配器名称，通过弹出的下拉菜单可以对网卡进行管理，包括更新驱动程序、停用、卸载、重新扫描硬件等操作，如图 2-1-3 所示。

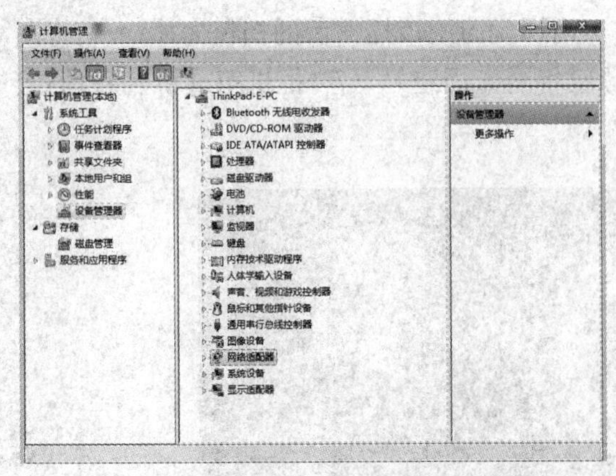

图 2-1-2 【设备管理器】窗口

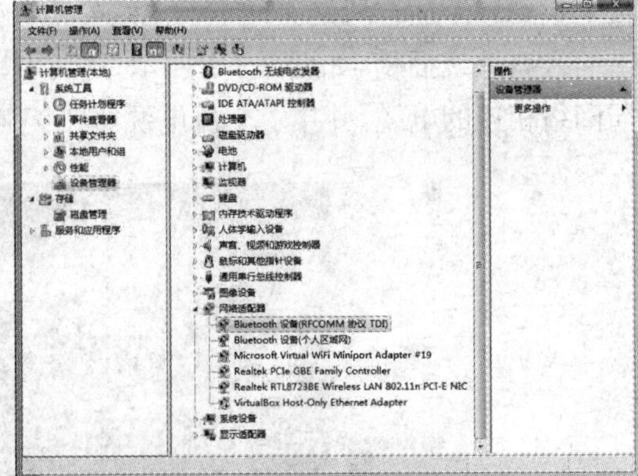

图 2-1-3 网卡的管理菜单

(3) 点击下拉菜单中的【属性】,打开网卡的属性对话框,可以得到更多信息。

点击【常规】选项卡可以查看网卡是否处于正常的工作状态,如图 2-1-4 所示;点击【驱动程序】选项卡可以进行驱动程序的更新,如图 2-1-5 所示。

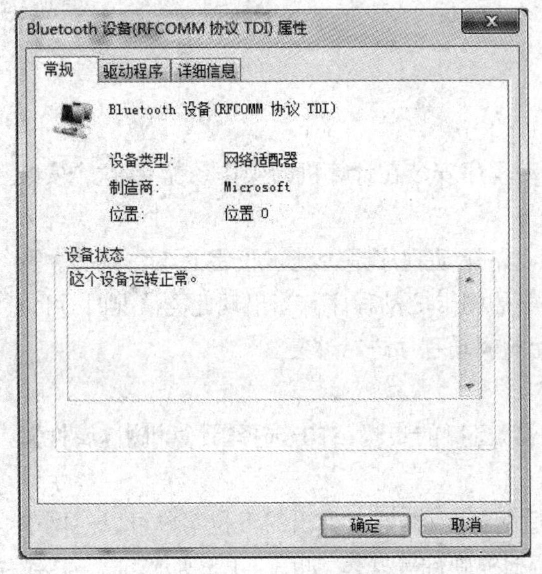

图 2-1-4 网卡属性【常规】选项卡

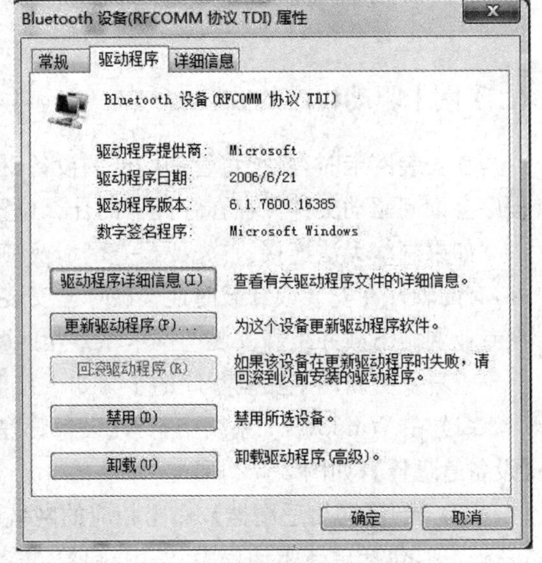

图 2-1-5 网卡属性【驱动程序】选项卡

(三) 网卡的选购

1. 选择合适的品牌

购买网卡时应该选择信誉较好的名牌产品,如 3COM、Intel、D-Link、TP-Link 等。这是因为大厂商的产品在质量上有保障,其售后服务也较普通品牌的产品要好。

2. 材质及制作工艺

与其他所有电子产品一样,网卡的制作工艺也体现在材料质量、焊接质量等方面。在购买时,应查看网卡 PCB 板上的焊点是否均匀、干净,有无虚焊、脱焊等现象。

此外，由于网卡本身的体积较小，因此除电解、电容、高压瓷片电容外，其他阻容器件应全部采用SMT贴片式元件。这样，不仅能够避免各电子器件之间的相互干扰，还能够改善整个板卡的散热效果。

3. 选择网卡接口及速率

在选购网卡之前，应明确网卡的类型、接口、传输速率以及其他相关情况，避免出现所购买的网卡无法使用或不能满足需求的情况。

【任务知识】

(一) 网卡

网卡，即网络适配器，又称网络接口卡(NIC，Network Interface Card)。平常所说的网卡就是将PC和LAN连接的网络适配器。网卡(NIC)插在计算机主板插槽中，负责将用户要传递的数据转换为网络上其他设备能够识别的格式，通过网络介质传输。根据访问传输介质的不同，可以分为有线网卡和无线网卡两大类。

如果要使网络适配器正常工作，除了保证网卡和网络连接正常，还需要正确安装该网络适配器的驱动程序。

(二) 网卡的作用

网卡，是将计算机连入局域网时，计算机与传输介质之间的接口。一方面，它负责接收网络上传过来的数据包，将解包后的数据通过主板上的总线传递给本地计算机；另一方面，它将本地计算机上的数据打包后送入网络。网卡与网络之间的通信是通过双绞线等有线传输介质或无线传输介质以串行传输方式进行；而网卡与计算机之间的通信则是通过计算机主板上的I/O总线以并行传输方式进行。因此，网卡首先要实现的一个功能是进行串行/并行转换。此外，网卡是工作在数据链路层的网络互联设备，主要实现帧的发送与接收、帧的封装与拆封、介质访问控制、数据的编码与解码、数据缓存的功能等。

(三) 网卡的分类

(1) 按照网卡安装位置不同，可分为内置网卡和外置网卡；按照传输介质不同，又可分为有线网卡和无线网卡。如图2-1-6所示是常见的内置有线网卡，如图2-1-7所示是一种USB无线网卡，这种网卡不管是台式机用户还是笔记本用户，只要安装了驱动程序，都可以使用。

图 2-1-6 PCI 内置网卡

图2-1-7 USB 无线网卡

(2) 按主板上是否集成网卡芯片分为集成网卡和独立网卡。集成网络是直接焊接在电脑主板上的,而独立网卡是可以插在主板的扩展插槽里,可以随意拆卸,具有灵活性高等优点,如图 2-1-8 和图 2-1-9 所示分别是独立网卡和集成网卡。

图 2-1-8 独立网卡

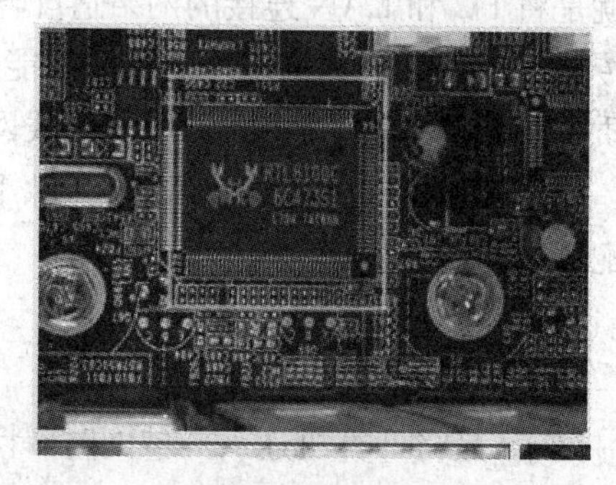

图 2-1-9 集成网卡

(3) 根据传输介质的类型不同,主要有以下几种:

◇ BNC 接口(细缆)网卡:用于总线结构的细同轴电缆中。

◇ AUI 接口(粗缆)网卡:通常只有在连接粗同轴电缆(RJ－11)网线或是连接收发器时才会使用。

◇ RJ－45 接口网卡(双绞线):现在市场上主要的接口方式,采用此接口的网卡速率有 10 Mbps、100 Mbps 和 1 000 Mbps。

◇ 光纤接口网卡:正在进入主流的接口方式,但价格比较贵。

(4) 按网卡的传输速率可分为:

◇ 10 Mbps 网卡:老的 EISA 网卡或者带 BNC 口与 RJ－45 口的网卡。

◇ 100 Mbps 网卡:传输速率固定为 100 Mbps 的网卡。

◇ 10/100 Mbps 自适应网卡:自适应是指网卡可以与远端网络设备(集线器或交换机)自动协商,确定当前的可用速率是 10 Mbps 还是 100 Mbps。

◇ 1 000 Mbps 网卡:服务器应该采用千兆以太网网卡,这种网卡多用于服务器与交换机之间的连接,以提高整体系统的响应速率。

【任务实践】

(一) 实验目的

了解网卡的作用和分类,在实践过程中体验如何安装网卡以及网卡驱动程序,为网络组建做好准备。

(二) 实验内容

分组完成以下实验内容,并撰写实验报告。

(1) 掌握网卡的作用并了解网卡的分类。

(2) 能够正确安装网卡和网卡驱动程序。

(三) 实验环境及工具

(1) 在网络实验室或机房进行;

(2) 提前做好以下准备工作:每人配置一台台式计算机,并有独立网卡。

(四) 实验过程

(1) 将全班同学分成合适的小组,选定组长,分配实验任务;

(2) 按照实验内容所规定的步骤完成实验,保存好相关文档;

(3) 撰写实验报告。

【任务评价】

评价一下自己的任务完成情况,在相应栏目中打“√”。

项目		评价依据	优秀	良好	合格	继续努力
任务背景 (10)		明确任务要求,解决思路清晰				
任务实施准备 (20)		收集任务所需资料,任务实施准备充分				
任务实施 (40)	子任务	评价内容或依据				
	任务一	识别不同的网卡				
	任务二	网卡的安装				
	任务三	网卡驱动程序的安装				
任务效果 (30)		正确完成任务目标,具有较强的团队精神和合作意识,在任务实施过程中具有探究精神				
问题与感想						

任务二 制作网线

【情景描述】

李想的宿舍目前共有三台电脑，同学们在考虑电脑之间的连接及联网问题。连接就必须要用到网线，在宿舍内部网络中使用的网线主要是由双绞线制作而成，制作过程不算复杂。于是，李想打算自己学习制作宿舍所需的网线。

【任务分析】

制作网线需要准备双绞线、水晶头等材料，以及剥线刀、切线钳、压线钳、测线仪等工具。网线制作需要遵循一定的标准和步骤，并且要操作规范、细心，注意一些关键点。本任务要完成直通线的制作，通过实践来具体了解制作方法和过程，具体包括以下内容：

(1) 了解网线制作材料、工具的名称及作用；

(2) 掌握 T568B 标准的网线排列顺序；

(3) 掌握直通线的制作方法和过程；

(4) 掌握直通线的制作过程中排除故障的技巧。

【任务实施】

(一) 制作网线需要的材料和工具

(1) 双绞线：一种有线传输介质。具体介绍见任务知识部分。

(2) 水晶头：网络连接中重要的接口设备，是一种能沿固定方向插入并自动防止脱落的塑料接头，用于网络通讯，因其外观像水晶一样晶莹透亮而得名为“水晶头”，专业术语为 RJ-45 连接器。

(3) 剥线刀：主要用于剥去网线的绝缘外皮。

(4) 切线钳：主要用来切割网线，如图 2-2-1 所示。

(5) 压线钳：主要用于将双绞线线缆的网线头进行压接，也同时具有剥线、剪线等功能。

(6) 测线仪：主要用于测试网线的连通状况，根据测线仪指示灯的闪烁情况进行判断，如图 2-2-1 所示。

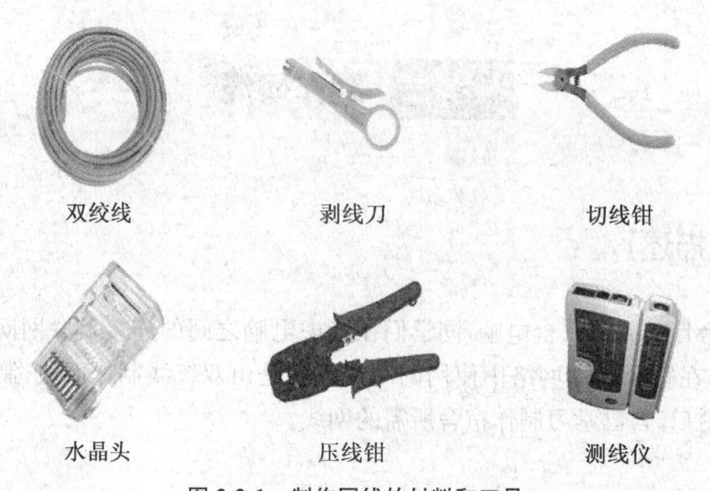

图 2-2-1　制作网线的材料和工具

(二) 网线制作步骤

根据网线的用途可将其分为直通线和交叉线两种，以直通线为例，制作步骤如下：

(1) 剥皮：用剥线钳剥去双绞线外皮约 3 cm，露出四对扭绞在一起的双绞线。注意不要剥掉芯线的绝缘皮，即四对有颜色的线的外皮。

方法：若用剥线刀，需把网线放入剥线刀并压紧，然后把网线手动旋转一圈即可，不可将线缆切断，如图 2-2-2 所示。

(2) 理线：将四对扭绞在一起的双绞线分开，并理整齐。先一字排开，然后把每对芯线分开、理顺、捋直。按照 T568B 的线序排好，即白橙、橙、白绿、蓝、白蓝、绿、白棕、棕。如图 2-2-3 所示。

图 2-2-2　剥去双绞线的外皮

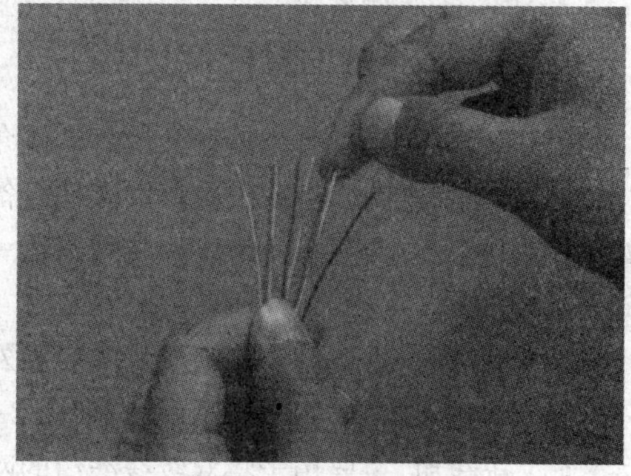

图 2-2-3　理线

注意：线序要正确，导线间不留空隙。

(3) 剪线：把线尽量抻直(不要缠绕)、压平(不要重叠)、挤紧理顺(朝一个方向紧靠)，然后用网线钳把线头剪平，将理好的线对齐，剪到 1.2～1.3cm。如图 2-2-4 所示。

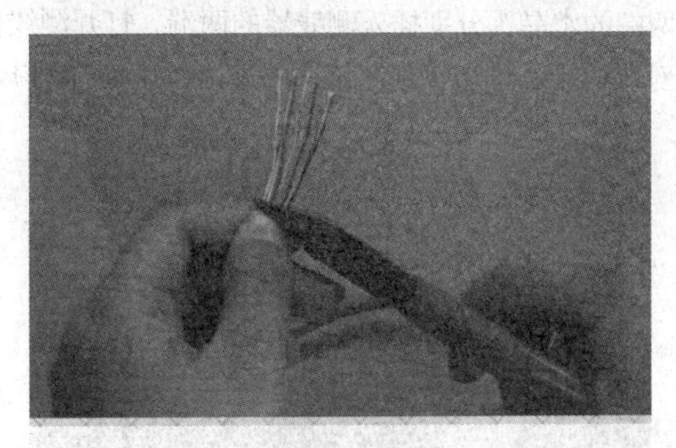

图 2-2-4　剪线

(4) 插线:左手拿线,右手捏住水晶头,使有塑料弹片的一侧向下,针脚一方朝向自己的方向,并用食指抵住,如图 2-2-5 所示;另一手捏住双绞线外面的绝缘皮,缓缓用力将 8 根芯线同时沿 RJ - 45 头内的 8 个槽插入,一直到线槽顶端,如图 2-2-6 所示。

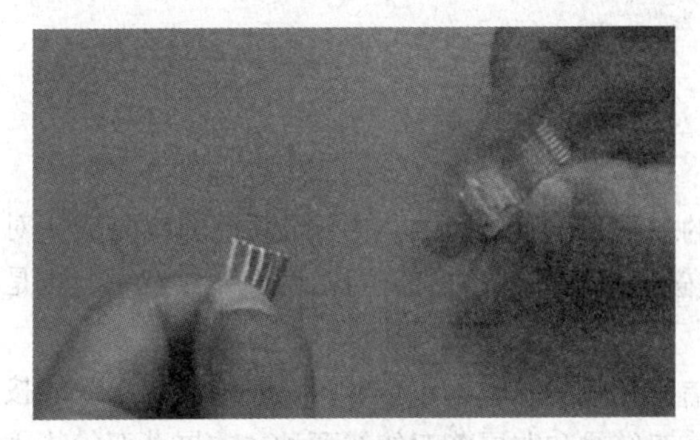

图 2-2-5　插线准备

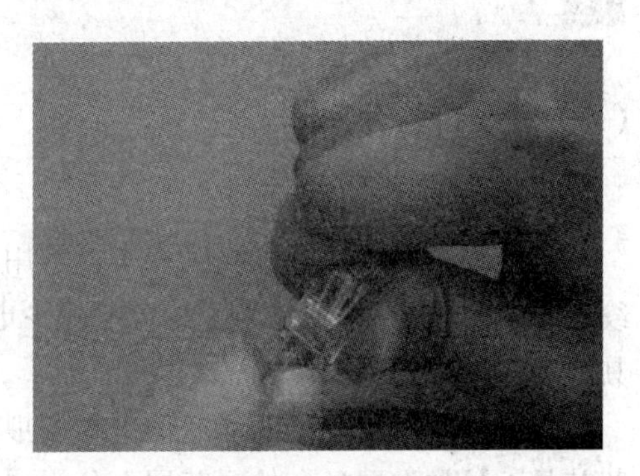

图 2-2-6　插线

(5) 压线:将插好线的 RJ - 45 水晶头放入压线钳 8P 插槽内,并用力按下压线钳两手柄;按下水晶头的弹簧片,取出做好的水晶头,如图 2-2-7 所示。重复步骤 1~5,制作双绞线另一端 RJ - 45 水晶头。

注意:压线时,用力要足,充分压紧。

图 2-2-7　压线

(6) 测试:将网线两端的水晶头分别插入测线器的两端。打开测线仪的开关,观察指示灯闪烁的顺序,如果两组对应的指示灯从 1 到 8 依次闪过,表明网线制作成功,如图 2-2-8 所示。

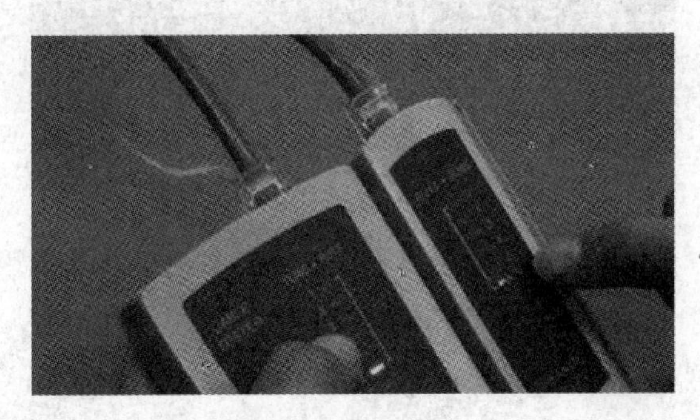

图 2-2-8 测试

【任务知识】

(一) 有线传输介质

1. 双绞线

双绞线是网络综合布线工程中最常用的一种传输介质,由 8 根不同颜色的线分成 4 对绞和在一起,成对扭绞是为了尽可能减少电磁辐射与外部信号的干扰,两两扭绞在一起也是其称为双绞线的主要原因。

双绞线既可以用于电话通信中的模拟信号传输,也可以用于数字信号传输。双绞线按照其是否外加金属丝套的屏蔽层而分为屏蔽双绞线和非屏蔽双绞线两种。非屏蔽双绞线因为少了屏蔽网,所以其成本较低,在实际的网络工程中使用得也更多一些。

(1) 非屏蔽双绞线

非屏蔽双绞线是目前有线局域网中最常用的一种传输介质,它的频率范围一般为 5 MHz～100 MHz,这对于传输数据和音频信号都比较合适。

电子工业协会(EIA)根据双绞线的频率和信噪比将非屏蔽双绞线分成多种类型。目前常用的有 5 类和超 5 类:

5 类主要用于 100 Base-T 网络。该双绞线增加了绕线密度,并且外套一种高质量的绝缘材料,故其传输性能较好。可用于 100 MHz 的语音传输和 100 Mb/s 数据传输。

超 5 类具有衰减小、串扰少等优点,并且具有更高的抗衰减与串扰的能力和信噪比,更小的时延误差,性能得到很大提高。主要用于千兆以太网。

(2) 屏蔽双绞线

屏蔽双绞线由金属导线包裹,然后再将其包上绝缘外皮,比非屏蔽双绞线的抗干扰能力强,传送数据更可靠,但与非屏蔽双绞线相比,其生产的成本较高。

(3) 双绞线的线序

我们平时所说的网线就是将双绞线的两端按照一定的线序分别压在 RJ - 45 水晶头内,

为了使网线的通信效果更好，减少信号串扰，同时为了便于网线制作的统一及网络的管理和维护，美国电子工业协会和电信工业协会制定了 EIA/TIA568A 标准以及 EIA/TIA568B 标准，这两个标准对于电线与模块插头和插座的连接有两个方案，即 T568A 和 T568B，它们的具体线序如图 2-2-9 所示。

T568A 线序图从左到右依次为：白绿，绿，白橙，蓝，白蓝，橙，白棕，棕。

T568B 线序图从左到右依次为：白橙，橙，白绿，蓝，白蓝，绿，白棕，棕。

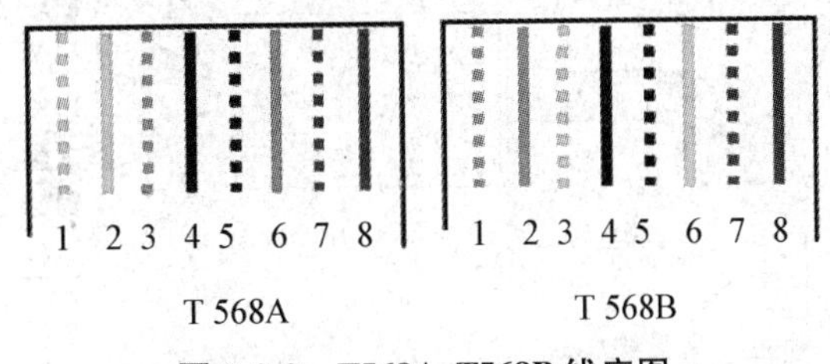

图 2-2-9　T568A、T568B 线序图

双绞线线序标准的制定对网络综合布线起到了重要的指导作用，便于网络的管理与维护。

(4) 双绞线的种类和用途

根据双绞线两端水晶头线序的不同，可将双绞线分为以下三类：

① 直通线。双绞线的两头都按照 T568B 线序标准压制或两头都按 T568A 线序标准压制，按 T568B 线序制作的直通线如图 2-2-10 所示。

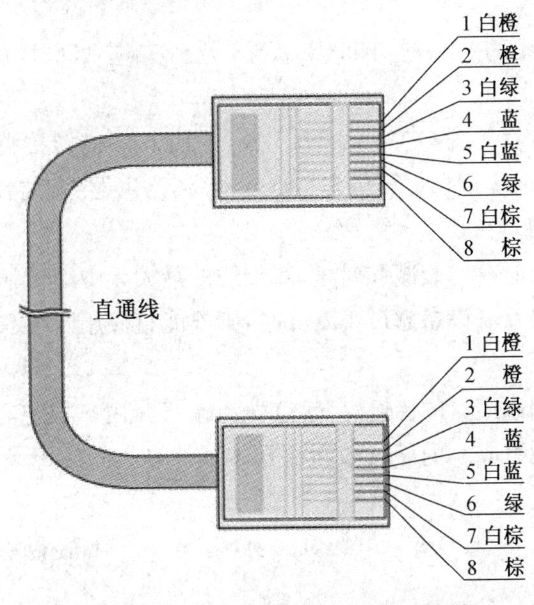

图 2-2-10　按 T568B 线序制作的直通线

直通线用于异构网络设备之间的互连，如计算机与集线器之间、计算机与交换器之间、路由器与集线器之间。

② 交叉线。双绞线一头按照 T568A 线序压制，另一头按 T568B 线序压制，如图 2-2-11 所示。最常用的场合是笔记本和台式计算机互连成网，不需要购买其他网络设备（网卡通常是集成的），只需用交叉线把两个网卡连接起来，配置上 IP 的参数（IP 地址、子网掩码）即可通信。

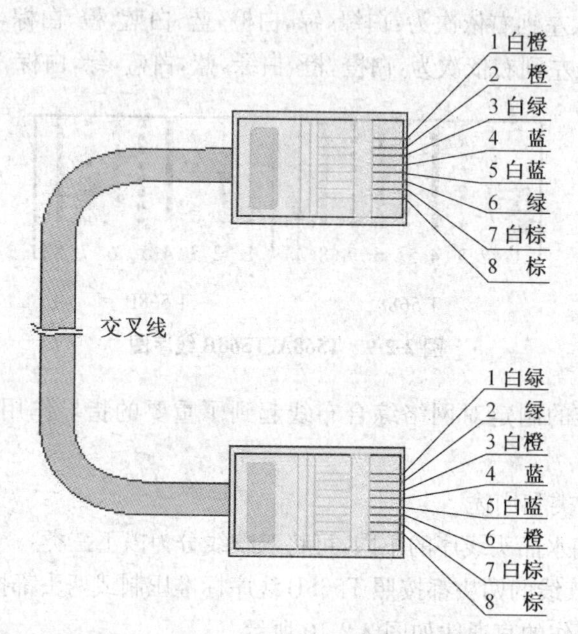

图 2-2-11　按 T568B 线序制作的交叉线

③ 反转线。双绞线的一头是 T568B 标准，另一头是 T568B 标准的反序，或一头是 T568A 标准的反序。

反转线常应用于计算机的 COM 口通过 DB9 转 RJ－45 的转接头连接到交换机（或路由器）的控制端口 Console，实现从计算机串口（COM）到路由器控制台端口的通信，具体配置方法在后续项目中介绍。

双绞线在传输信号时存在衰减和时延，双绞线的最大无中继传输距离为 100 m，如果计算机距离其最近的网络互联设备超过 100 m 时，则不能直接用 5 类双绞线连接到该设备上。

2. 同轴电缆

同轴电缆是一种用途广泛的传输媒介，这种传输媒介由一根空心的外圆柱导体和一根位于中心轴线的内导线组成。内导线和圆柱导体及外界之间用绝缘材料隔开，如图 2-2-12 所示。

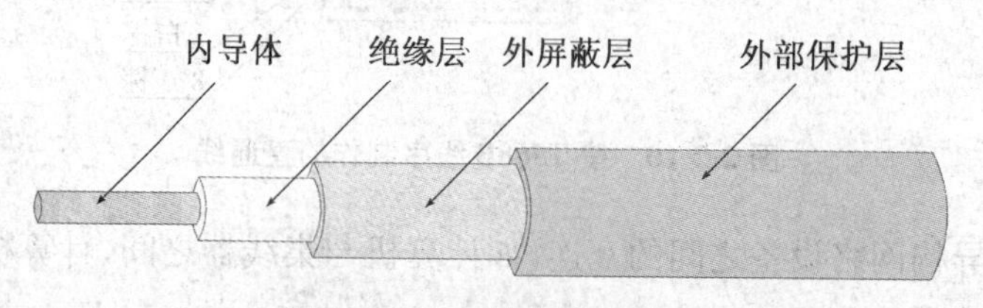

图 2-2-12　同轴电缆结构图

(1) 同轴电缆的分类

根据传输频带的不同,同轴电缆可分为基带同轴电缆和宽带同轴电缆两种类型。

① 基带同轴电缆

基带(Baseband)同轴电缆是特性阻抗为 50 Ω 的同轴电缆,用于传送数字信号。通常把表示数字信号的方波所固有的频带称为基带。50 Ω 电缆分为粗缆和细缆两种。

粗缆传输距离长、性能高,适用于较大局域网的网络干线,布线距离较长,可靠性较好。用户通常采用外部收发器与网络干线连接。粗缆局域网中每段长度可达 500 m,采用 4 个中继器连接 5 个网段后最大可达 2 500 m。用粗缆组网如果直接与网卡相连,网卡必须带有 AUI 接口(15 针 D 型接口)。用粗缆组建局域网虽然各项性能较高,具有较大的传输距离,但网络安装、维护等方面比较困难,造价较高。

细缆传输距离短,相对便宜,用 T 型头与 BNC 网卡相连,两端安装 50 Ω 终端电阻,两端需安装终端电阻器。细缆网络每段干线长度最大为 185 m,每段干线最多接入 30 个用户。如要拓宽网络范围,需使用中继器,如采用 4 个中继器连接 5 个网段,使网络最大距离达到 925 m。细缆安装较容易,而且造价较低,但因受网络布线结构的限制,其日常维护不甚方便,一旦一个用户出故障,便会影响其他用户的正常工作。

粗缆传输性能优于细缆,在传输速率为 10 Mbps 时,粗缆网段传输距离可达 500～1 000 m,细缆传输距离为 200～300 m。基带同轴电缆多适用于直接传输数字信号(即基带信号),不需加调制解调器,信号可在电缆上双向传输,数据传输速率一般为 10 Mbps,最大数据传输速率可达 50 Mbps,其抗干扰能力较好。但仍不能完全避开电磁干扰。每段电缆可支持近百台设备正常工作,加中继器后可接上千台设备。

② 宽带同轴电缆

宽带(Broad band)同轴电缆是特性阻抗为 75 Ω 的 CATV(Community Antenna Television,公用天线电视)电缆,用于传送模拟信号。宽带同轴电缆常用的电缆的屏蔽层通常是用铝冲压成的。

宽带同轴电缆由于其通频带宽,故能将语音、图像、图形、数据同时在一条电缆上传送。宽带同轴电缆的传输距离最长可达 10 km(不加中继器),一般为 20 km(加中继器)。其抗干扰能力强,可完全避开电磁干扰,可连接上千台设备。要把计算机产生的数字信号变成模拟信号在 CATV 电缆传输,就要求在发送端和接收端加入调制解调器(Modem)。对于带宽为 400 MHz 的 CATV 电缆,其传送速率为 100～150 Mbps。

(2) 同轴电缆连接设备

同轴电缆主要应用于环形拓扑结构的小型局域网中。采用同轴电缆进行网络连接时,常用到以下接头设备。

BNC 桶型接头:用于连接两段细同轴电缆。

BNC 连接器:BNC 电缆连接器由一根中心针、一个外套和卡座组成。每段电缆的两端必须安装 BNC 连接器,如图 2-2-13 所示。

BNC T 型接头:T 型接头用于连接细缆的 BNC 连接器和网卡,每台工作站都需要一个 T 型接头,如图 2-2-13 所示。

终端匹配器：每个粗同轴电缆网段都必须用 50 Ω 系列终端匹配器连接。每个细同轴电缆网段的两端都必须有一个 50 Ω 的 BNC 终端匹配器，直接连接于 BNC T 型接头，如图 2-2-13 所示。

图 2-2-13　BNC 电缆连接设置

(3) 同轴电缆的特点

与双绞线相比，同轴电缆的抗干扰能力强、屏蔽性能好、传输数据稳定、价格也便宜，它不用连接在集线器或交换机上即可使用。同轴电缆的带宽取决于电缆长度，1 km 的电缆可以达到 1 Gbps 到 2 Gbps 的数据传输速率。它可以使用更长的电缆，但是传输率会降低，除非使用中间放大器。目前，同轴电缆大量被光纤取代，但仍广泛应用于有线电视和某些局域网中。

3. 光纤

(1) 光缆的组成

光纤是光缆的纤芯，光纤由光纤芯、包层和涂覆层三部分组成。最里面的是光纤芯，包层将光纤芯围裹起来，使光纤芯与外界隔离，以防止与其他相邻的光导纤维相互干扰。包层的外面涂覆一层很薄的涂覆层，涂覆材料为硅酮树脂或聚氨基甲酸乙酯，涂覆层的外面套塑(或称二次涂覆)，套塑的原料大都采用尼龙、聚乙烯或聚丙烯等塑料，如图 2-2-14 所示。

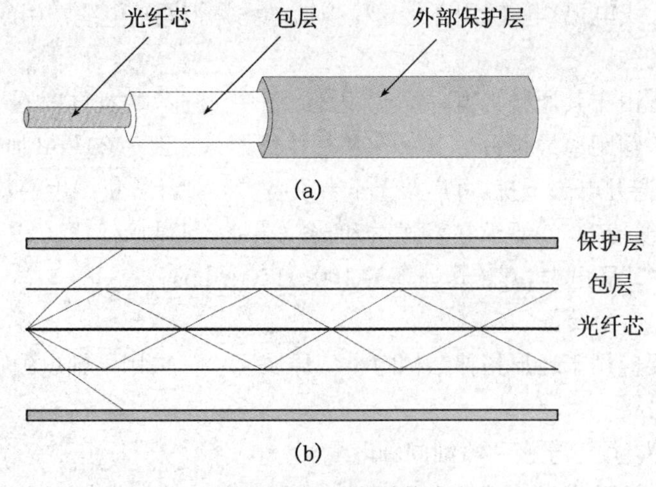

图 2-2-14　光纤的构成

① 光纤芯

光纤芯是光的传导部分，而包层的作用是将光封闭在光纤芯内。光纤芯和包层的成分都是玻璃，光纤芯的折射率高，包层的折射率低，这样可以把光封闭在光纤不断反射在芯内传输。

② 涂覆层

涂覆层是光纤的第一层保护，是第一层缓冲(Primary Buffer)，它的目的就是保护光纤的机械强度，由一层或几层聚合物构成，厚度约为 250 μm，在光纤的制造过程中就已经涂覆到光纤上。光纤涂覆层在光纤受到外界震动时保护光纤的光学性能和物理性能，同时又可以隔离外界水气的侵蚀。

③ 缓冲保护层

在涂覆层外面还有一层缓冲保护层，为光纤提供附加保护。在光缆中，这层保护分为紧套管缓冲和松套管缓冲两类。紧套管是直接在涂覆层外加的一层塑料缓冲材料，约650 μm，与涂覆层合在一起，构成一个 900 μm 的缓冲保护层。松套管缓冲光缆使用塑料套管作为缓冲保护层，套管直径是光纤直径的几倍，在这个大的塑料套管的内部有一根或多根已经有涂覆层保护的光纤。光纤在套管内可以自由活动，并且通过套管与光缆的其他部分隔离开来。这种结构可以防止因缓冲层收缩或扩张而引起的应力破坏，并且可以充当光缆中的承载元件。

④ 光缆加强元件

为保护光缆的机械强度和刚性，光缆通常包含有一个或几个加强元件。在光缆被牵引时，加强元件使得光缆有一定的抗拉强度，同时还对光缆有一定支持保护作用。光缆加强元件有芳纶砂、钢丝和纤维玻璃棒等三种。

⑤ 光缆护套

光缆护套是光缆的外围部件，它是非金属元件，作用是将其他的光缆部件加固在一起，保护光纤和其他的光缆部件免受损害。

光纤既不受电磁干扰，也不受无线电的干扰，由于可以防止内外的噪声，所以光纤中的信号可以比其他有线传输介质传得更远。由于光纤本身只能传输光信号，为了使光纤能传输电信号，光纤两端必须配有光发射机和光接收机，光发射机完成从电信号到光信号的转换，光接收机则完成从光信号到电信号的转换。光电转换通常采用载波调制方式，光纤中传输的是经过了调制的光信号。

(2) 光纤的分类

光纤可以根据构成光纤的材料、光纤的制造方法、光纤的传输总模数、光纤横截面上的折射率分布和工作波长进行分类。

① 按照折射率分布不同来分

通常采用的是均匀光纤(阶跃型光纤)和非均匀光纤(渐变型光纤)两种。

均匀光纤：光纤纤芯的折射率 n1 和包层的折射率 n2 都为一常数，且 n1>n2，在纤芯和包层的交界面处折射率呈阶梯型变化，这种光纤称为均匀光纤，又称为阶跃型光纤。

非均匀光纤：光纤纤芯的折射率 n1 随着半径的增加而按一定规律减小，到纤芯与包层的交界处为包层的折射率 n2，即纤芯中折射率的变化呈近似抛物线型。这种光纤称为非均匀光纤，又称为渐变型光纤。

② 按照传输的总模数来分

这里应当先了解光纤的模态，所谓的模态就是它的光波的分布形式。若入射光为圆光斑，射出端仍能观察到圆形光斑，这就是单模传输；若射出端分别为许多小光斑，这就出现了许多杂散的高次模，形成多模传输，称为多模光纤。

单模光纤和多模光纤也可以从纤芯的尺寸大小来简单判断。

单模光纤 SMF(Single Mode Fiber)：单模光纤的纤芯直径很小，约为 4～10 μm，理论上只传输一种模态。由于单模光纤只传输主模，从而避免了模态色散，使得这种光纤的传输频带很宽，传输容量大，适用于大容量、长距离的光纤通信。单模光纤通常用在工作波长为 1 310 nm 或 1 550 nm 的激光发射器中。单模光纤是当前研究和应用的重点，也是光纤通信与光波技术发展的必然趋势。在综合布线系统中，常用的单模光纤有 8.3/125 μm 突变型单模光纤，常用于建筑群之间的布线。

多模光纤 MMF(MultiModeFiber)：在一定的工作波长下，当有多个模态在光纤中传输时，则这种光纤称为多模光纤。多模光纤又根据折射率的分布，有均匀的和非均匀的，前者称为多模均匀光纤，后者称为多模非均匀光纤。多模光纤由于芯径和数值孔径比单模光纤大，具有较强的集光能力和抗弯曲能力，特别适合于多接头的短距离应用场合，并且多模光纤的系统费用仅为单模系统费用的 1/4。多模光纤的纤芯直径一般在 50～75 μm，包层直径为 100～200 μm。多模光纤的光源一般采用 LED(发光二极管)，工作波长为 850 nm 或 1 300 nm。这种光纤的传输性能差，带宽比较窄，传输容量也较小。在综合布线系统中常用纤芯直径为 50 μm、62.5 μm，包层均为 125 μm，也就是通常所说的 50 μm、62.5 μm。常用于建筑物内干线子系统、水平子系统或建筑群之间的布线。

③ 按波长分类

综合布线所用光纤有三个波长区：850 nm 波长区、1 310 nm 波长区、1 550 nm 波长区。

④ 按纤芯直径划分

光纤纤芯直径有三类，光纤的包层直径均为 125 μm。

62.5 μm 渐变增强型多模光纤。

50 μm 渐变增强型多模光纤。

8.3 μm 突变型单模光纤。

(3) 光纤通信系统

目前在局域网中实现的光纤通信是一种光电混合式的通信结构。通信终端的电信号与光缆中传输的光信号之间要进行光电转换，光电转换通过光电转换器完成，如图 2-2-15 所示。

图 2-2-15　光纤通信系统

在发送端，电信号通过发送器转换为光脉冲在光缆中传输。到了接收端，接收器把光脉冲还原为电信号送到通信终端。由于光信号目前只能单方向传输，所以，目前光纤通信系统通常都是采用 2 芯，一芯用于发送信号，一芯用于接收信号。

(4) 光纤连接器

光纤连接部件主要有配线架、端接架、接线盒、光缆信息插座、各种连接器（如 ST、SC、FC 等）以及用于光缆与电缆转换的器件。它们的作用是实现光缆线路的端接、接续、交连和光缆传输系统的管理，从而形成光缆传输系统通道。常用的光纤适配器如图 2-2-16 所示；常用的光纤连接器主要有以下几种，如图 2-2-17 所示。

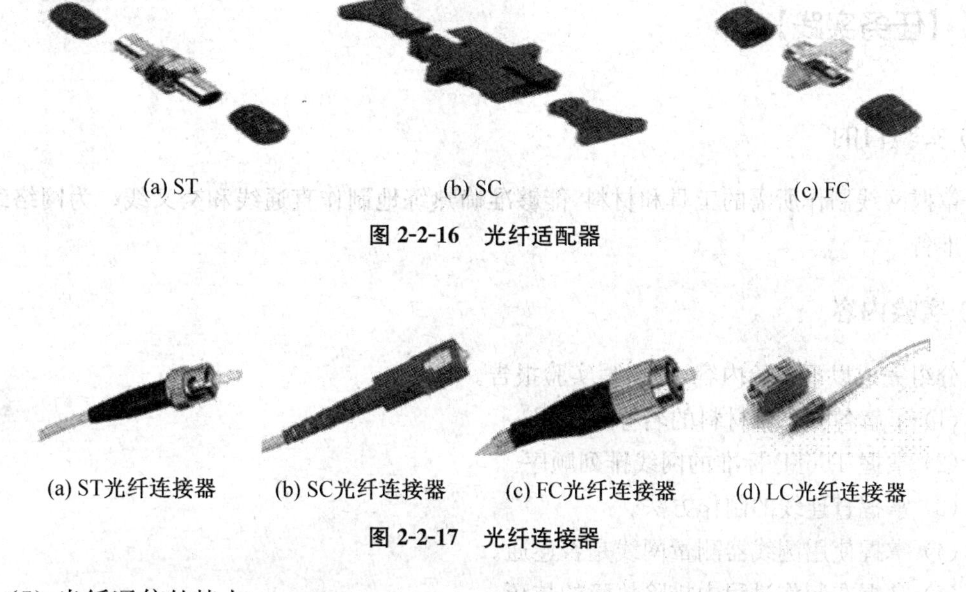

(a) ST　(b) SC　(c) FC

图 2-2-16　光纤适配器

(a) ST光纤连接器　(b) SC光纤连接器　(c) FC光纤连接器　(d) LC光纤连接器

图 2-2-17　光纤连接器

(5) 光纤通信的特点

① 通信容量大、传输距离远；

② 信号串扰小、保密性能好；

③ 抗电磁干扰、传输质量佳；

④ 光纤尺寸小、重量轻，便于敷设和运输；

⑤ 材料来源丰富，环境保护好；

⑥ 无辐射，难以窃听；

⑦ 光缆适应性强，寿命长。

(二) 无线传输介质

无线传输介质：是利用可以穿越外太空的大气电磁波来传输信号的。由于无线信号不需要物理媒体，它可以克服线缆限制引起的不便，解决某些布线有困难的区域联网问题。无线传输介质具有不受地理条件的限制、建网速度快等特点，目前应用于计算机无线通讯的手段主要有无线电短波、超短波、微波、红外线、激光以及卫星通信等。无线传输介质的具体介绍参见项目四。

【思考与讨论】

(1) 为了便于网线制作的统一及网络的管理和维护,美国电子工业协会和电信工业协会制定了__________标准以及__________标准。

(2) 传输介质可分为__________和__________两种。

(3) 常见的有线传输介质有哪些?

(4) 常见的无线传输介质有哪些?

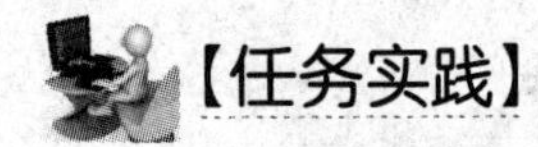

【任务实践】

(一) 实验目的

掌握网线制作所需的工具和材料,能够准确熟练地制作直通线和交叉线。为网络组建做好准备。

(二) 实验内容

分组完成以下实验内容,并撰写实验报告。

(1) 了解各类工具材料的名称及作用。

(2) 掌握 T568B 标准的网线排列顺序。

(3) 掌握直连线的制作方法。

(4) 掌握使用测线器测量网线是否连通。

(5) 掌握在制作过程中排除故障的技巧。

(6) 尝试制作交叉线。

(三) 实验环境及工具

(1) 在网络实验室或在教室进行;

(2) 提前做好以下准备工作:每人准备 RJ－45 水晶头 4～5 个,长度为 1.5 m 的 5 类 UTP 双绞线一根;

(3) 每 5～8 人一组,每组准备 RJ－45 压线钳一把和测试仪一套。

(四) 实验过程

(1) 将全班同学分成合适的小组,选定组长,分配实验任务。

(2) 按照网线制作过程完成直通线的制作,并尝试制作交叉线。小组间互查网线制作是否规范。

(3) 按照实验内容所规定的步骤完成实验,保存好相关文档。

(4) 撰写实验报告。

【任务评价】

评价一下自己的任务完成情况，在相应栏目中打“√”。

<table>
<tr><th colspan="2">项目</th><th>评价依据</th><th>优秀</th><th>良好</th><th>合格</th><th>继续努力</th></tr>
<tr><td colspan="2">任务背景
(10)</td><td>明确任务要求，解决思路清晰</td><td></td><td></td><td></td><td></td></tr>
<tr><td colspan="2">任务实施准备
(20)</td><td>收集任务所需资料，任务实施准备充分</td><td></td><td></td><td></td><td></td></tr>
<tr><td rowspan="4">任务实施
(40)</td><td>子任务</td><td>评价内容或依据</td><td colspan="4"></td></tr>
<tr><td>任务一</td><td>掌握 T568A 和 T568B 线序标准</td><td></td><td></td><td></td><td></td></tr>
<tr><td>任务二</td><td>掌握制作网线的一般步骤</td><td></td><td></td><td></td><td></td></tr>
<tr><td>任务三</td><td>能够对制作的网线正确测试
并会排除故障</td><td></td><td></td><td></td><td></td></tr>
<tr><td colspan="2">任务效果
(30)</td><td>正确完成任务目标，具有较强的团队精神和合作意识，在任务实施过程中具有探究精神</td><td></td><td></td><td></td><td></td></tr>
<tr><td colspan="2">问题与感想</td><td colspan="5"></td></tr>
</table>

任务三 安装 Windows 7 操作系统

【情景描述】

操作系统是人机交互的接口，选择适当的操作系统能让用户有一个良好的工作环境。李想发现目前宿舍同学的 PC(个人计算机)上安装的操作系统大多数还是 Windows XP，已经跟不上时代发展的步伐，也不符合自己的操作习惯和要求。于是，他们请李想帮忙重新安装操作系统 Windows 7。由于以前没有安装操作系统的经历，为了保险起见，他想先利用虚拟机软件来安装操作系统。

【任务分析】

在不熟悉操作系统安装流程的情况下，利用虚拟机软件安装操作系统，掌握操作系统的安装过程，是非常好的选择。本任务的主要目的是掌握虚拟机软件的安装，并在虚拟机中完成 Windows 7 操作系统的安装，具体包括以下内容：

(1) 了解操作系统的概念和常用操作系统的分类；

(2) 熟练掌握 Oracle VM VirtualBox 和 VMware Workstation 虚拟机软件的安装；

(3) 熟练掌握 Windows 7 操作系统的安装；

(4) 可以对 Windows 7 操作系统进行简单配置。

【任务实施】

(一) 安装虚拟机软件

1. Oracle VM VirtualBox 的安装步骤

(1) 以 Oracle VM VirtualBox 4.3.12 版本为例来学习安装过程。根据安装向导点击【Next】按钮，开始安装，如图 2-3-1 所示。

(2) 通过【Browse】按钮，选择安装的位置，如图 2-3-2 所示。

(3) 可选择在桌面和快速启动栏中创建快捷方式，如图 2-3-3 所示，然后点击【Next】按钮继续安装。

(4) 警告提醒网络将暂时断开，点击【Yes】按钮继续安装，如图 2-3-4 所示。出现准备安装界面，点击【Install】按钮开始安装，如图 2-3-5 所示。安装进程如图 2-3-6 所示。

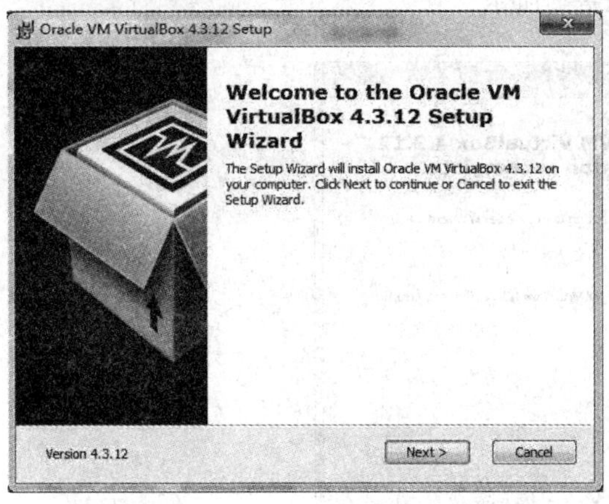

图 2-3-1　Oracle VM VirtualBox 安装向导

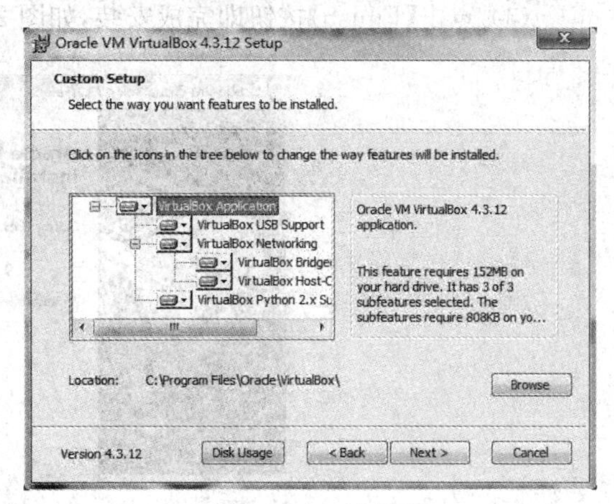

图 2-3-2　选择安装路径

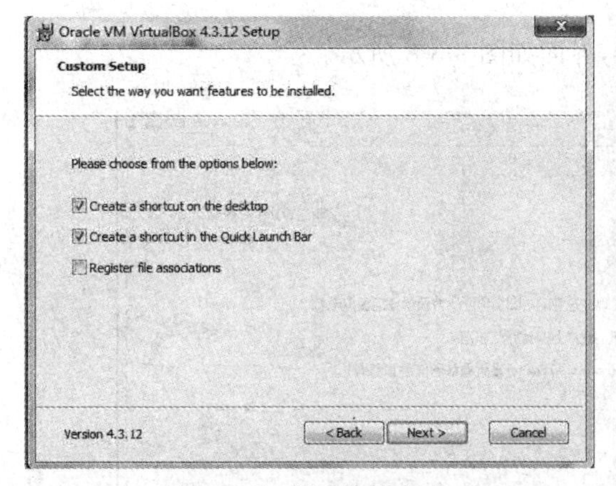

图 2-3-3　创建快捷方式

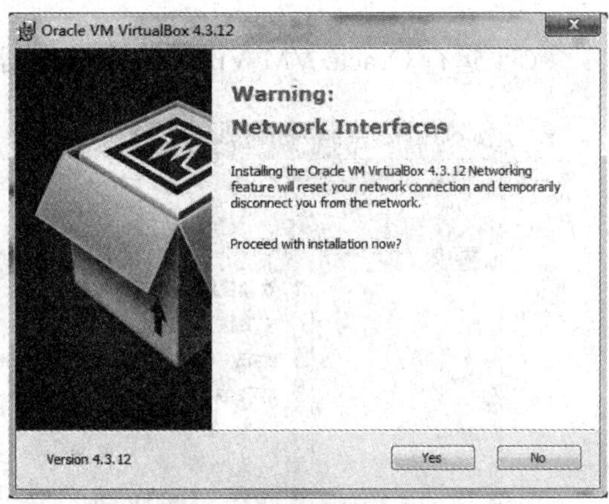

图 2-3-4　警告网络断开

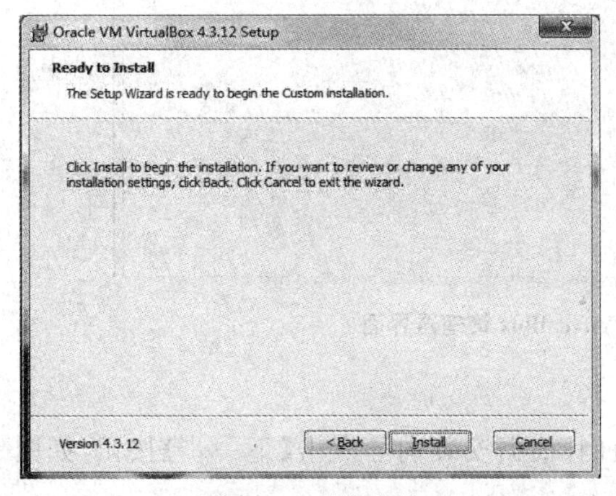

图 2-3-5　准备安装

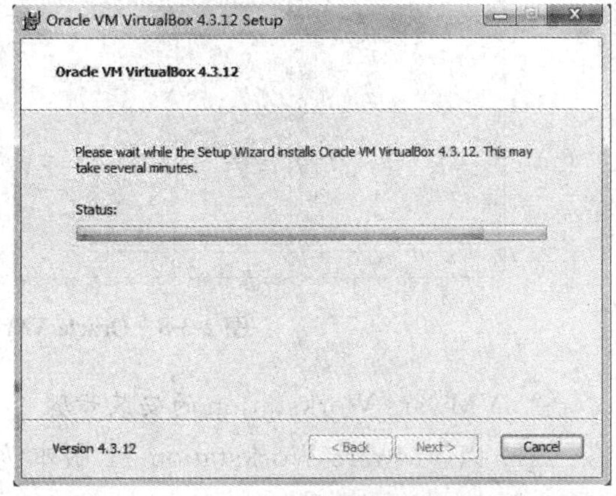

图 2-3-6　安装进程

（4）点击【Finish】按钮即完成安装，如图2-3-7所示。

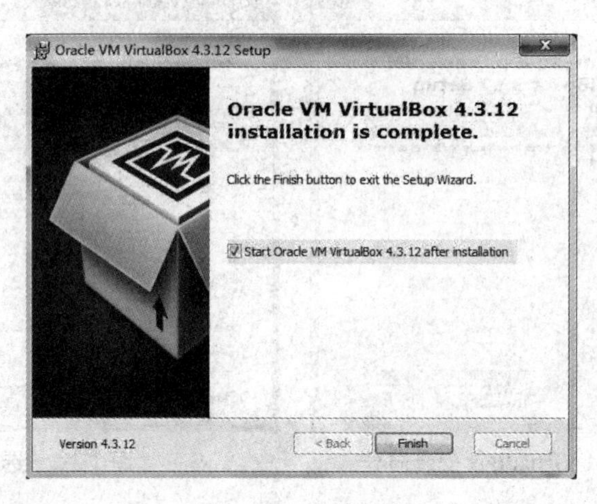

图2-3-7　安装完成

（5）运行Oracle VM VirtualBox管理器，界面如图2-3-8所示。

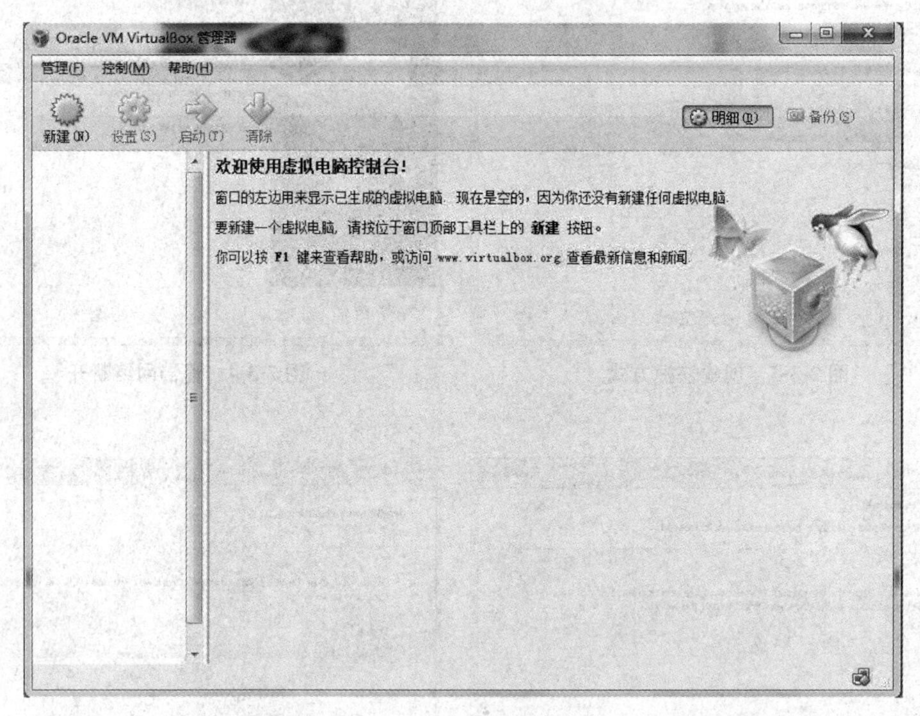

图2-3-8　Oracle VM VirtualBox管理器界面

2．VMware Workstation的安装步骤

（1）以VMware Workstation 11版本为例，根据安装向导点击【下一步】按钮，如图2-3-9所示。

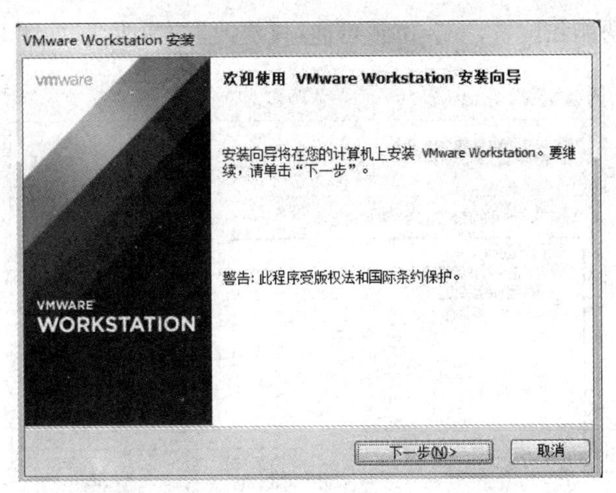

图 2-3-9　VMware Workstation 安装向导

(2) 勾选【我接受许可协议中的条款】选项，如图 2-3-10 所示。

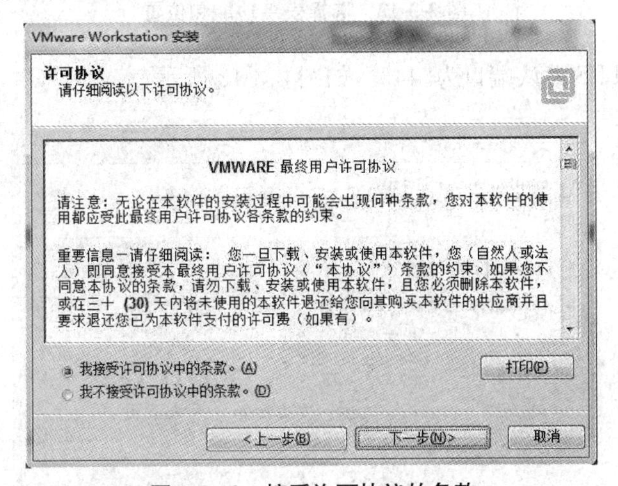

图 2-3-10　接受许可协议的条款

(3) 选择安装类型，一般选择【典型】选项即可，如图 2-3-11 所示。

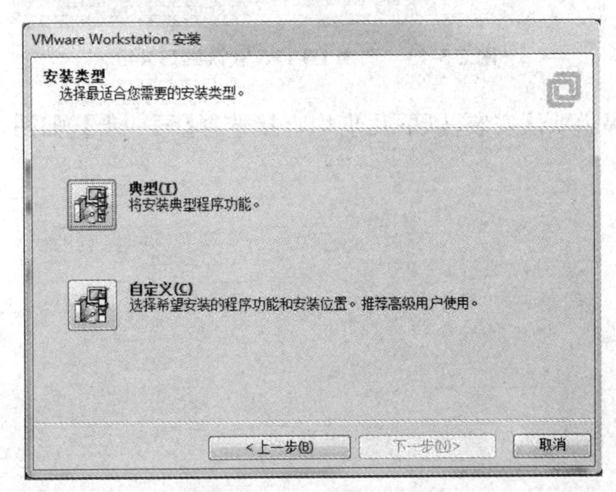

图 2-3-11　选择安装类型

(4) 选择安装功能和位置，安装位置可通过【更改】按钮改变，如图 2-3-12 所示。

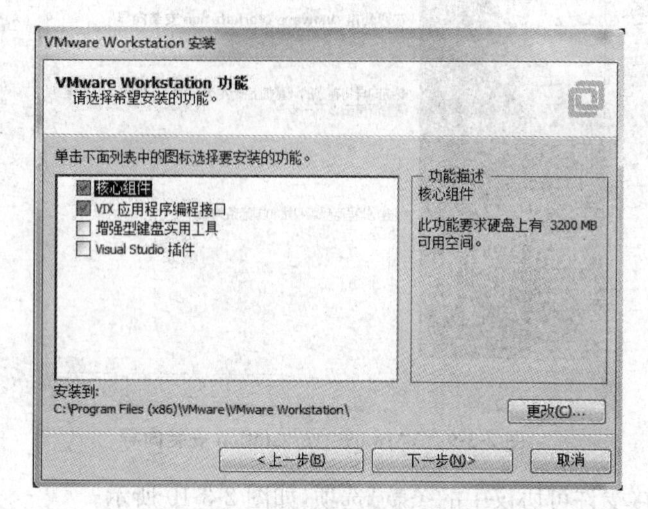

图 2-3-12　选择安装功能和位置

(5) 选择 HTTPS 默认端口为“443”，如图 2-3-13 所示。

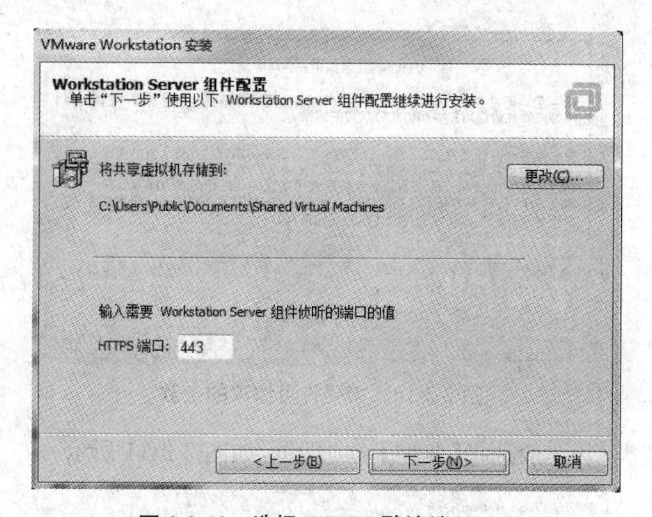

图 2-3-13　选择 HTTPS 默认端口 443

(6) 按照向导提示默认安装，以下几步均直接选择【下一步】，如图 2-3-14、图 2-3-15 和图 2-3-16 所示。

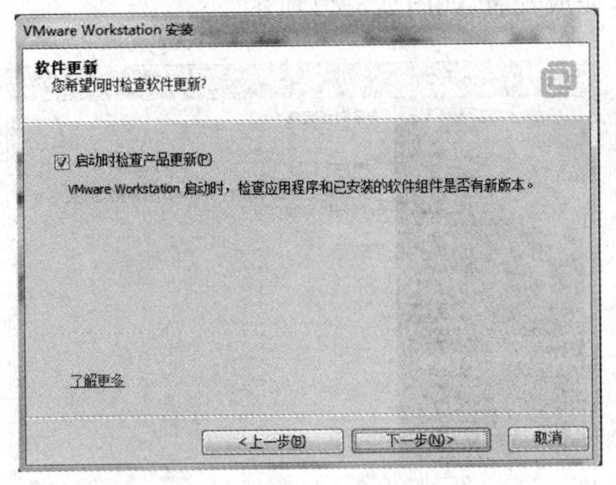

图 2-3-14 启动时检查产品更新

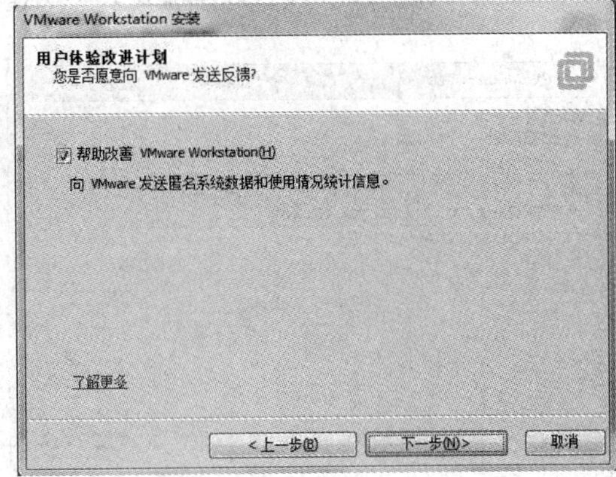

图 2-3-15 帮助改善 VMware Workstation

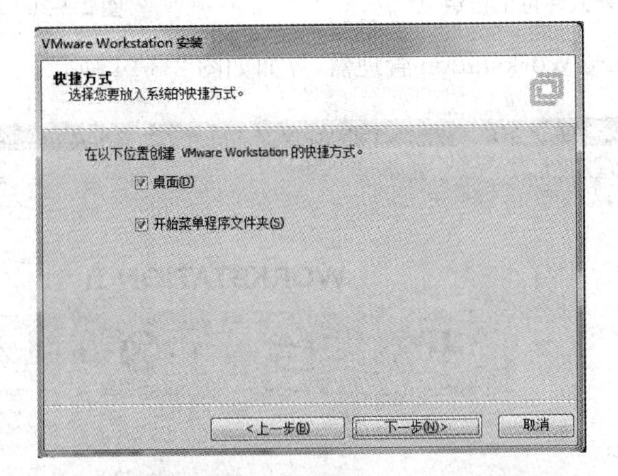

图 2-3-16 创建 VMware Workstation 快捷方式

(7) 选择【继续】按钮，开始安装，如图 2-3-17 和图 2-3-18 所示。

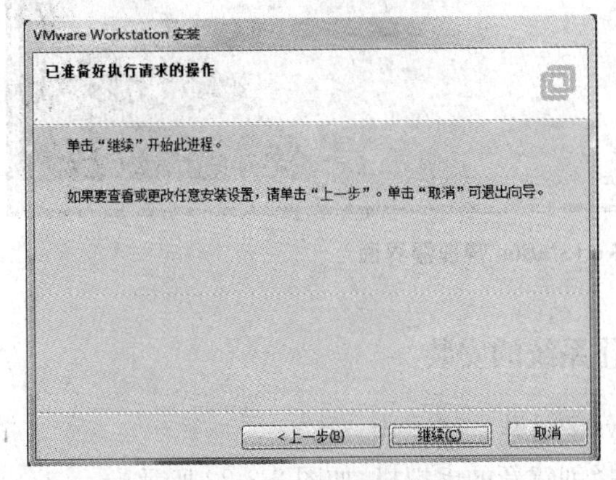

图 2-3-17 开始安装进程

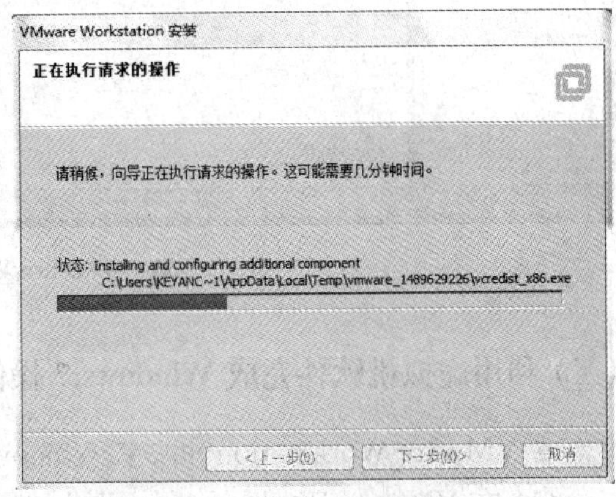

图 2-3-18 安装进程

（8）输入许可证密钥，如图 2-3-19 所示。完成安装，如图 2-3-20 所示。

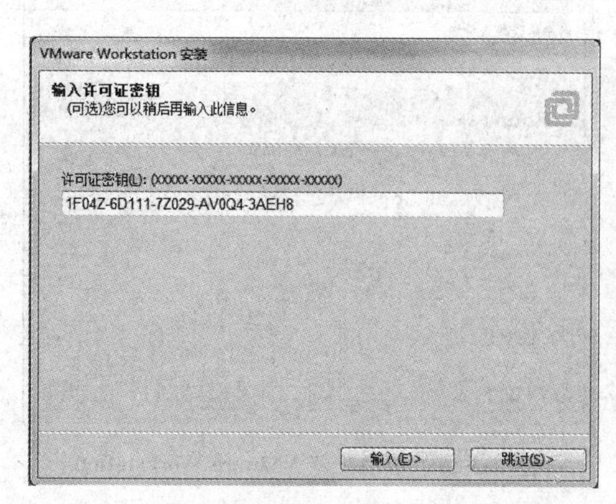

图 2-3-19　输入许可证密钥

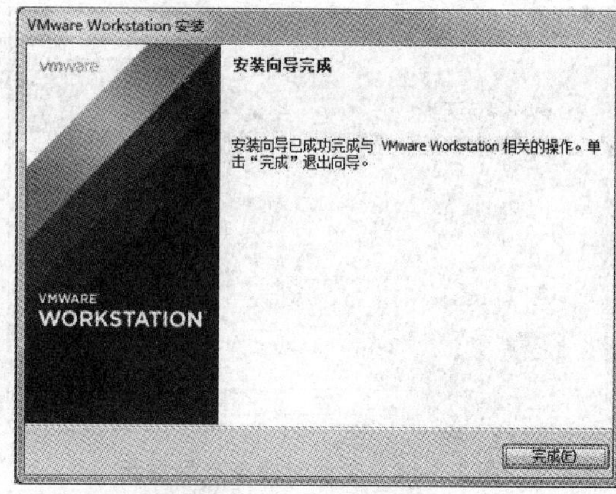

图 2-3-20　安装完成

（9）运行 VMware Workstation 管理器，界面如图 2-3-21 所示。

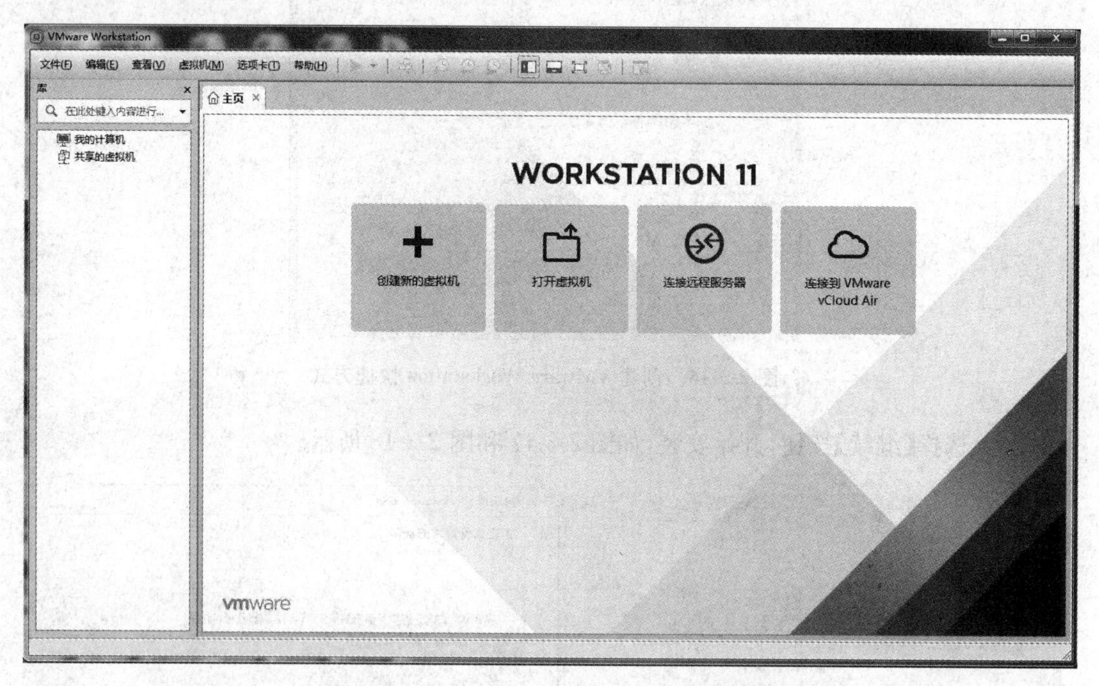

图 2-3-21　VMware Workstation 管理器界面

（二）利用虚拟机软件完成 Windows 7 操作系统的安装

在 VMware Workstation 中安装 Windows 7 操作系统

（1）在 VMware Workstation 主页中，选择创建新的虚拟机，如图 2-3-22 所示。

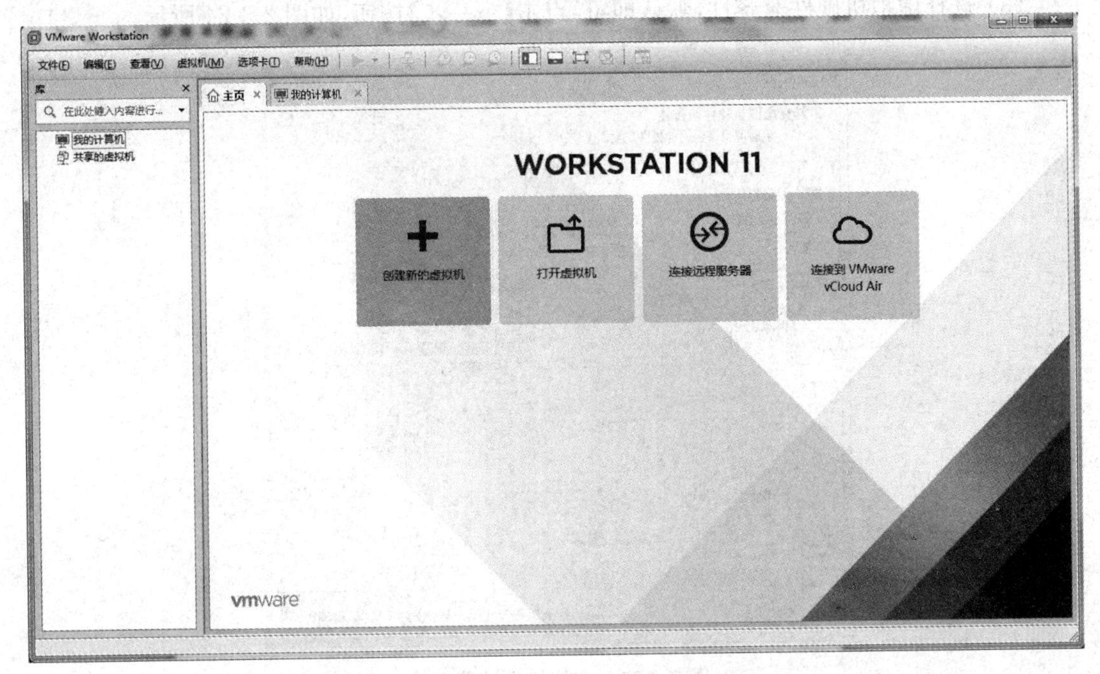

图 2-3-22　创建新的虚拟机

(2) 可选择【典型】或【自定义】类型的配置方式，本次安装以自定义方式配置，如图 2-3-23 所示。

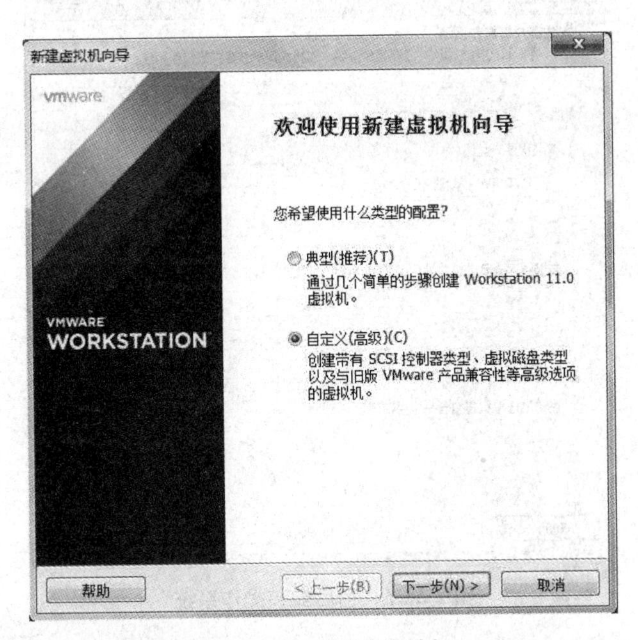

图 2-3-23　配置类型选择

（3）选择虚拟机硬件兼容性，默认即可，点击【下一步】按钮，如图 2-3-24 所示。

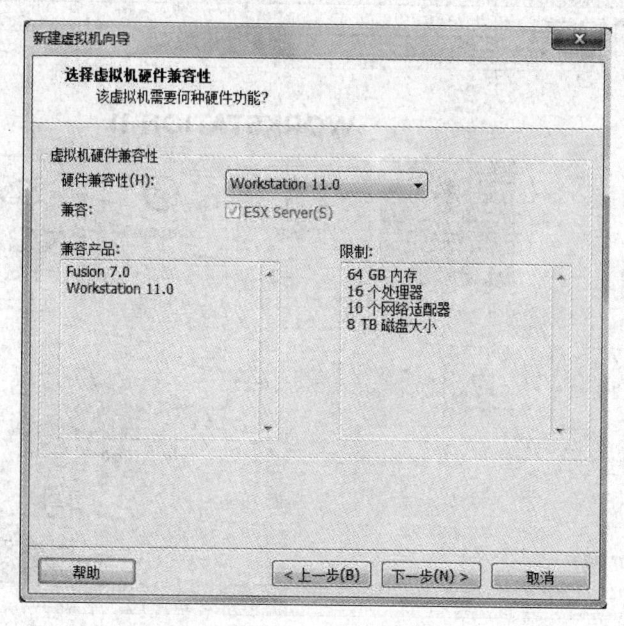

图 2-3-24　虚拟机硬件兼容性

（4）选择“稍后安装操作系统”，点击【下一步】按钮，如图 2-3-25 所示。

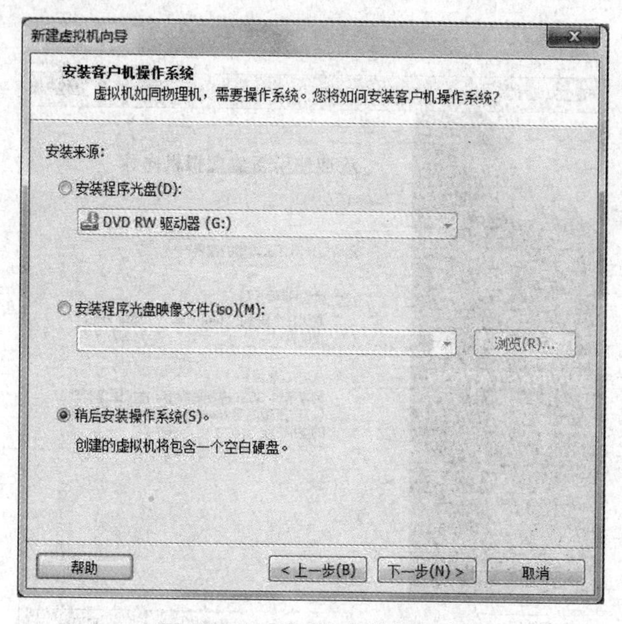

图 2-3-25　稍后安装操作系统

(5) 选择客户机操作系统类型，在 Microsoft Windows 中选择“Windows 7”，此处可选择安装 32 位系统或 64 位系统，如图 2-3-26 所示。

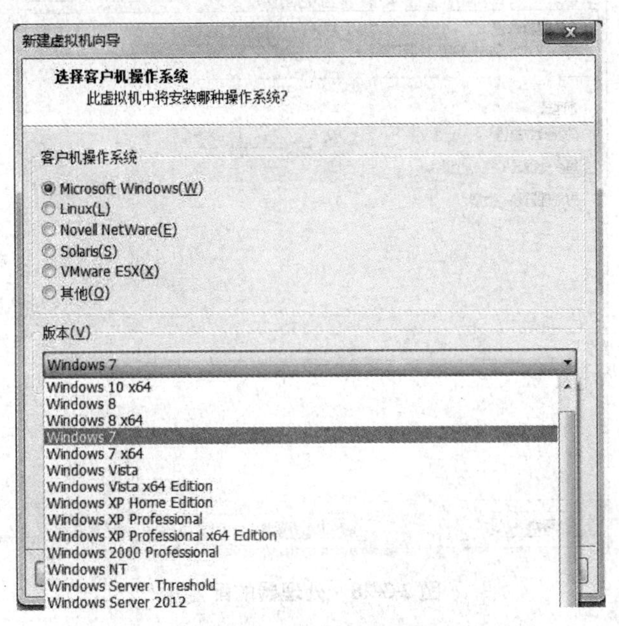

图 2-3-26　选择客户机操作系统类型 Windows 7

(6) 虚拟机名称及存储位置，可根据需要进行修改，如图 2-3-27 所示。

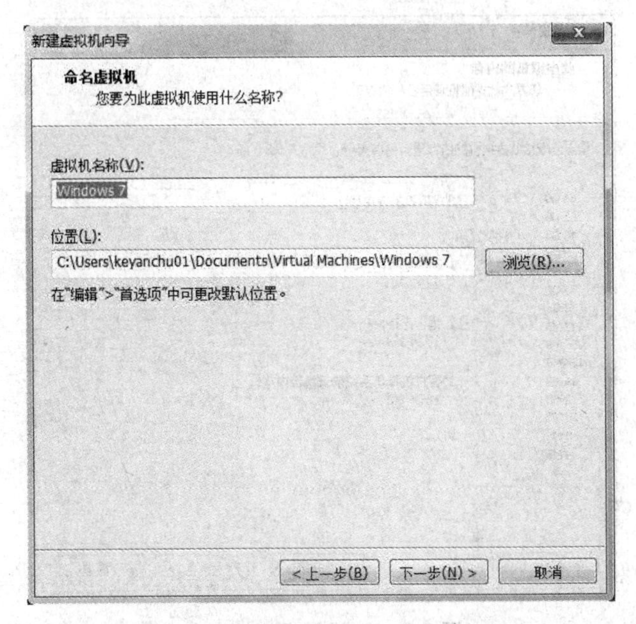

图 2-3-27　设置虚拟机名称及存储位置

（7）处理器的配置，一般选择默认即可，如图 2-3-28 所示。

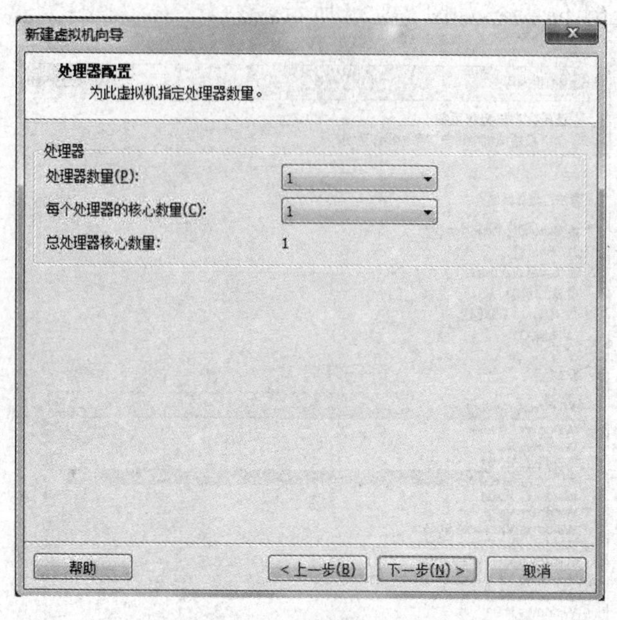

图 2-3-28　处理器的配置

（8）根据虚拟机类型和实际需要，可进行虚拟机内存的设置，也可以使用软件推荐的内存大小，如图 2-3-29 所示。

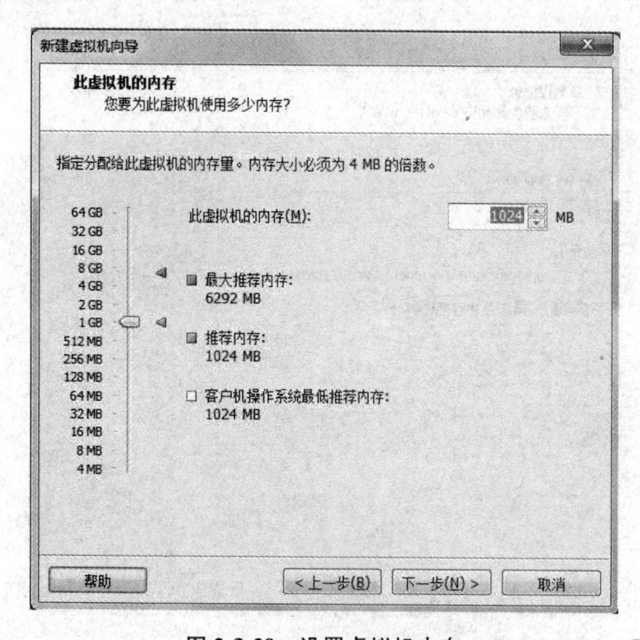

图 2-3-29　设置虚拟机内存

（9）根据需要设置网络类型，本次选择“使用桥接网络”，如图 2-3-30 所示。

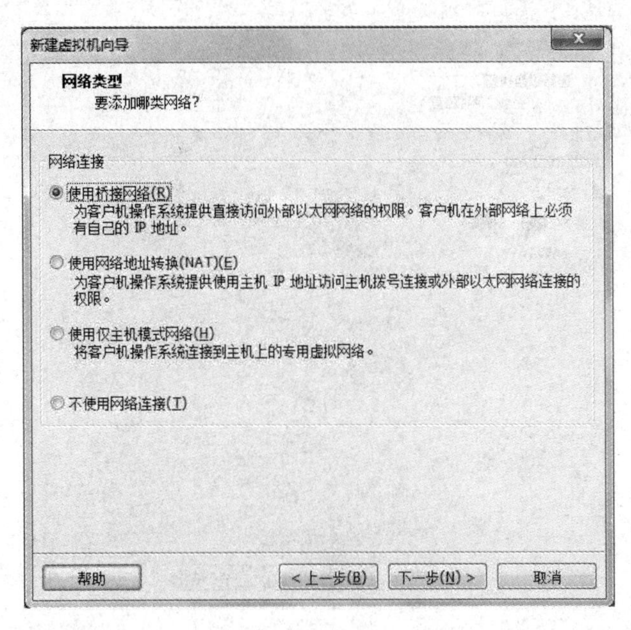

图 2-3-30　设置网络类型

（10）选择 I/O 控制器类型，一般默认即可，如图 2-3-31 所示。

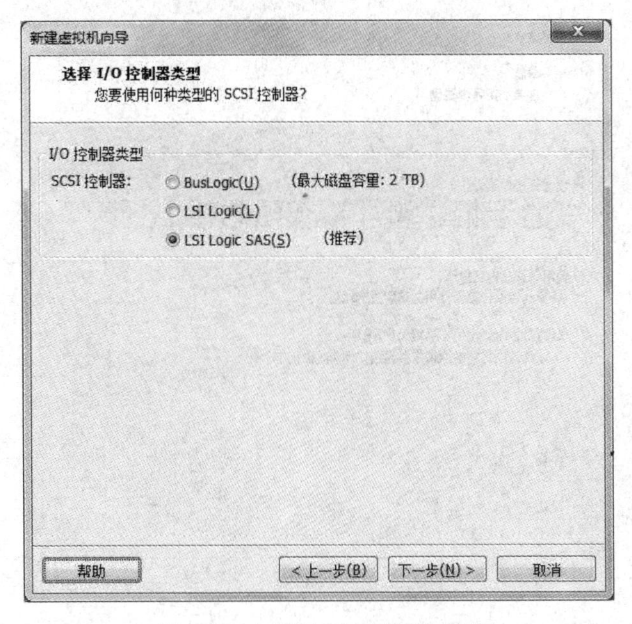

图 2-3-31　选择 I/O 控制器类型

（11）选择磁盘类型，一般选择推荐的“SCSI”接口类型，如图2-3-32所示。

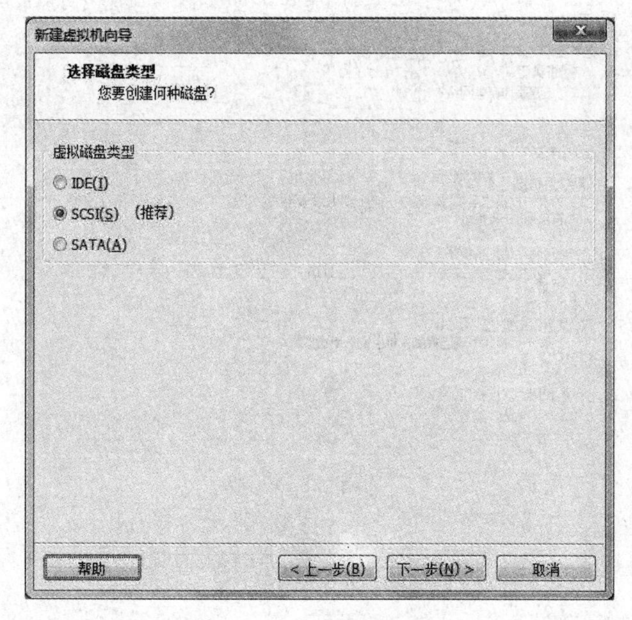

图2-3-32　选择磁盘类型

（12）选择“创建新虚拟磁盘”，如图2-3-33所示。

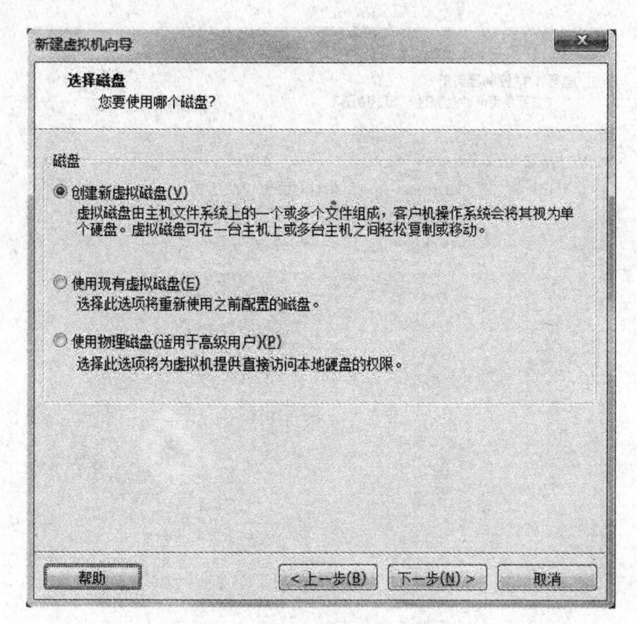

图2-3-33　创建新虚拟磁盘

(13) 根据虚拟机要求,设定磁盘容量,本例设为“20 G”,如图 2-3-34 所示。

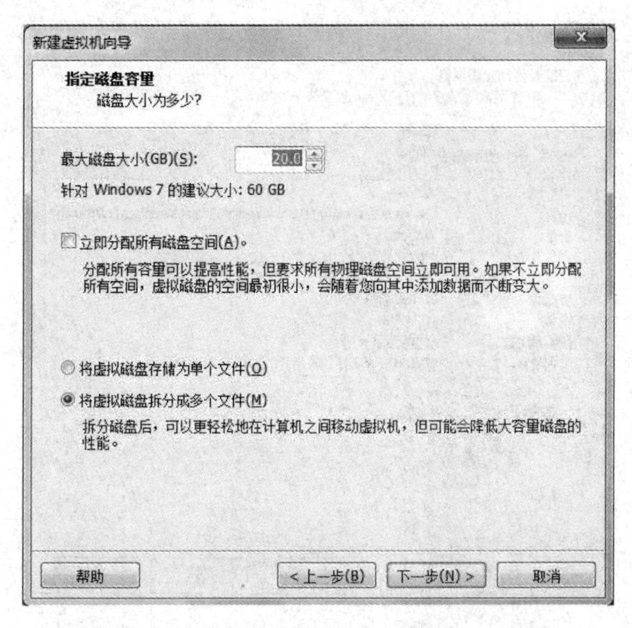

图 2-3-34　指定磁盘容量

(14) 点击【浏览】按钮,可以设定存储磁盘文件的位置,如图 2-3-35 所示。

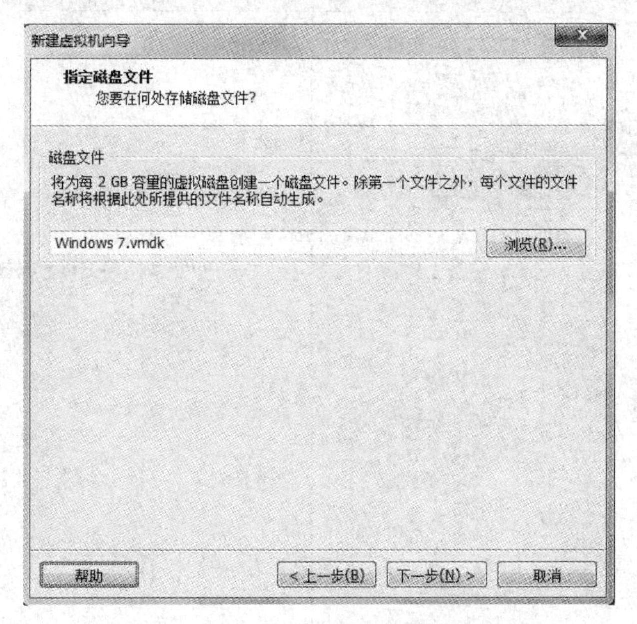

图 2-3-35　设定存储磁盘文件的位置

(15) 通过自定义硬件,设定连接 ISO 映像文件,如图 2-3-36 和图 2-3-37 所示。

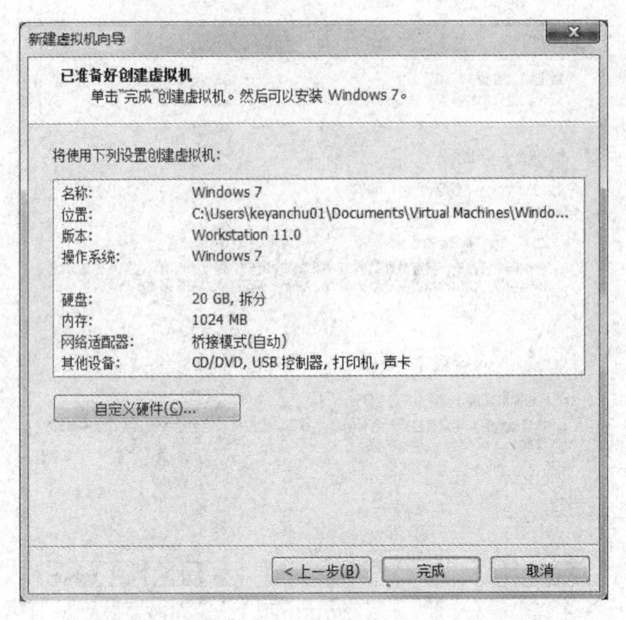

图 2-3-36　自定义硬件

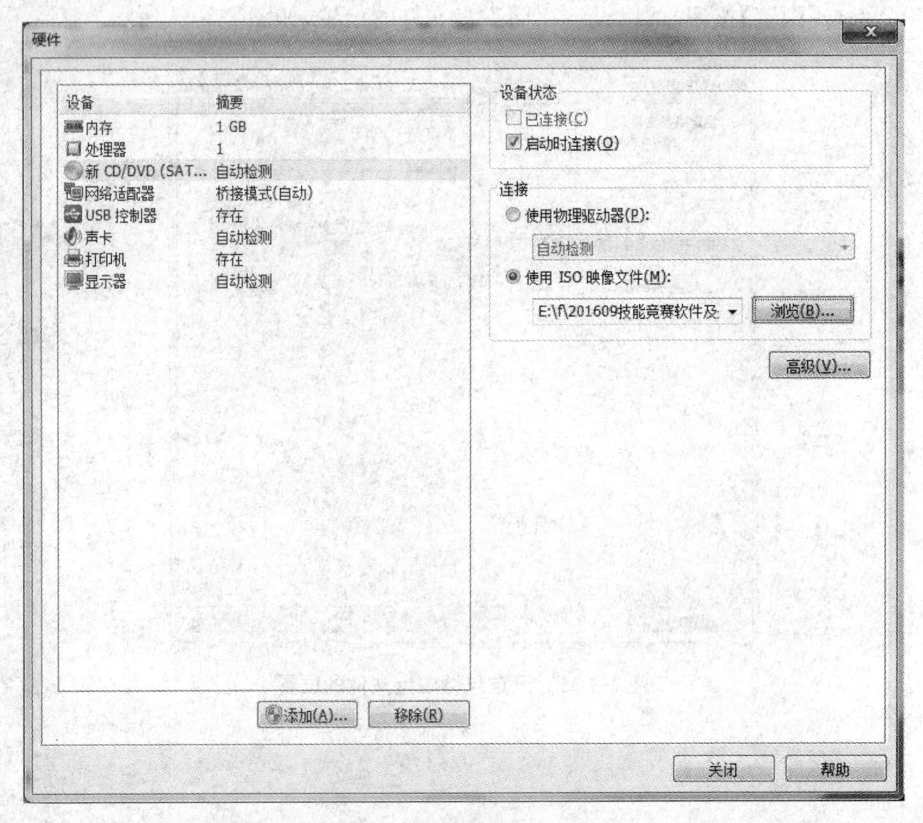

图 2-3-37　选择 ISO 映像文件

(16) 开启 Windows 7 虚拟机,完成系统安装过程,如图 2-3-38 所示。

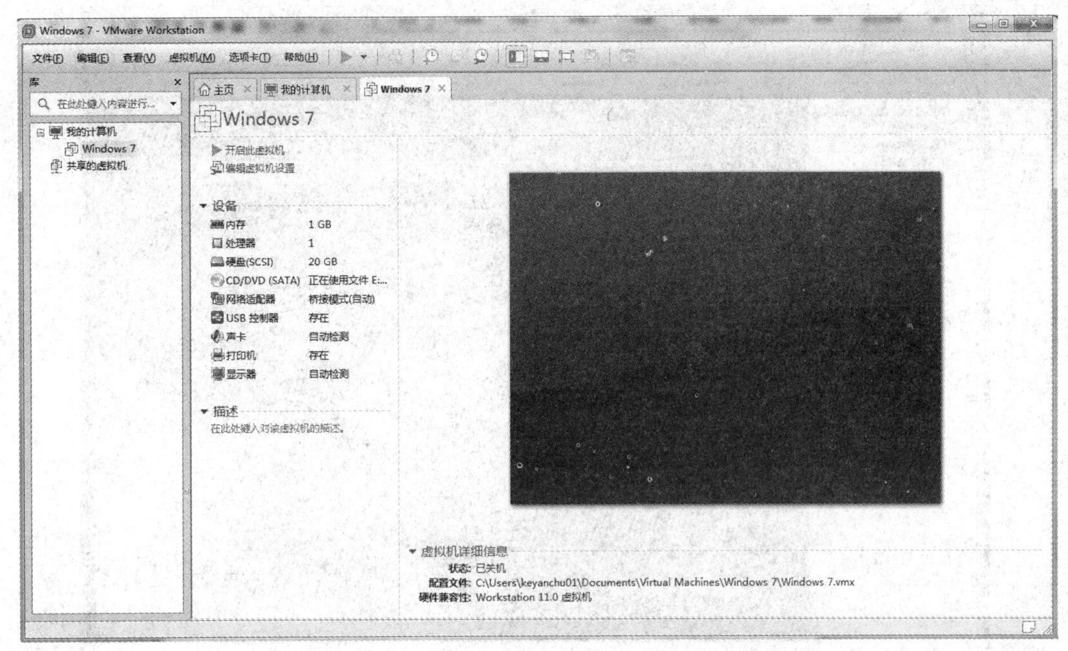

图 2-3-38　开启 Windows 7 虚拟机

(17) 选择系统安装的语言、时间格式和输入方法等,一般默认即可,如图 2-3-39 所示。

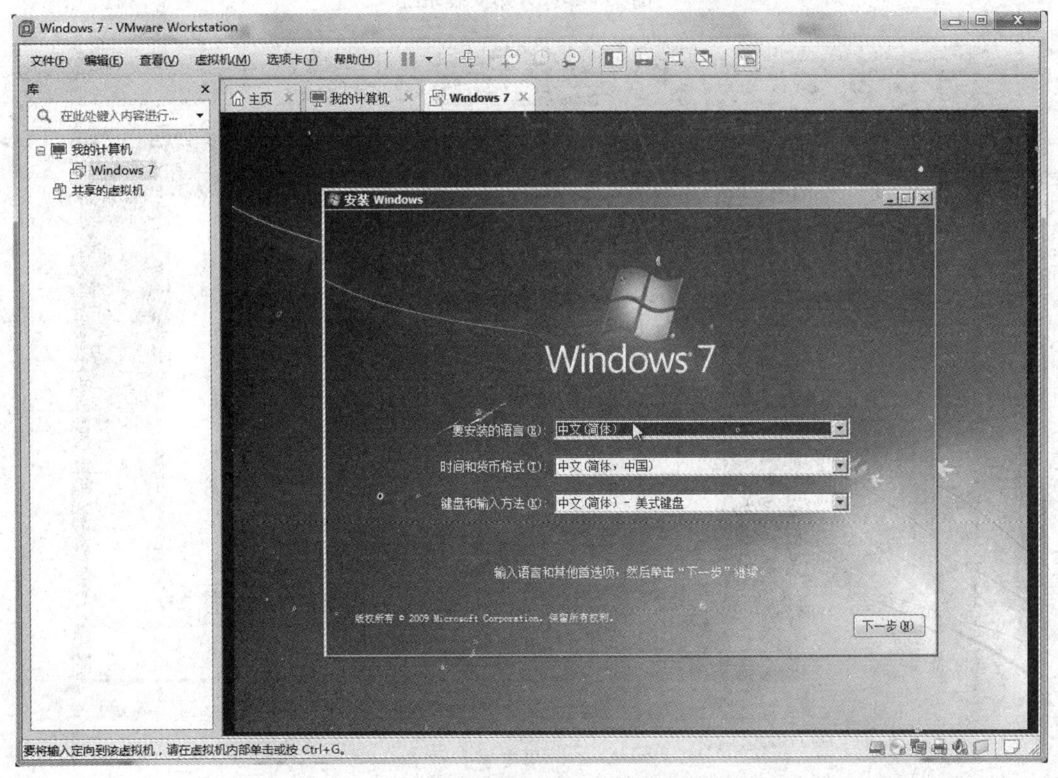

图 2-3-39　选择系统安装的语言、时间格式和输入方法

（18）开始安装，并接受许可协议，如图 2-3-40 和图 2-3-41 所示。

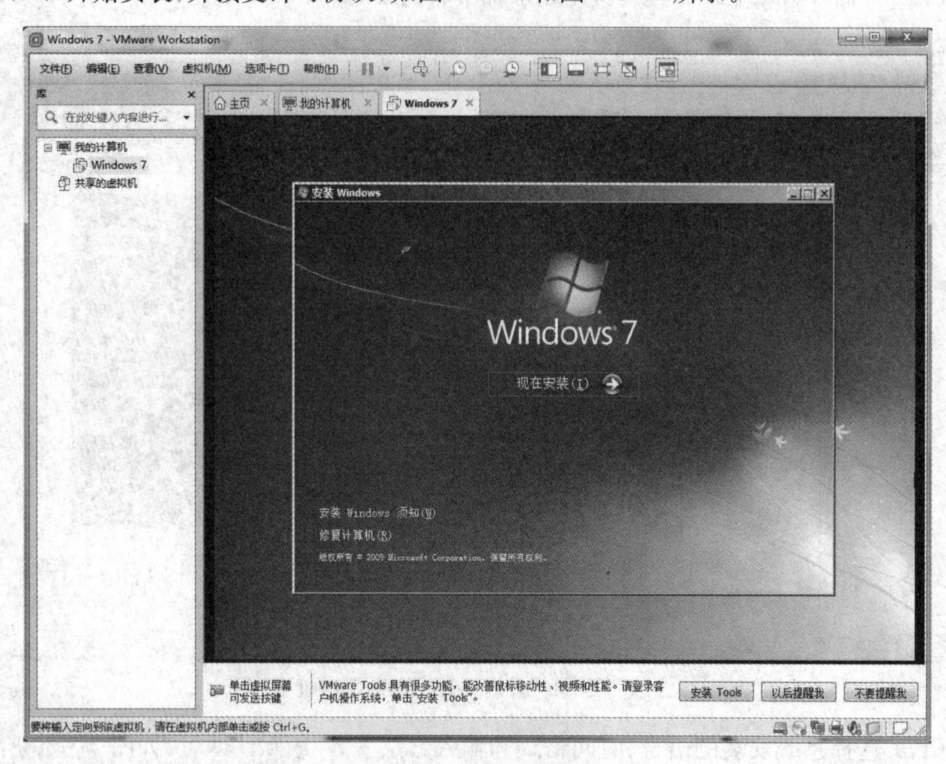

图 2-3-40　开始安装系统

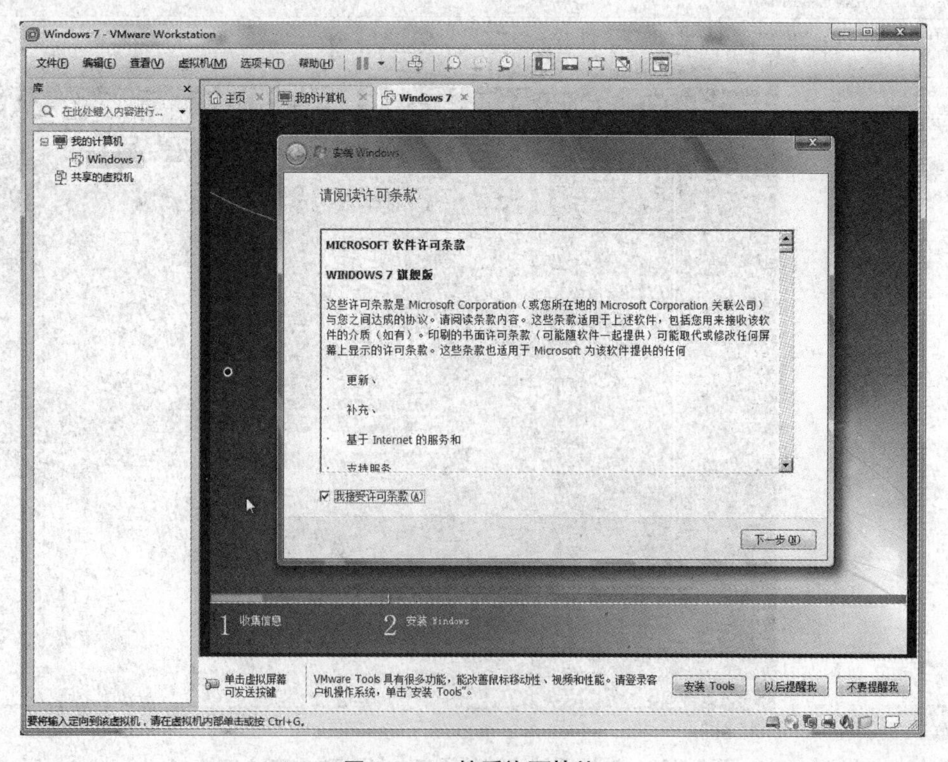

图 2-3-41　接受许可协议

（19）可根据系统使用需要进行磁盘分区，如图 2-3-42 所示。

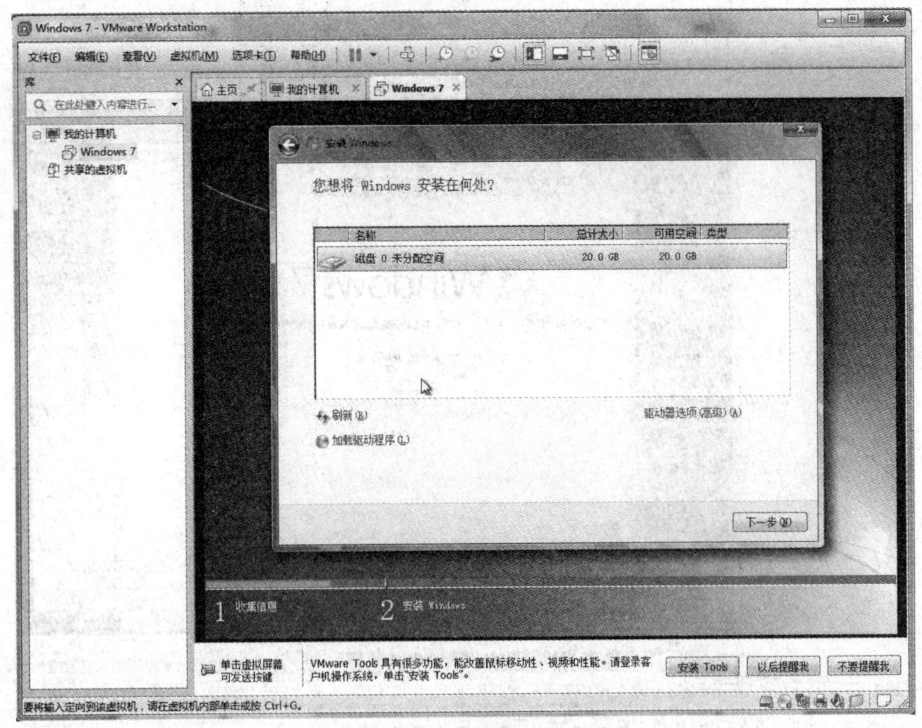

图 2-3-42　磁盘分区

（20）系统安装进程，如图 2-3-43 所示。

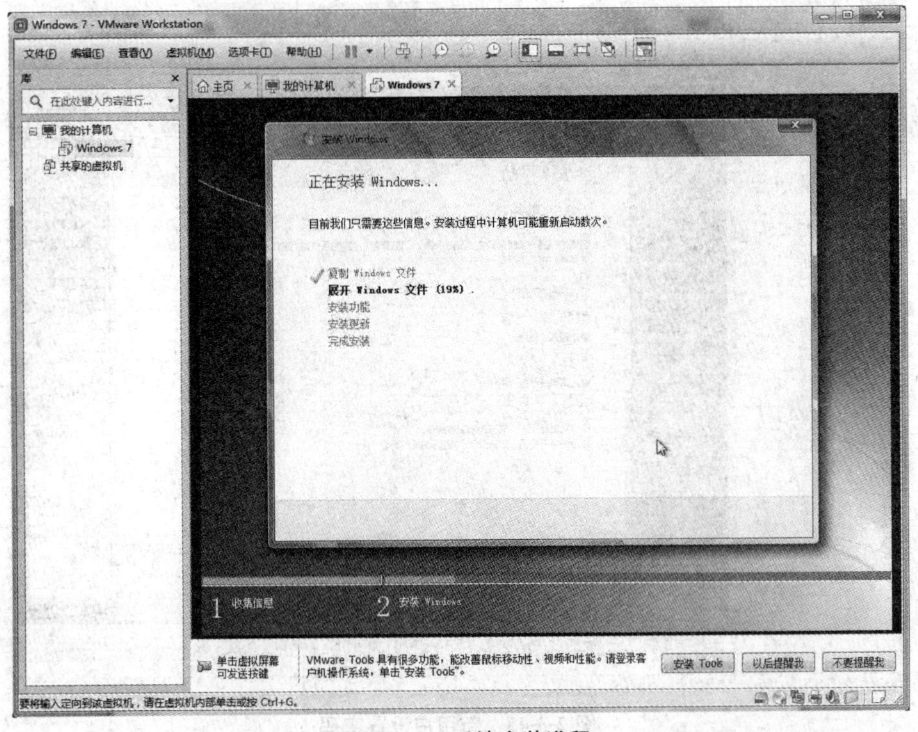

图 2-3-43　系统安装进程

(21) 新建用户名和计算机名,如图 2-3-44 所示。

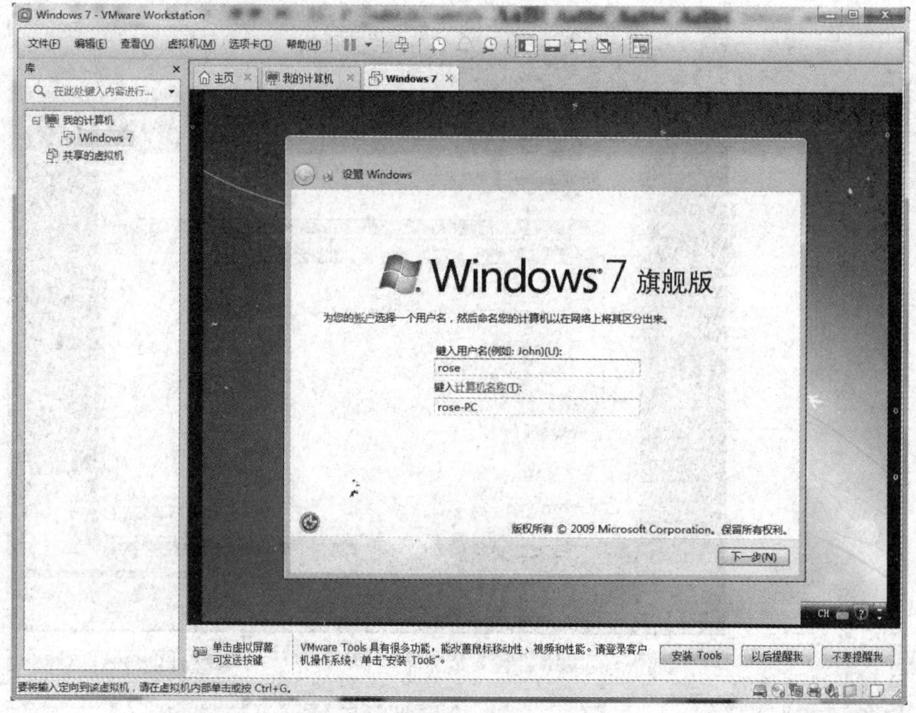

图 2-3-44　新建用户名和计算机名

(22) 为新用户设置密码,如图 2-3-45 所示。

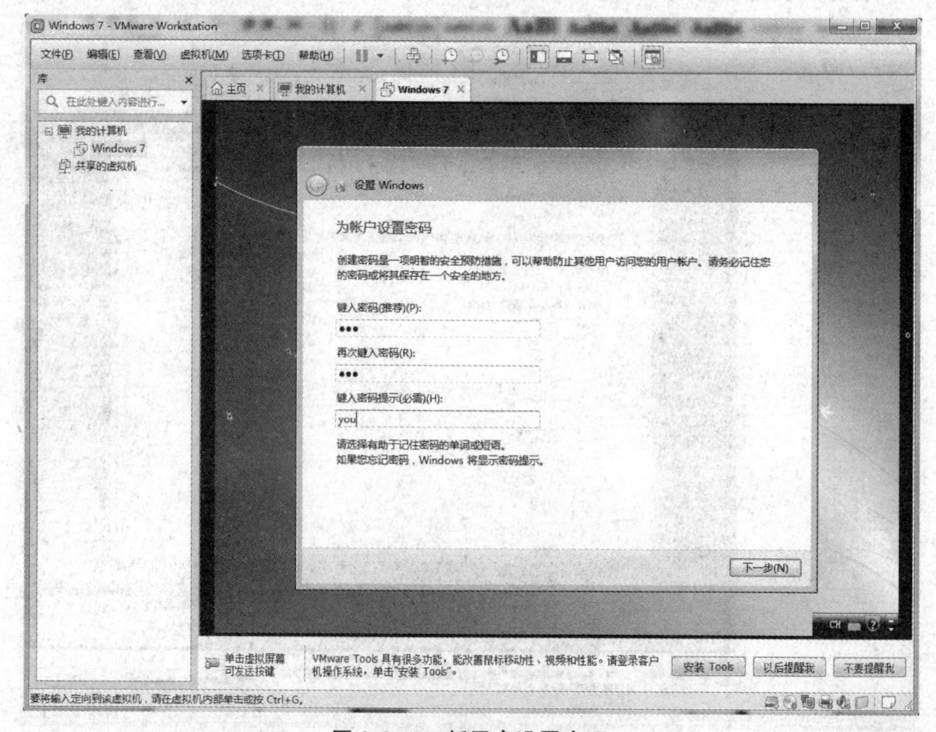

图 2-3-45　新用户设置密码

(23) Windows 7 操作系统即安装完成,如图 2-3-46 所示。

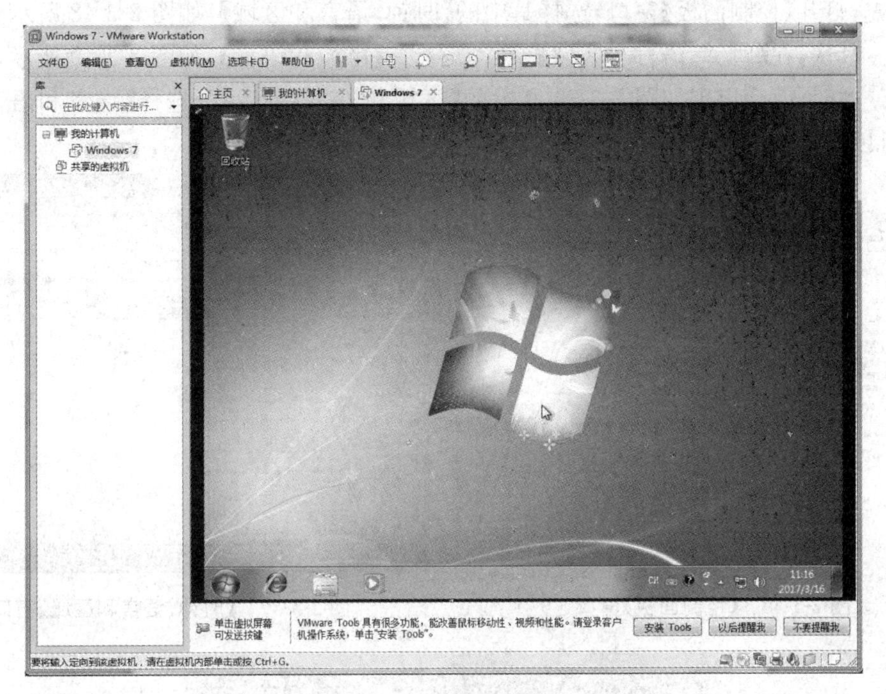

图 2-3-46　系统安装完成

(三) Windows 7 操作系统的基本配置

1. 桌面设置

在桌面上单击鼠标右键,在快捷菜单中选择【个性化】,可打开【个性化】窗口,如图 2-3-47 所示,在左侧可选择更改桌面图标、鼠标指针及账户图片。

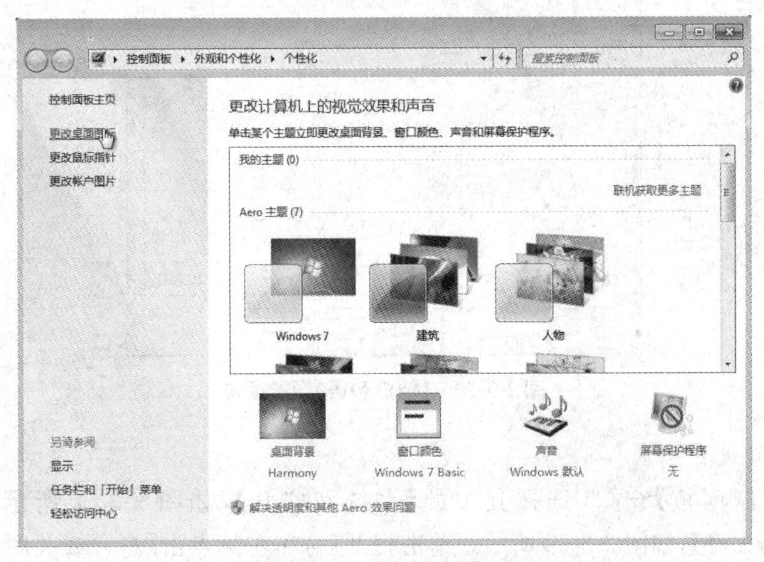

图 2-3-47　【个性化】窗口

2. 输入法设置

首先,打开【控制面板】窗口,选择其中的【时钟、语言和区域】,如图 2-3-48 所示,单击鼠标打开。其次,在【时钟、语言和区域】窗口中,选择【区域和语言】,如图 2-3-49 所示,单击鼠标打开。此时,就会出现如图 2-3-50 所示的【区域和语言】对话框,选择【键盘和语言】选项卡后,可以进行相关操作。

图 2-3-48 【控制面板】窗口

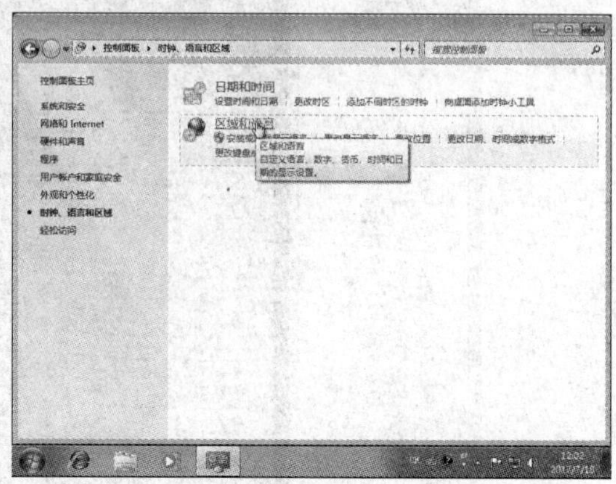

图 2-3-49 【时钟、语言和区域】窗口

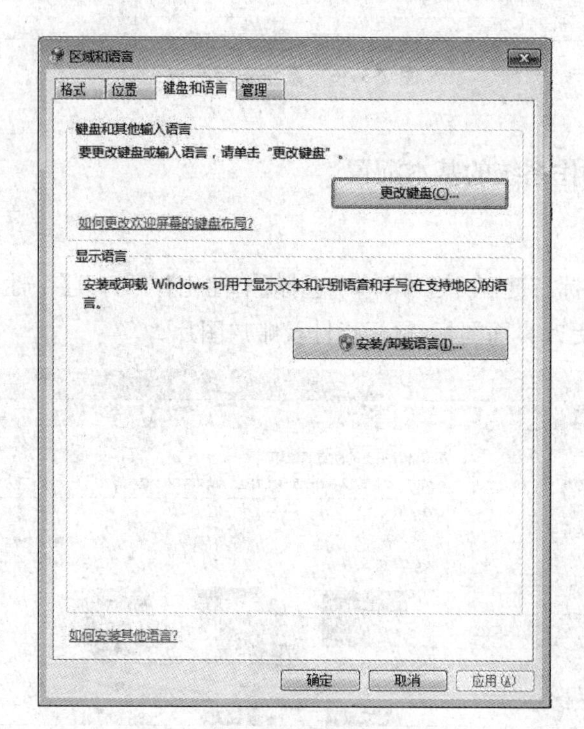

图 2-3-50 【键盘和语言】选项卡

3. 防火墙设置

打开【控制面板】窗口,选择其中的【系统和安全】,如图 2-3-51 所示。然后找到【Windows 防火墙】,如图 2-3-52 所示。单击打开后,在左侧点击【打开或关闭 Windows 防

火墙】,如图 2-3-53 所示。单击后打开【自定义设置】窗口,可以自定义防火墙的启用或关闭,如图 2-3-54 所示。

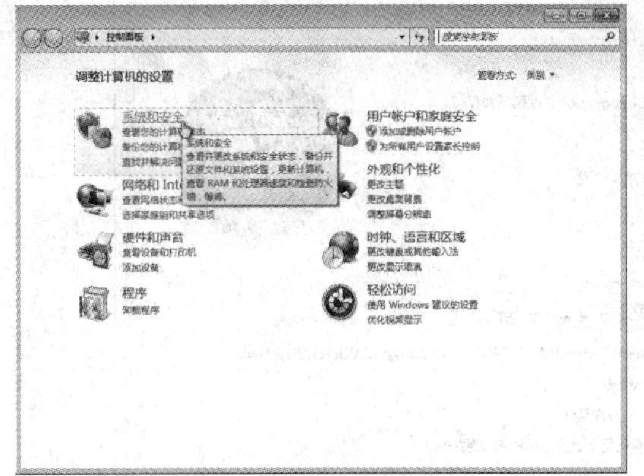

图 2-3-51 【控制面板】窗口

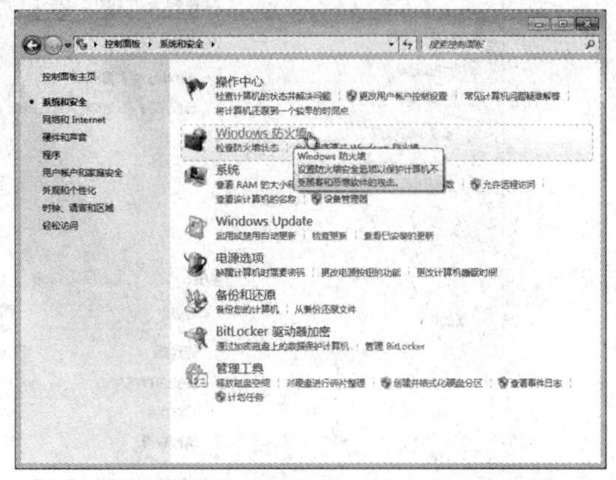

图 2-3-52 【系统和安全】窗口

图 2-3-53 【Windows 防火墙】窗口

图 2-3-54 【自定义设置】窗口

4. 计算机名的更改

依次打开【控制面板】|【系统和安全】|【系统】,如图 2-3-55 所示。在计算机名称、域和工作组设置部分选择【更改设置】命令,打开【系统属性】对话框,如图 2-3-56 所示。在【计算机名】选项卡中单击【更改】按钮后,可输入新的计算机名"kstvu-PC",单击【确定】按钮,即完成计算机名的更改,如图 2-3-57 所示。

图 2-3-55 【系统】窗口

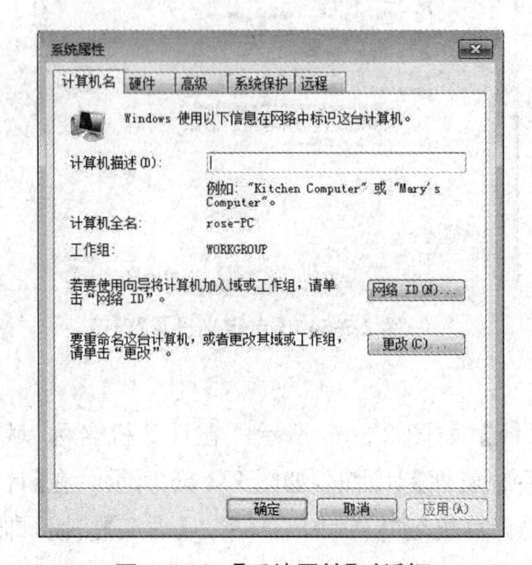

图 2-3-56 【系统属性】对话框

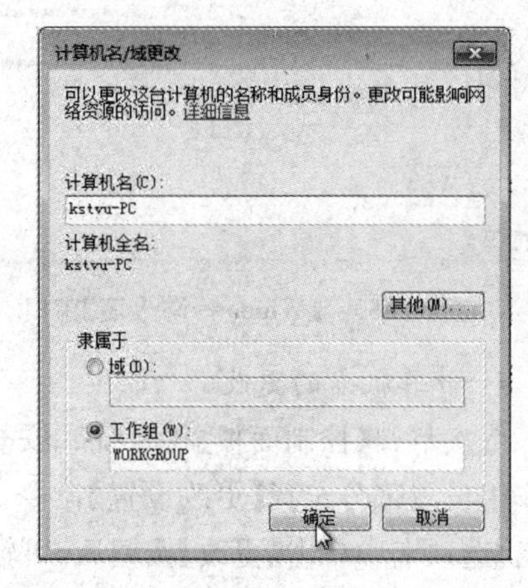

图 2-3-57 【计算机名/域更改】对话框

【任务知识】

(一) 操作系统的概念和功能

1. 概念

操作系统是管理和控制计算机硬件与软件资源的计算机程序，是直接运行在"裸机"上

最基本的系统软件，其他软件都必须在操作系统的支持下才能运行。

2. 功能

操作系统是用户和计算机的接口，同时也是计算机硬件和其他软件的接口。操作系统的功能包括管理计算机系统的硬件、软件及数据资源，控制程序运行，改善人机界面，为其他应用软件提供支持，让计算机系统所有资源最大限度发挥作用，提供各种形式的用户界面，使用户有一个好的工作环境，为其他软件的开发提供必要的服务和相应的接口等。

（二）常用操作系统的分类

1. Windows 系列操作系统

Windows 是美国微软（Microsoft）公司在 1985 年 11 月发布的第一代窗口式多任务系统，它使 PC 开始进入了图形用户界面时代。在图形用户界面中，每一种应用软件都用一个图标表示，用户只需把鼠标移到某图标上，连续两次按下鼠标器的拾取键即可进入该软件。这种界面方式为用户提供了很大的方便，把计算机的易用性提高到了一个新的阶段。早期的 Windows 系统主要有 1.0、2.0、3.0、95、98 和 Me 等版本。

2001 年，Microsoft 发布了功能极其强大的 Windows XP，该系统采用 Windows 2000/NT 内核，运行非常可靠、稳定，用户界面焕然一新，使用起来得心应手，优化了与多媒体应用有关的功能，内建了极其严格的安全机制，每个用户都可以拥有高度保密的个人特别区域，尤其是增加了具有防盗版作用的激活功能。

2009 年，微软公司正式发布 Windows 7 操作系统，它集成了 DirectX 11 和 Internet Explorer 8。可以允许 GPU（图形处理器）从事更多的通用计算工作，而不仅仅是 3D 运算，这可以鼓励开发人员更好地将 GPU 作为并行处理器使用。Windows 7 还具有超级任务栏，提升了界面的美观性和多任务切换的使用体验。到 2012 年 9 月，Windows 7 已经超越 Windows XP，成为世界上占有率最高的操作系统。

2012 年 10 月，微软公司正式对外发布第一款带有 Metro 界面的桌面操作系统，即 Windows 8。该系统旨在让用户的日常电脑操作更加简单和快捷，为用户提供高效易行的工作环境，Windows 8 支持来自 Intel、AMD 和 ARM 的芯片架构。

Windows 10 是微软公司开发的新一代跨平台及设备应用的操作系统，该操作系统的桌面版正式版本在 2015 年 7 月 29 日发布并开启下载。微软官方宣布在正式版本发布后的一年内，所有符合条件的 Windows 7、Windows 8.1 以及 Windows Phone 8.1 用户都将可以免费升级到 Windows 10。

2. Linux

Linux 最初由芬兰人 Linus Torvalds 开发，其源程序在 Internet 网上公开发布，由此引发了全球电脑爱好者的开发热情，他们下载该源程序并按自己的意愿完善某一方面的功能，再发回互联网，通过集体的智慧，Linux 被雕琢成为一个全球最稳定的、最有发展前景的操作系统。

目前，Linux 正在全球各地迅速普及推广，各大软件厂商如 Oracle、Sybase、Novell、IBM 等均发布了 Linux 版的产品，许多硬件厂商也推出了预装 Linux 操作系统的服务器产品，还有不少公司或组织有计划地收集有关Linux的软件，组合成一套完整的Linux发行版本上市，比较著名的有Red Hat(即红帽子)、Ubuntu 、Fedora、SUSE、Slackware、Debian等。

3. UNIX

UNIX系统是1969年在贝尔实验室诞生的，最初是在中小型计算机上运用。UNIX为用户提供了一个分时的系统以控制计算机的活动和资源，并且提供一个交互、灵活的操作界面。UNIX能够同时运行多个进程，支持用户之间共享数据。用户界面同样支持模块化原则，互不相关的命令能够通过管道相连接用于执行非常复杂的操作。UNIX的版本很多，目前个人计算机上使用较为广泛的是自由免费软件Linux。

4. Mac OS X操作系统

Mac OS操作系统是美国苹果公司为它的Mac计算机设计的操作系统，于1984年推出，在当时的PC还只是DOS枯燥的字符界面的时候，Mac率先采用了一些至今仍为人称道的技术。例如:GUI图形用户界面、多媒体应用、鼠标等，Mac计算机在出版、印刷、影视制作和教育等领域有着广泛的应用。

5. iOS操作系统

iOS(苹果移动设备操作系统)是由苹果公司开发的移动操作系统。苹果公司最早于2007年1月9日的Macworld大会上公布了这个系统，最初是设计给iPhone使用的，后来陆续套用到iPod touch、iPad以及Apple TV等产品上。iOS与苹果的Mac OS X操作系统一样，属于类UNIX的商业操作系统。原本这个系统名为iPhone OS，因为iPad、iPhone、iPod touch都使用iPhone OS，所以在2010WWDC(苹果全球开发者大会)上宣布改名为iOS。

6. Android操作系统

Android(安卓)是一个以Linux为基础的半开源操作系统，主要用于移动设备，由Google和开放手持设备联盟开发与领导。Android系统最初由安迪·鲁宾(Andy Rubin)制作，最初主要支持手机。2005年8月17日被Google收购。2007年11月5日，Google与84家硬件制造商、软件开发商及电信营运商组成开放手持设备联盟(Open Handset Alliance)来共同研发改良Android系统，并生产搭载Android的智慧型手机，并逐渐拓展到平板电脑及其他领域上。

(三) 虚拟机软件

虚拟机是指通过软件模拟的、具有完整硬件系统功能的、运行在一个完全隔离环境中的完整计算机系统。通过虚拟机软件可以在一台物理计算机上模拟出多台虚拟的计算机，这些虚拟机就像真正的计算机那样进行工作。

1. VMware Workstation

VMware Workstation是一款功能强大的桌面虚拟计算机软件，提供用户可在单一的桌面上同时运行不同的操作系统，以及进行开发、测试 、部署新的应用程序的最佳解决方案。VMware Workstation可在一部实体机器上模拟完整的网络环境，以及可便于携带的虚拟机器，其更好的灵活性与先进的技术胜过了市面上其他的虚拟计算机软件。对于企业的 IT 开发人员和系统管理员而言，VMware 在虚拟网络、实时快照、拖曳共享文件夹、支持 PXE 等方面的特点使它成为必不可少的工具。

2. VirtualBox

VirtualBox 是一款开源虚拟机软件，是由德国 Innotek 公司开发，由 Sun Microsystems 公司出品的软件。VirtualBox 不仅具有丰富的特色，而且性能也很优异，它简单易用，可虚拟的系统包括 Windows（从 Windows 3.1 到 Windows 10、Windows Server 2012，所有的 Windows 系统都支持）、Mac OS X、Linux、OpenBSD、Solaris、IBM OS2 甚至 Android 等操作系统。

【任务实践】

(一) 实验目的

掌握虚拟机的安装，并利用虚拟机完成 Windows 7 操作系统的安装，可进行简单的操作系统配置。

(二) 实验内容

完成以下实验内容。

(1) 分别安装 Oracle VM VirtualBox 和 VMware Workstation 两个虚拟机软件，注意安装步骤，并比较它们的区别。

(2) 利用 VMware Workstation 完成 Windows 7 操作系统的安装，设定内存 1 024 MB，硬盘 10 GB，注意安装步骤。

(3) 在 Windows 7 操作系统中完成更改桌面主题设置和桌面图标，进行输入法添加和安装，关闭防火墙，将计算机名更改为“jiwang2017＋学号”。

(三) 实验环境及工具

(1) 在网络实验室或机房进行；

(2) 提前做好以下准备工作：每人配置一台台式计算机，提供 Oracle VM VirtualBox、VMware Workstation 两个虚拟机软件，以及 Windows 7 操作系统镜像文件。

(四) 实验过程

(1) 按照实验内容所规定的步骤完成实验，保存好相关文档；

(2) 撰写实验报告。

【任务评价】

评价一下自己的任务完成情况，在相应栏目中打“√”。

<table>
<tr><td colspan="2">项目</td><td>评价依据</td><td>优秀</td><td>良好</td><td>合格</td><td>继续努力</td></tr>
<tr><td colspan="2">任务背景
(10)</td><td>明确任务要求，解决思路清晰</td><td></td><td></td><td></td><td></td></tr>
<tr><td colspan="2">任务实施准备
(20)</td><td>收集任务所需资料，任务实施准备充分</td><td></td><td></td><td></td><td></td></tr>
<tr><td rowspan="4">任务实施
(40)</td><td>子任务</td><td>评价内容或依据</td><td></td><td></td><td></td><td></td></tr>
<tr><td>任务一</td><td>正确安装虚拟机软件</td><td></td><td></td><td></td><td></td></tr>
<tr><td>任务二</td><td>利用虚拟机软件完成 Windows 7 操作系统的安装</td><td></td><td></td><td></td><td></td></tr>
<tr><td>任务三</td><td>Windows 7 操作系统的基本配置</td><td></td><td></td><td></td><td></td></tr>
<tr><td colspan="2">任务效果
(30)</td><td>正确完成任务目标，具有较强的团队精神和合作意识，在任务实施过程中具有探究精神</td><td></td><td></td><td></td><td></td></tr>
<tr><td colspan="2">问题与感想</td><td colspan="5"></td></tr>
</table>

任务四　安装 Windows Server 2008 操作系统

【情景描述】

随着宿舍电脑数量的增加，大家商量着做一个电子商务网站，做到学以致用。一开始，他们在 Windows 7 系统下搭建网站服务器，为网络中其他计算机提供文件存储、网站访问等服务，但发现经常出现网站无法访问的现象。计算机专业的学长建议他们在服务器操作系统下搭建网站服务会更稳定。当然，对于宿舍这样任务简单的网络环境，用一台高性能的 PC 也可以充当服务器的角色。那么，首要工作就是安装服务器操作系统了。

李想对 Windows 系列的操作系统比较熟悉，于是他决定选择安装目前比较流行的 Windows Server 2008 操作系统，而且该操作系统具有较高的安全性和稳定性。

【任务分析】

服务器指的是在网络环境中为客户机提供各种服务的、特殊的专用计算机。在网络中，服务器承担着数据的存储、转发、发布等关键任务，是各类基于客户机/服务器模式网络中不可或缺的重要组成部分。本任务的主要目的是在 VMware Workstation 虚拟机软件中安装 Windows Server 2008 操作系统，并进行基本配置，具体包括以下内容：

(1) 了解服务器操作系统及其分类；

(2) 熟练掌握 Windows Server 2008 服务器操作系统的安装；

(3) 掌握 Windows Server 2008 服务器操作系统的基本配置。

【任务实施】

(一) 利用虚拟机软件完成 Windows Server 2008 操作系统的安装

(1) 在 VMware Workstation 中安装 Windows Server 2008 操作系统，选择客户机操作系统类型，Microsoft Windows 中的 Windows Server 2008 R2 x64，如图 2-4-1 所示。

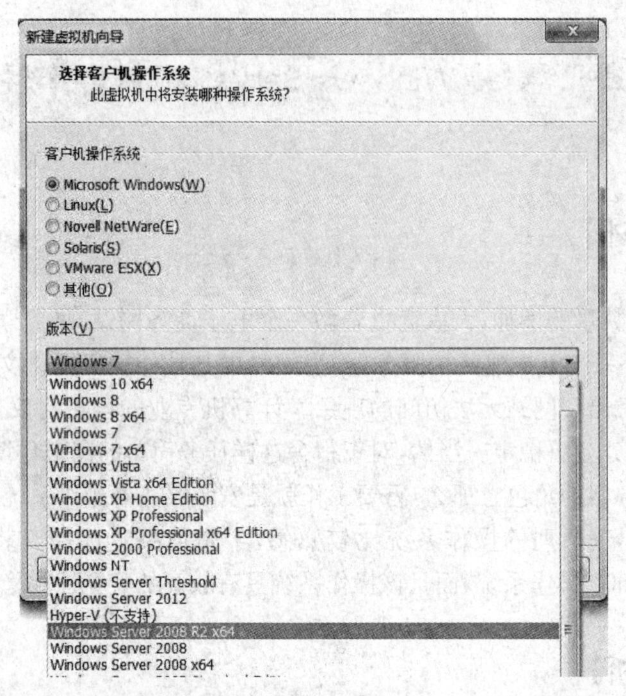

图 2-4-1　选择客户机操作系统类型 Windows Server 2008 R2 x64

(2) 虚拟机的内存,此处设为"2048 MB",如图 2-4-2 所示。

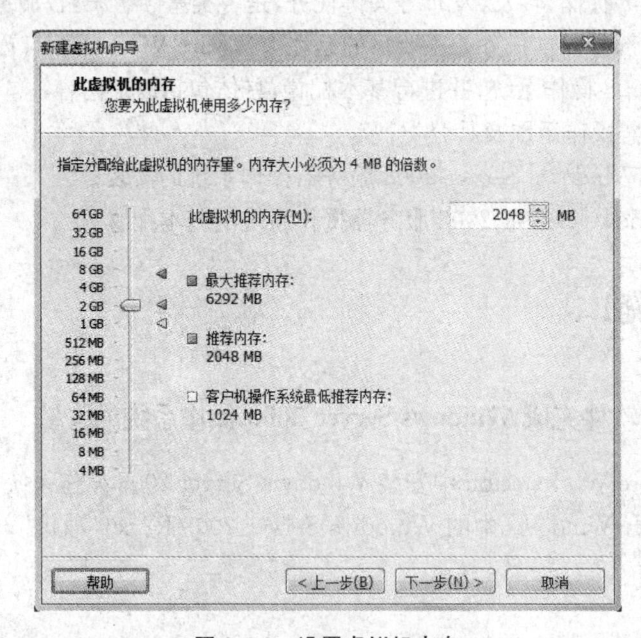

图 2-4-2　设置虚拟机内存

(3) 根据虚拟机要求,设定磁盘容量,本例中设为"30 GB",如图 2-4-3 所示。

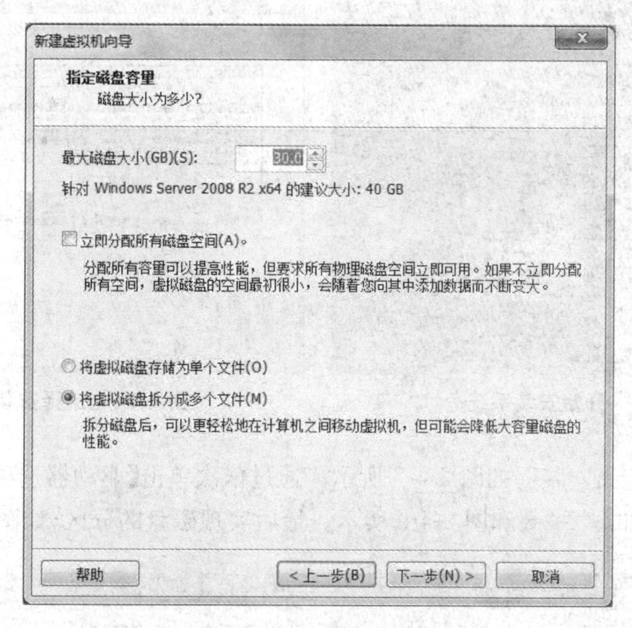

图 2-4-3　指定磁盘容量

(4) 开始安装系统,选择安装语言、时间格式和输入方法等,一般默认即可,如图 2-4-4 所示。

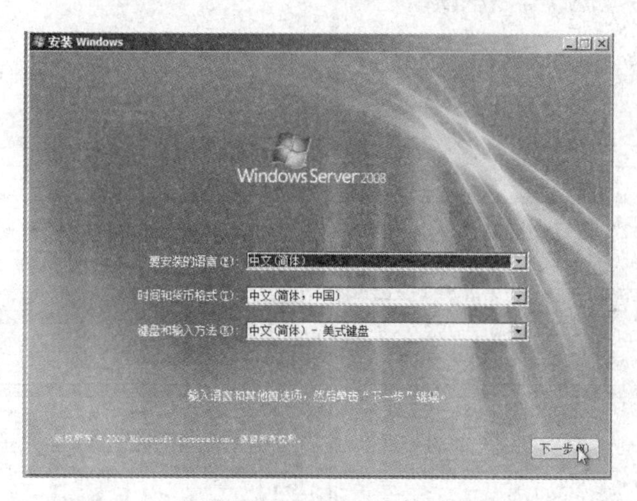

图 2-4-4　选择安装的语言、时间格式和输入方法

(5) 开始安装,选择安装的版本为"Windows Server 2008 R2 Enterprise(完全安装)",此版本将安装包括整个用户界面,并且它支持所有服务器角色,如图 2-4-5 和图 2-4-6 所示。

图 2-4-5　开始安装系统

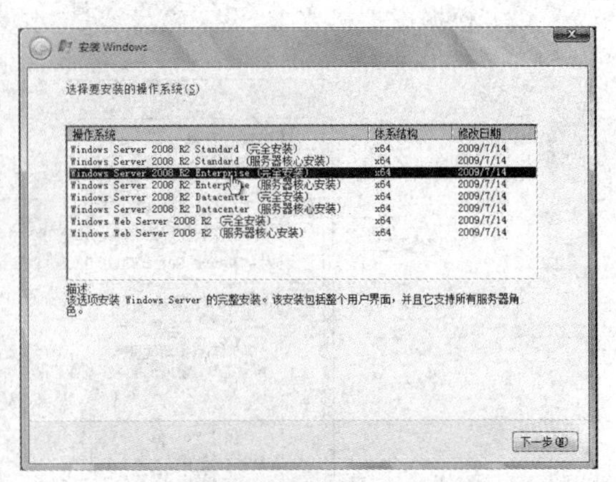

图 2-4-6　选择安装系统版本

(6) 选择“自定义安装”,如图 2-4-7 所示。通过依次单击【驱动器选项】|【新建】,可设定磁盘分区的大小,如图 2-4-8 和图 2-4-9 所示。最后实现磁盘的分区,如图 2-4-10 所示。

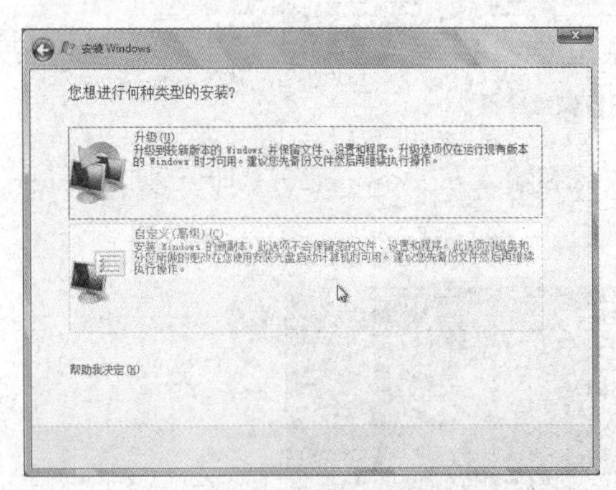

图 2-4-7　自定义安装

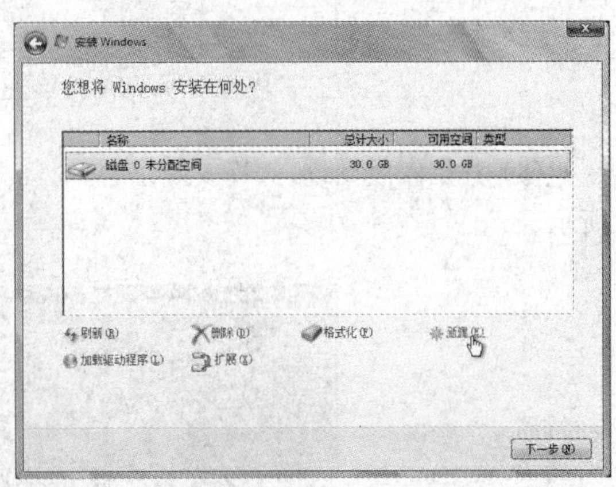

图 2-4-8　新建磁盘分区

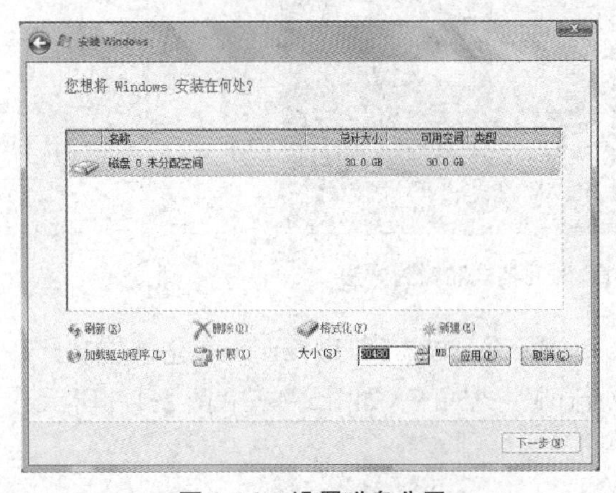

图 2-4-9　设置磁盘分区

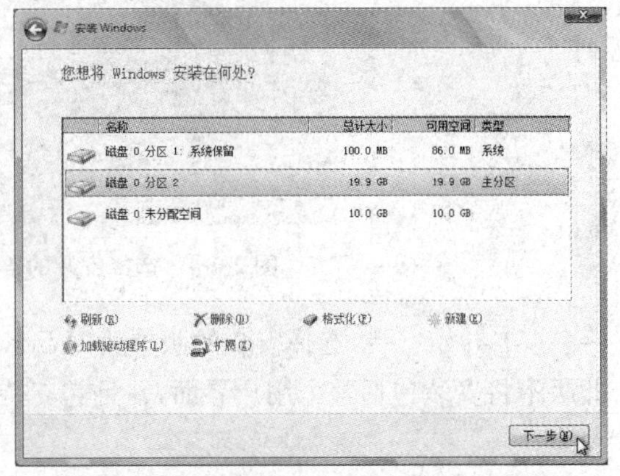

图 2-4-10　完成磁盘分区

(7) 系统安装进程,如图 2-4-11 所示。

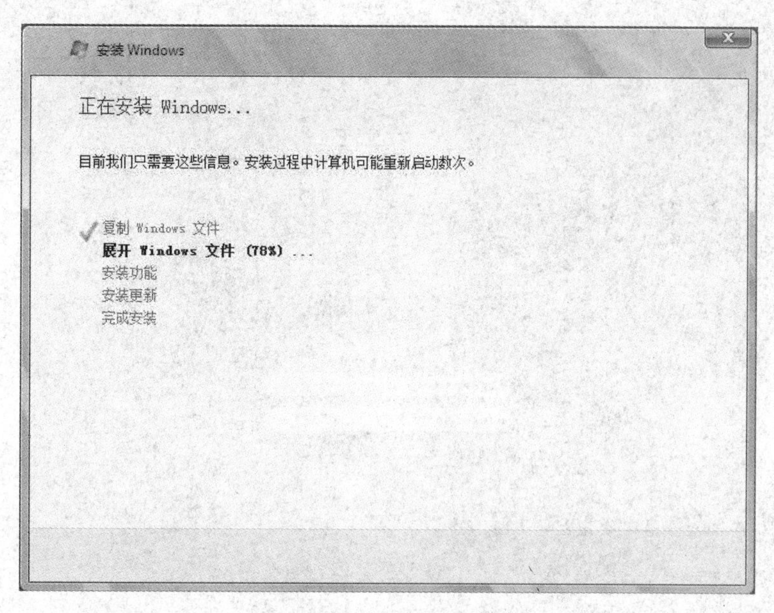

图 2-4-11 系统安装进程

(8) 系统安装完毕后,用户首次登录时必须更改密码,注意密码需要一定的复杂度,如图 2-4-12 和图 2-4-13 所示。

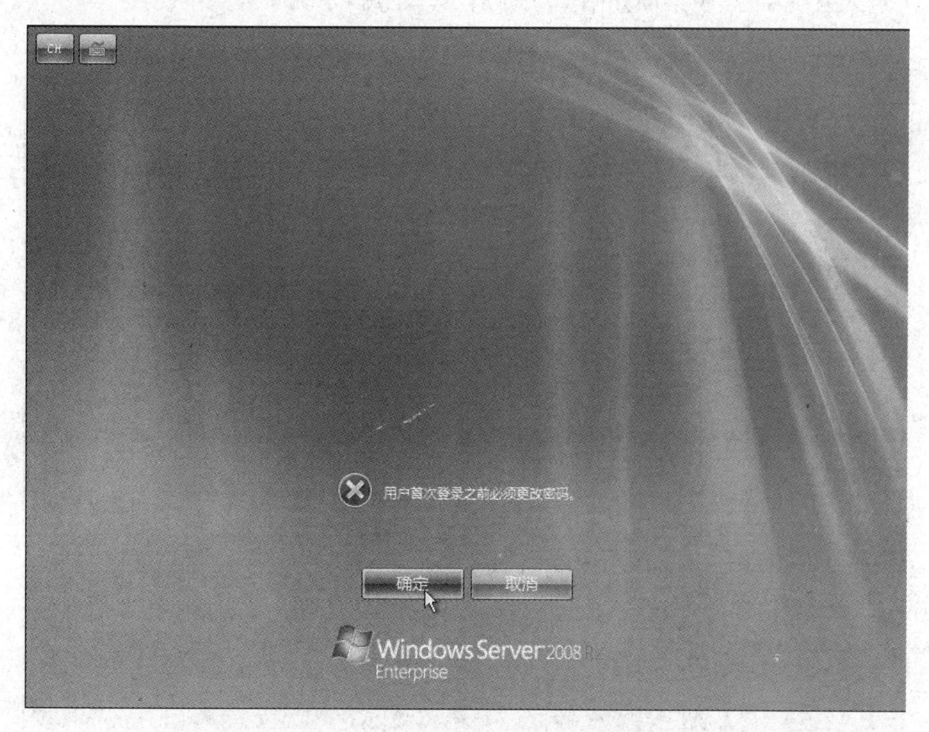

图 2-4-12 用户首次登录更改密码

图 2-4-13　设置管理员密码

(9) 进入系统后，显示桌面如图 2-4-14 所示。至此，系统安装完毕。

图 2-4-14　Windows Server 2008 R2 系统桌面

(二) Windows Server 2008 操作系统的基本配置

1. 桌面设置

(1) 显示常用桌面图标

在【开始】|【搜索】栏输入“icon”，选择“显示或隐藏桌面上的通用图标”，如图 2-4-15 所示。打开如图 2-4-16 所示的【桌面图标设置】对话框，选择需要显示的桌面图标，在其复选框前打勾即可。最后，桌面图标显示效果如图 2-4-17 所示。

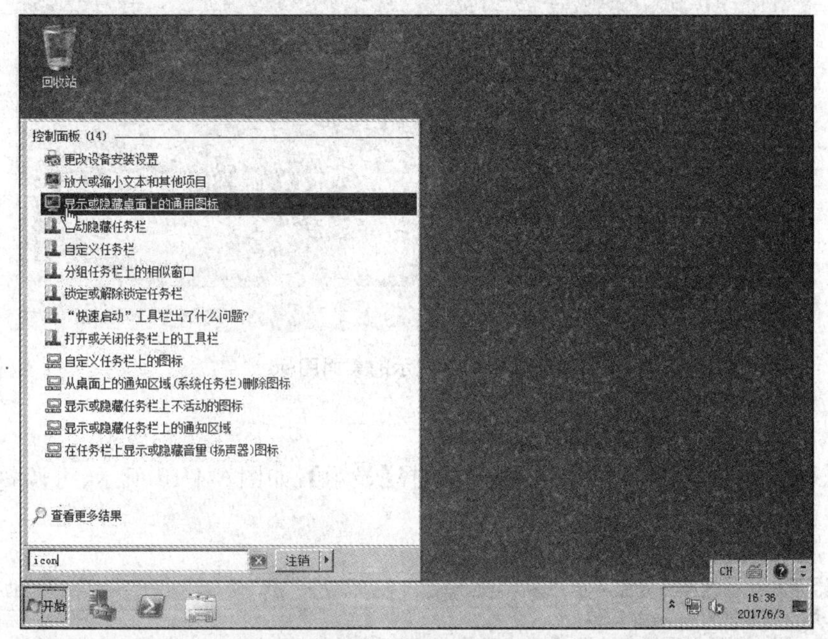

图 2-4-15　输入“icon”命令

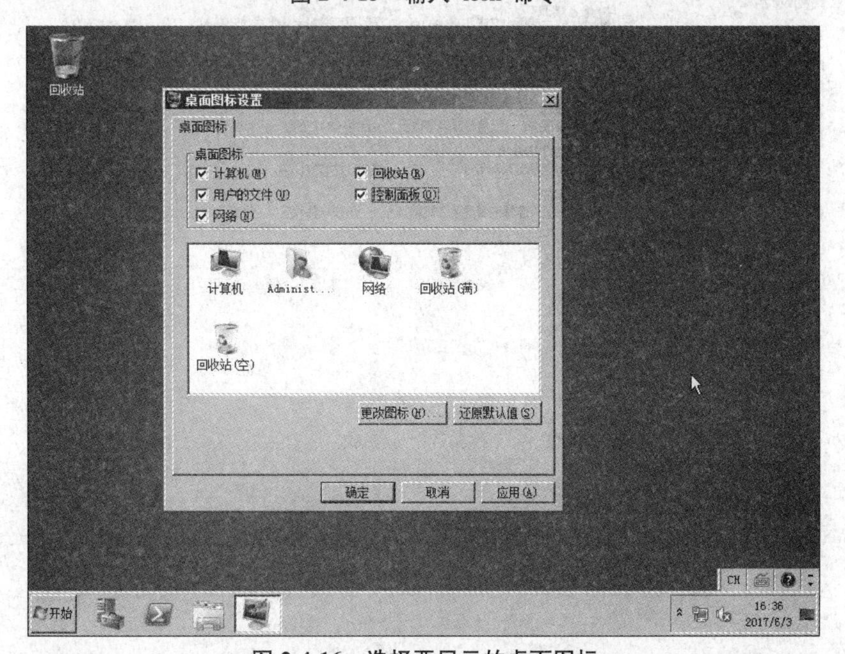

图 2-4-16　选择要显示的桌面图标

图 2-4-17　显示的桌面图标

(2) 桌面常规设置

打开【控制面板】窗口,选择【外观】,再选择【显示】,如图 2-4-18 所示,可调整屏幕分辨率、更改桌面背景等。

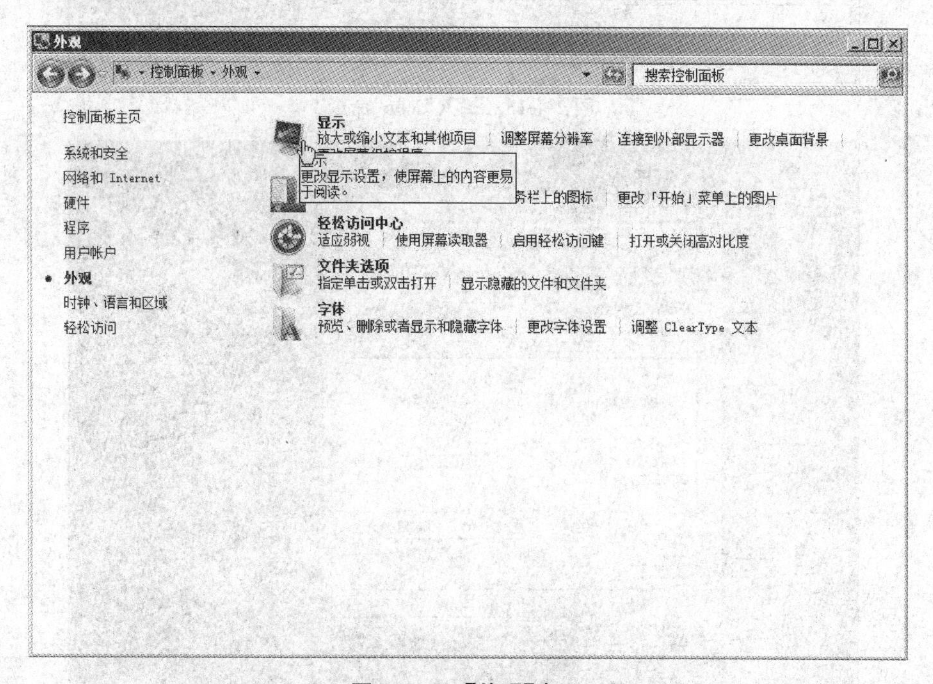

图 2-4-18　【外观】窗口

2. 简单的IP地址设置

依次打开【控制面板】|【网络和Internet】|【网络和共享中心】窗口，如图2-4-19所示。单击【网络和共享中心】窗口中的本地连接，打开【本地连接 属性】窗口，如图2-4-20所示。选择"Internet 协议版本4"后双击鼠标，出现【Internet 协议版本4(TCP/IPv4)属性】窗口，如图2-4-21所示，选择"使用下面的IP地址"单选按钮，在相应的输入框中分别输入IP地址和子网掩码，如图2-4-22所示。单击【确定】按钮，IP地址和子网掩码就设置完成。

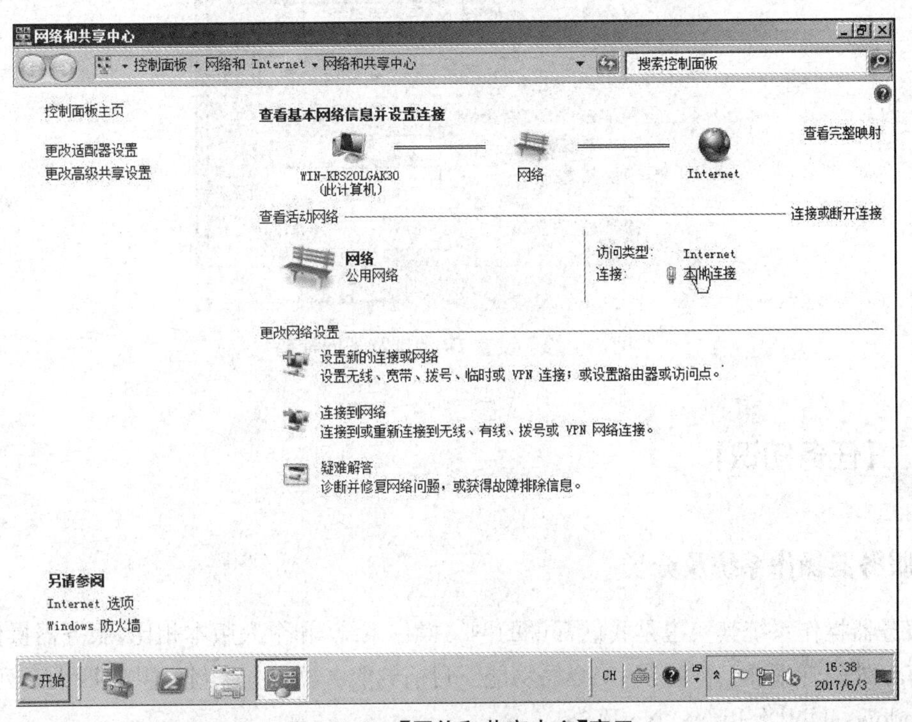

图2-4-19 【网络和共享中心】窗口

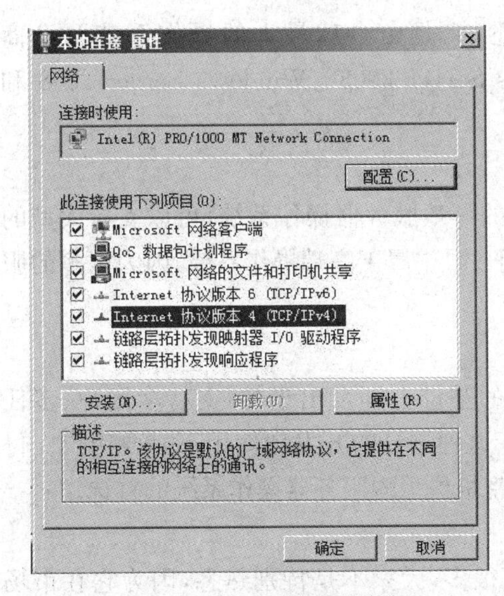

图2-4-20 【本地连接属性】窗口

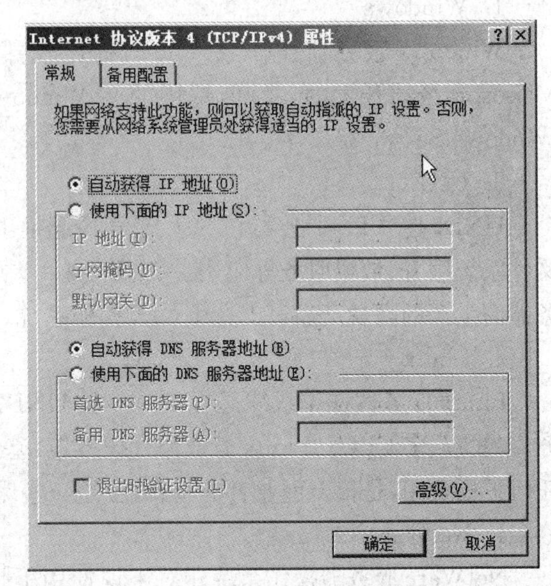

图2-4-21 【Internet 协议版本4(TCP/IPv4)属性】对话框

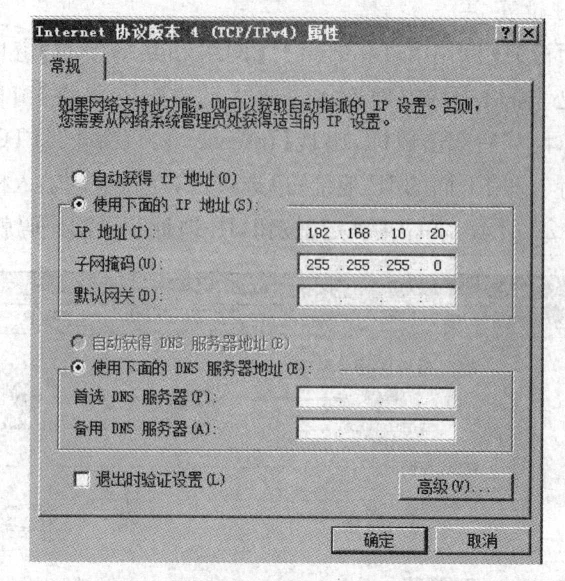

图 2-4-22 设置 IP 地址及子网掩码

【任务知识】

(一) 服务器操作系统及分类

服务器操作系统其实也是我们常说的网络操作系统，和个人版本相比，服务器操作系统还具有额外的管理、配置、稳定、安全等功能。目前的服务器操作系统一共有四大系列，分别是 Windows、UNIX、Linux、NetWare。

1. Windows

Windows 服务器操作系统我们都比较熟悉，它是由全球最大的操作系统开发商 Microsoft 公司开发的。目前常用的有 Windows Server 2003 、Windows Server 2008 和 Windows Server 2012 等。

2. UNIX

UNIX 是 AT&T 公司和 SCO 公司一起推出的一款服务器操作系统，可以支持大型的文件系统服务、数据服务等应用。UNIX 在一些用户眼中属于高端操作系统，因为很多的服务器商生产的高端产品只支持 UNIX 操作系统。

3. Linux

Linux 服务器操作系统是在 Posix 和 UNIX 的基础上开发出来的，支持多用户、多任务、多线程、多 CPU。Linux 开放源代码政策，基于这种平台的开发和使用不需要用户支付任何版权费用，是很多创业者的基石，也是一些保密机构采购服务器操作系统的首选。

4. NetWare

NetWare 服务器操作系统相对来说使用不是很多，大家不是特别熟悉，因为它在市场中的份额是比较局限的，主要在一些特定的行业中应用。NetWare 有很好的批处理功能，安全和稳定性比较高，NetWare 目前常用的版本主要有 Novell 的 3.11、3.12、4.10、5.0 等中英文版。

(二) 32 位系统与 64 位系统的区别

(1) 设计初衷不同。64 位操作系统的设计初衷是为了满足机械设计和分析、三维动画、视频编辑和创作，以及科学计算和高性能计算应用程序等领域中需要大量内存和浮点性能的客户需求。

(2) 要求配置不同。64 位操作系统只能安装在 64 位电脑上，即 CPU 必须是 64 位的，同时需要安装 64 位常用软件，以发挥 64 位(x64)的最佳性能。32 位操作系统则可以安装在 32 位(32 位 CPU)或 64 位(64 位 CPU)电脑上。当然，32 位操作系统安装在 64 位电脑上，其硬件恰似“大马拉小车”，64 位效能就会大打折扣。

(3) 运算速度不同。64 位 CPU GPRs(General-Purpose Registers，通用寄存器)的数据宽度为 64 位，64 位指令集可以运行 64 位数据指令，也就是说处理器一次可提取 64 位数据(只要 2 个指令，一次提取 8 个字节的数据)，比 32 位(需要 4 个指令，一次提取 4 个字节的数据)提高了 1 倍，理论上性能会相应提升 1 倍。

(4) 寻址能力不同。64 位处理器的优势还体现在系统对内存的控制上。由于地址使用的是特殊的整数，因此一个 ALU(算术逻辑运算器)和寄存器可以处理更大的整数，也就是更大的地址。例如，Windows Vista x64 Edition 支持多达 128 GB 的内存和多达 16 TB 的虚拟内存，而 32 位 CPU 和操作系统最大只可支持 4 G 内存。

特别注意，64 位电脑虽然可以安装 32 位操作系统，但 32 位电脑绝对不能安装 64 位操作系统。这点至关重要，务必牢记，避免盲目下载和安装。

【思考与讨论】

(1) 如何判断电脑所安装的操作系统是 32 位还是 64 位？

(2) 如何判断电脑硬件(CPU)是否支持 64 位操作系统？

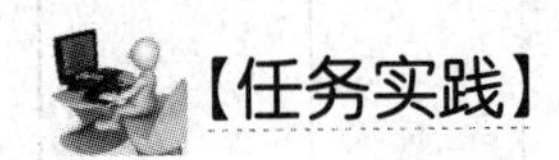

【任务实践】

(一) 实验目的

通过在 VMware Workstation 虚拟机软件中安装 Windows Server 2008 操作系统，熟练掌握 Windows Server 2008 服务器操作系统的安装和基本配置。

(二) 实验内容

完成以下实验内容。

（1）安装 Windows Server 2008 R2 x64 操作系统，内存 2 048 MB，硬盘 15 GB，并将其分为 10 GB 和 5 GB 的两个盘，设置 Administrator 的密码为“Kstvu2017”。

（2）设置计算机名称为“win2008”，显示桌面常用图标，检查防火墙是否启用。

（3）设置 TCP/IP，服务器的 IP 地址为 192.168.60.25，子网掩码为 255.255.255.0。

（三）实验环境及工具

（1）在网络实验室或在机房进行；

（2）提前做好以下准备工作：每人配置一台台式计算机，提供 VMware Workstation 虚拟机软件，以及 Windows Server 2008 R2 x64 操作系统镜像文件。

（四）实验过程

（1）按照实验内容所规定的步骤完成实验，保存好相关文档。

（2）撰写实验报告。

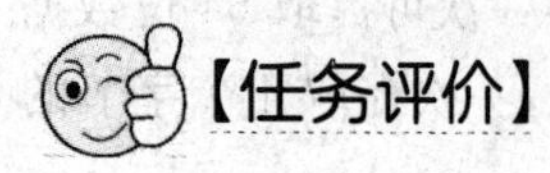

【任务评价】

评价一下自己的任务完成情况，在相应栏目中打“√”。

<table>
<tr><th colspan="2">项目</th><th>评价依据</th><th>优秀</th><th>良好</th><th>合格</th><th>继续努力</th></tr>
<tr><td colspan="2">任务背景(10)</td><td>明确任务要求，解决思路清晰</td><td></td><td></td><td></td><td></td></tr>
<tr><td colspan="2">任务实施准备(20)</td><td>收集任务所需资料，任务实施准备充分</td><td></td><td></td><td></td><td></td></tr>
<tr><td rowspan="3">任务实施(40)</td><td>子任务</td><td colspan="5">评价内容或依据</td></tr>
<tr><td>任务一</td><td>利用虚拟机软件完成 Windows Server 2008 操作系统的安装</td><td></td><td></td><td></td><td></td></tr>
<tr><td>任务二</td><td>Windows Server 2008 操作系统的基本配置</td><td></td><td></td><td></td><td></td></tr>
<tr><td colspan="2">任务效果
(30)</td><td>正确完成任务目标，具有较强的团队精神和合作意识，在任务实施过程中具有探究精神</td><td></td><td></td><td></td><td></td></tr>
<tr><td colspan="2">问题与感想</td><td colspan="5"></td></tr>
</table>

任务五 初识 IP 地址

【情景描述】

经过一年多的兼职和省吃俭用，李想终于实现自己的梦想，有能力为自己购买了一台计算机。在网络无处不在的今天，电脑拿到手的第一件事是研究如何连接网络，为今后的网上冲浪、与朋友网上交流、联网打游戏等做好准备。

一台计算机，不管想要接入到何种网络，首先要为计算机设置一个 IP 地址作为计算机在网络上的身份标识。那么，到底什么是 IP 地址，又该如何设置 IP 地址呢？作为计算机的门外汉，李想还有很多计算机知识需要学习。

【任务分析】

IP 地址是网络通信的基础，每个连接到网络上的计算机都必须有一个 IP 地址。本任务主要目的是对 IP 地址有一个初步的了解，同时复习、巩固进制转换，为后面进一步学习打下良好的基础，具体包括以下内容。

(1) 了解 IP 地址的概念，理解 IP 地址的作用；

(2) 掌握 IP 地址的十进制、二进制表示方法；

(3) 学会 IP 地址设置及查看方法。

【任务实施】

(一) IP 地址的概念及作用

IP 地址是指 IP 协议地址(Internet Protocol Address)。IP 地址是 IP 协议提供的一种统一的地址格式，它为互联网上的每一个网络和每一台主机分配一个逻辑地址，以此来屏蔽物理地址的差异。

无论使用 PC 还是使用手机、平板、网络电视等智能设备连接网络时，都会由网络为该设备分配一个 IP 地址，任何设备只有通过 IP 地址这个“网络身份”才可以与互联网上的其他主机通信。IP 地址目前有 IPv4 和 IPv6 两大类，现在使用的绝大多数的 IP 地址是其中的 IPv4 地址，本书在没有特别说明的情况下，涉及的 IP 地址都是指 IPv4 地址。

IPv4 是 Internet Protocol version 4 的缩写，表示 IP 协议的第四个版本。现在互联网上绝大多数的通信流量都是以 IPv4 数据包的格式封装的。IPv6 是 IETF(互联网工程任务组，Internet Engineering Task Force)设计的用于替代现行版本 IP 协议(IPv4)的下一代 IP

协议。

(二) IP 协议的地址空间

IPv4 使用 32 位二进制位的地址，如 11000000 10101000 00000101 01111100，因此 IPv4 的地址空间是 2^{32}＝4 294 967 296，也就是说，假如一台计算机配一个 IP 地址的话，最多也只能有近 43 亿台计算机才有资格获得一个 IP 地址。此外在网络实际使用中，一方面是由于各种原因能分配的 IP 地址远不到理论上的 43 亿个；另一方面是需要连接互联网等分配 IP 地址的用户急剧增加，这就导致可分配的 IP 地址越来越少，IP 地址即将耗尽的问题日益突出。由于 IPv4 最大的问题在于网络地址资源有限，严重制约了互联网的应用和发展。

(三) IP 地址的表示

IP 地址通常用"点分十进制"记法书写，将 32 位二进制分成四段，每一段 8 位二进制，再把这 8 位二进制转换成十进制，中间用实心圆点分隔，如 192.168.0.1。需要指出的是，这样的表示方法符合人们的使用习惯，主要是为了方便人的记忆和理解。对计算机来说，IP 地址还是二进制的，并且是不存在实心圆点的。

一个 IP 地址如同人的身份证号一样隐含了特定的含义，主要包括网络号和主机号两部分。其中网络号可以使用以下形式描述：192.168.1.0/24，其中斜线后的数字表示网络号的长度是 24 位，对应 3 个字节，相应主机地址部分就只有一个字节，即 8 位二进制。

(四) IP 地址的设置

(1) 在【网络和共享中心】单击【更改适配器设置】，打开【网络连接】，如图 2-5-1 所示。

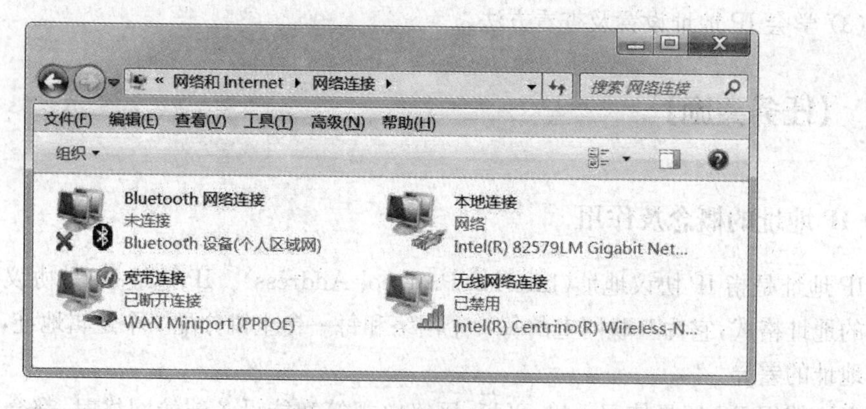

图 2-5-1 网络连接

(2) 右键单击【本地连接】,打开“属性”对话框,如图 2-5-2 所示。

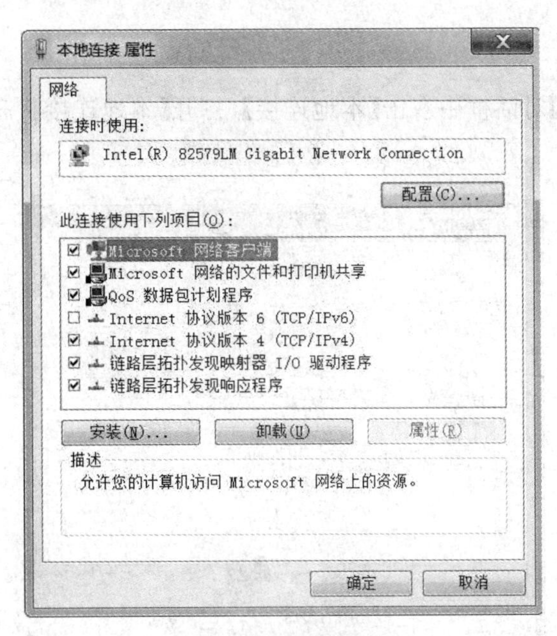

图 2-5-2　本地连接属性

(3) 在【本地连接】属性对话框中双击“Internet 协议版本 4(TCP/IPv4)”,打开【Internet 协议版本 4 属性】对话框,如图 2-5-3 所示。

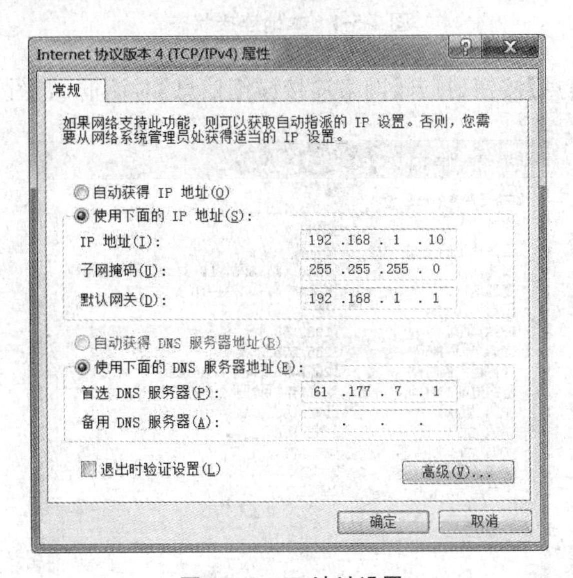

图 2-5-3　IP 地址设置

(五) IP地址的查看

1. 图形方式查看

(1) 在【网络连接】对话框中双击【本地连接】，打开【本地连接状态】对话框，如图 2-5-4 所示。

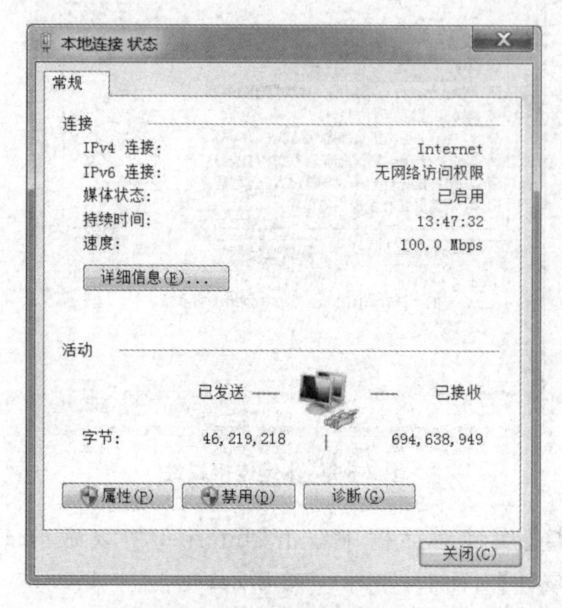

图 2-5-4　本地连接状态

(2) 单击【详细信息】按钮，打开【网络连接详细信息】对话框，如图 2-5-5 所示。

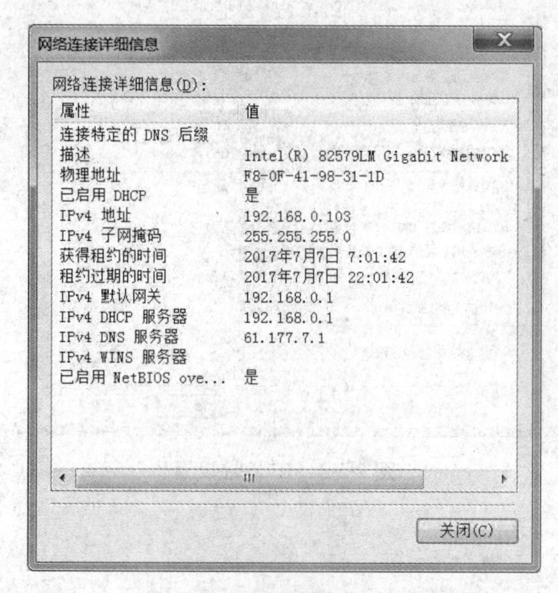

图 2-5-5　网络连接详细信息

2. 命令方式查看

(1) 在【开始】菜单|【运行】框输入“cmd”,如图 2-5-6 所示。

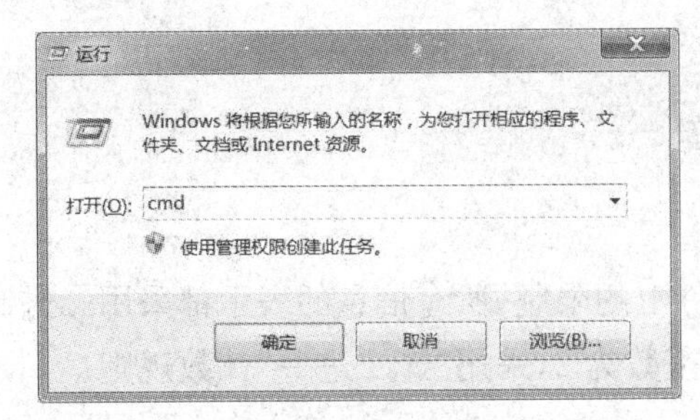

图 2-5-6　运行窗口

(2) 在打开的 DOS 命令窗口中输入“ipconfig”命令,如图 2-5-7 所示。

图 2-5-7　ipconfig 命令执行

(3) 输入“ipconfig -all”将显示更加详细的信息,如图 2-5-8 所示。

```
管理员: C:\Windows\system32\cmd.exe
Microsoft Windows [版本 6.1.7600]
版权所有 (c) 2009 Microsoft Corporation。保留所有权利。

C:\Users\Administrator>ipconfig -all

Windows IP 配置

   主机名 . . . . . . . . . . . . . : PCBA
   主 DNS 后缀 . . . . . . . . . . :
   节点类型 . . . . . . . . . . . . : 混合
   IP 路由已启用 . . . . . . . . . . : 否
   WINS 代理已启用 . . . . . . . . . : 否

以太网适配器 本地连接:

   连接特定的 DNS 后缀 . . . . . . . :
   描述. . . . . . . . . . . . . . . : Intel(R) 82579LM Gigabit Network Connecti
on
   物理地址. . . . . . . . . . . . . : F8-0F-41-98-31-1D
   DHCP 已启用 . . . . . . . . . . . : 是
   自动配置已启用. . . . . . . . . . : 是
   IPv4 地址 . . . . . . . . . . . . : 192.168.0.103(首选)
   子网掩码 . . . . . . . . . . . . : 255.255.255.0
   获得租约的时间 . . . . . . . . . : 2017年7月7日 7:01:42
   租约过期的时间 . . . . . . . . . : 2017年7月7日 23:01:42
   默认网关. . . . . . . . . . . . . : 192.168.0.1
   DHCP 服务器 . . . . . . . . . . . : 192.168.0.1
   DNS 服务器 . . . . . . . . . . . : 61.177.7.1
   TCPIP 上的 NetBIOS . . . . . . . : 已启用

以太网适配器 Bluetooth 网络连接:

   媒体状态 . . . . . . . . . . . . : 媒体已断开
   连接特定的 DNS 后缀 . . . . . . . :
   描述. . . . . . . . . . . . . . . : Bluetooth 设备(个人区域网)
   物理地址. . . . . . . . . . . . . : 68-17-29-CA-34-78
   DHCP 已启用 . . . . . . . . . . . : 是
   自动配置已启用. . . . . . . . . . : 是
```

图 2-5-8　ipconfig -all 命令执行

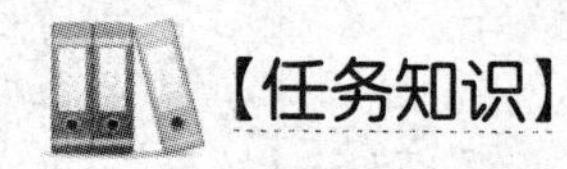

【任务知识】

(一) 二进制十进制转换

1. 二进制的概念

在计算机中,由于硬件上的限制,所有信息的表示都采用二进制。二进制数据是用 0 和 1 的组合来表示数。它的基数为 2,采用“逢二进一”计数规则。

2. 二进制数的表示

二进制数据也是采用位置计数法,其位权是以 2 为底的幂。如二进制数据 110.11,逢 2 进 1,其权的大小顺序为 2^2、2^1、2^0、2^{-1}、2^{-2}。对于有 n 位整数,m 位小数的二进制数据用加权系数展开式表示,可写为:

$$(a_{n-1}a_{n-2}\cdots a_1a_0 \cdot a_{-1}\cdots a_{-m})_2$$
$$=a_{n-1}\times 2^{n-1}|a_{n-2}\times 2^{n-2}|\cdots|a_1\times 2^1|a_0\times 2^0|a_{-1}\times 2^{-1}|a_{-2}\times 2^{-2}|\cdots|a_{-m}\times 2^{-m}$$

二进制数据一般可写为:

$$(a_{n-1}a_{n-2}\cdots a_1a_0 \cdot n_{-1}\cdots n_{-m})_2$$

3. 十进制整数转二进制

方法:“按权展开求和”。

【例 1】

$(1011)_2=1\times 2^3+0\times 2^2+1\times 2^1+1\times 2^0=(11)_{10}$

规律:个位上的数字的次数是 0,十位上的数字的次数是 1……依次递增。

4. 二进制整数转十进制

十进制整数转二进制数:除以 2 取余,逆序排列(除二取余法)。

【例 2】

$(89)_{10}=(1011001)_2$

89÷2=44…… 1
44÷2=22…… 0
22÷2=11…… 0
11÷2=5 …… 1
5÷2=2 …… 1
2÷2=1 …… 0
1÷2=0 …… 1

(二) IP 地址自动分配 DHCP

在 IP 地址的设置中,我们可知,计算机可以采用自动分配方式来获得 IP 地址。这是怎么一回事呢?原来,IP 地址作为一种紧俏资源,为了更有效地使用这种紧俏资源,网络中专门有服务器负责为每一台计算机分配 IP 地址，这就是所谓的 DHCP 服务器。

DHCP(Dynamic Host Configuration Protocol，动态主机配置协议)通常被应用在大型的局域网络环境中，主要作用是集中的管理、分配 IP 地址，使网络环境中的主机动态地获得 IP 地址、网关(Gateway)地址、DNS 服务器地址等信息，并能够提升地址的使用率。

DHCP 协议采用客户端/服务器(C/S)模型，主机地址的动态分配任务由网络主机驱动。当 DHCP 服务器接收到来自网络主机申请地址的信息时，才会向网络主机发送相关的地址配置等信息，以实现网络主机地址信息的动态配置。

DHCP 具有以下功能：

- 保证任何 IP 地址在同一时刻只能由一台 DHCP 客户机所使用。
- DHCP 应当可以给用户分配永久固定的 IP 地址。
- DHCP 应当可以同用其他方法获得 IP 地址的主机共存(如手工配置 IP 地址的主机)。

【任务实践】

(一) 实验目的

(1) 掌握 IP 地址的设置方法。

(2) 学会查看本地 PC 当前的网络配置状态的两种方法。

(二) 实验内容

分组完成以下实验内容，并撰写实验报告。

(1) 将计算机设置成固定 IP 地址及默认掩码。

(2) 用图形方式查看与 IP 地址相关的信息并截图。

(3) 在网络环境中尝试将计算机设置成自动获得 IP 地址和 DNS 服务器。

(4) 使用 ipconfig 命令查看所获得的 IP 地址及相关信息并记录。

(5) 使用 ipconfig -release 释放 IP 地址，再用 ipconfig -renew 重获 IP 地址。

(6) 再使用 ipconfig 命令查看所获得的 IP 地址有无变化。

注意：步骤(5)和(6)要求所有同学同时完成。

(三) 实验环境及工具

每人一台网络环境中的计算机。

(四) 实验过程

(1) 将全班同学分成合适的小组，选定组长，分配实验任务。

(2) 分配同一网段的 IP 地址，统一使用相同的掩码。

(3) 按照实验内容所规定的步骤完成实验，保存好相关文档。

(4) 撰写实验报告。

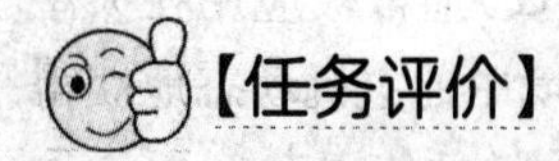

【任务评价】

评价一下自己的任务完成情况，在相应栏目中打“√”。

项目		评价依据	优秀	良好	合格	继续努力
任务背景(10)		明确任务要求，解决思路清晰				
任务实施准备(20)		收集任务所需资料，任务实施准备充分				
任务实施(40)	子任务	评价内容或依据				
	任务一	了解 IP 地址的概念和作用				
	任务二	理解 IP 协议的地址空间以及 IP 地址的表示				
	任务三	学会 IP 地址的设置以及 IP 地址的查看方法				
	任务四	掌握二进制与十进制整数的相互转换方法				
任务效果(30)		正确完成任务目标，具有较强的团队精神和合作意识，在任务实施过程中具有探究精神				
问题与感想						

任务六　IP 地址与子网掩码

【情景描述】

自从李想学会了在计算机上设置 IP 地址，就俨然以为自己是一个电脑高手，特别想通过帮助其他同事来炫耀一下。可是李想在第一次帮助别人时就遇到了难题，计算机拒绝了他所设置的 IP 地址。

虽然经过查阅资料解决了问题，但李想再也不想犯类似的错误。他同时也知道有关 IP 地址的知识还有很多，要完全掌握这些知识，一定要静下心来，经过系统的学习才能牢固掌握。

【任务分析】

为了更好地管理和使用 IP 地址资源，IP 地址被划分成 A 类、B 类、C 类、D 类和 E 类共五类，通过 IP 地址和子网掩码进行区分。本任务主要介绍 IP 地址的分类，IP 地址多级结构，以及子网的由来和子网掩码的作用等，具体包括以下内容：

(1) 掌握 IP 地址的分类；

(2) 理解子网掩码的概念，学会子网掩码的计算；

(3) 了解 IP 报文的传播方式及 IP 报文的格式。

【任务实施】

(一) IP 地址的分类

在实际的网络中，为了更好地管理和使用 IP 地址资源，IP 地址被划分成 A 类、B 类、C 类、D 类和 E 类共五类。每类地址的网络号和主机号在 32 位地址中占用的位数各不相同，因而每类地址中可以容纳的主机数量也有很大的差别。

IP 地址分类，如图 2-6-1 所示。

(1) A 类地址以 0 开始，网络号可变位数为 7 位，取值范围为 1～126(127 留作他用)，主机号为后面 24 位。A 类地址的范围为 1.0.0.0～126.255.255.255，每个 A 类网络有 2^{24} 个 IP 地址。

(2) B 类地址以 10 开始，网络号可变位数为 14 位，取值范围为 128.0～191.255，主机号为后面 16 位。B 类地址的范围为 128.0.0.0～191.255.255.255，每个 B 类网络有 2^{16} 个 IP 地址。

0	网络号(7 位)	主机号(24 位)	A 类地址

A

1	0	网络号(14 位)	主机号(16 位)	B 类地址

1	1	0	网络号(21 位)	主机号(8 位)	C 类地址

1	1	1	0	组播地址	D 类地址

1	1	1	1	保留地址	E 类地址

图 2-6-1　IP 地址分类

(3) C 类地址以 110 开始,网络号可变位数为 21 位,取值范围为 192.0.0～223.255.255,主机号为最后 8 位。C 类地址的范围为 192.0.0.0～223.255.255.255,每个 C 类网络有 $2^8=256$ 个 IP 地址。

(4) D 类地址以 1110 开始,通常为组播地址。

(5) E 类地址以 1111 开始,E 类地址虽然被定义,但却被 IETF 作为保留地址,用于实验研究。

A 类、B 类、C 类为基本类,用于主机地址,这三类地址的性能参数如图 2-6-2 所示。

类别	第一个字节取值范围	最大网络数(个)	最大主机数(台)
A 类	1～126	126(2^7)	16 777 216(2^{24})
B 类	128～191	16 384(2^{14})	65 536(2^{16})
C 类	192～223	2 097 152(2^{21})	256(2^8)

图 2-6-2　常用 IP 地址性能参数

(二) 特殊用途的 IP 地址

IP 地址用于标识网络中的每一台网络设备,但并不是每一个 IP 地址都用于标识设备,有一些特殊的 IP 地址被用于其他用途。

- 主机号全为 0 的 IP 地址被称为网络地址,用来标识一个网段,例如 1.0.0.0/8、128.1.0.0/16、192.168.1.0/24 等。
- 主机号全为 1 的 IP 地址是网络直接广播地址。这种地址用于标识一个网络内的所有主机。一个数据包的目的地址为 192.168.10.255/24,意味着该数据包是一个广播包,被 192.168.10.0/24 网络内的所有主机接收,同时数据包内要包含发送主机的源 IP 地址。
- IP 地址 255.255.255.255 是一有限广播地址,代表“网络内所有主机”,当发送者不知道自己所处的网络而需要向全网广播时,就使用该地址,并且数据包内不包含发送者的源 IP 地址。
- IP 地址中的 127.x.x.x 部分代表本机的回环(loopback)地址,一般使用 127.0.0.1 表示本机,其实 127.0.0.1～127.255.255.254 中任意一个都等价的。

➢ IP 地址 0.0.0.0 代表所有网络，通常用于指定默认路由，也可以用作计算机在启动时不知道自己 IP 地址时本机的 IP 地址。

(三) 子网与子网掩码

1. 子网的由来

从前面的学习中我们可知，一个 IP 地址是包含网络号和主机号的两级结构。每一个 IP 地址都可以使用开始几位的二进制组合来判断它的类别，从而很容易得出该 IP 地址所属的网络号和它的主机号。但随着网络的发展，这种简单的两级结构无法适应时代的要求，特别是应对 Internet 的爆炸式增长。20 世纪中期，针对简单的两层结构的 IP 地址所带来的日趋严重的问题提出了解决办法，这个办法就是划分子网。

划分子网的方法就是从 IP 地址的主机号中借用若干位作为子网号，于是两级的 IP 地址就变为包含网络号、子网号和主机号的三级 IP 地址。通过这种对 IP 地址的变化，允许一个物理网络被划分成若干个子网。

2. 子网掩码的产生

如果只根据 IP 地址本身无法确定子网号的长度，为了把主机号与子网号区分开来，就必须使用子网掩码。

子网掩码和 IP 地址一样都是 32 位长度，由一串二进制 1 和 0 组成，如 11111111 11111111 11111111 00000000，也可以用点分十进制方式表示，如 255.255.255.0。子网掩码中的前面的 1 对应于 IP 地址中的网络号和子网号，后面的 0 对应于主机号。

IP 地址的结构变化和子网掩码如图 2-6-3 所示。

IP 地址三级结构

网络号	子网号	主机号

子网掩码

1111111111111111	11111111	00000000

图 2-6-3 IP 地址和子网掩码

子网掩码中所有的 1 都在最左边，而 0 都在最右边。由于 1 和 0 分布的特殊性，有时候也可以用位数法来表示一个子网掩码，也就是在斜线“/”后面直接写上 1 的位数，如 192.168.1.1/255.255.255.0 可以简化成 192.168.1.1/24。

3. 自然分类中 IP 地址的默认掩码

➢ A 类地址的默认掩码为 255.0.0.0。

➢ B 类地址的默认掩码为 255.255.0.0。

➢ C 类地址的默认掩码为 255.255.255.0。

4. 子网掩码的运算

将子网掩码和 IP 地址进行逐位逻辑与运算，就可以得到子网地址。

如 IP 地址 192.168.1.85/27(255.255.255.224)：

二进制 IP 地址:11000000 10101000 00000001 01010101

二进制子网掩码:11111111 11111111 11111111 11100000

两者按位相与得到:11000000 10101000 00000001 01000000

相与后的结果转换成点分十进制为 192.168.1.64,这就是划分子网后该 IP 地址所属的子网地址。

再结合自然分类中标准 IP 地址的网络号,就能将 IP 地址的三级结构解析出来。由前面学习可知,该 IP 地址是一个 C 类地址,前三个字节为它的网络号,即192.168.1.0,默认的掩码是 255.255.255.0(24 位),那子网号就借用了 3 位主机号,对应为 010,即子网号为 2,其余 10101 为主机号,即为 21。

在这里需要注意的是,子网划分并不改变 IP 地址自然分类的规定。例如 IP 地址 100.100.100.1/24(255.255.255.0),这仍然是一个 A 类地址,而非 C 类地址。

【任务知识】

(一) IP 网络数据的传播方式

1. 单播

单播(Unicast)传输:在发送者和每一接收者之间实现点对点网络连接。如果一台发送者同时给多个接收者传输相同的数据,就必须相应复制多份相同的数据包,这将导致发送者负担沉重、延迟长、网络拥塞。

2. 广播

广播(Broadcast)传输:是指在 IP 子网内广播数据包,所有在子网内部的主机都会收到这些数据包,而不论这些主机是否需要该数据包。广播的使用范围非常小,只在本地子网内有效,通过路由器和网络设备可以控制广播传输。

3. 组播

组播(Multicast)传输:在发送者和每一接收者之间实现点对多网络连接。如果一台发送者同时给多个接收者传输相同的数据,也只需复制一份相同的数据包。它提高了数据传送效率,减少了骨干网络出现拥塞的可能性。

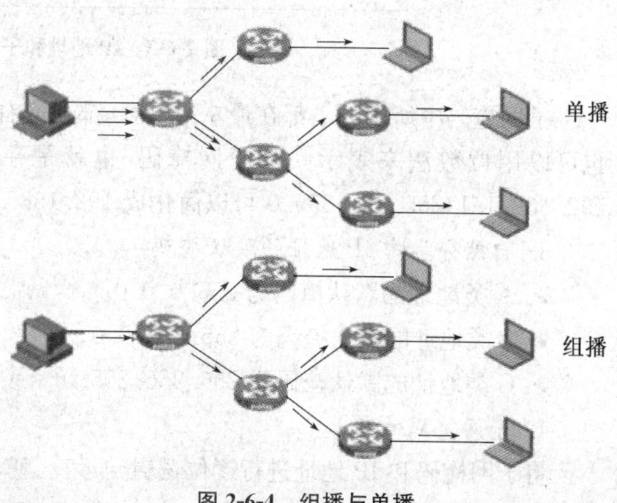

图 2-6-4 组播与单播

组播解决了单播和广播方式效率低的问题。当网络中的某些用户需求特定信息时,组播源(即组播信息发送者)仅发送一次信息,组播路由器借助组播路由协议为组播数据包建立树型路由，被传递的信息在尽可能远的分叉路口才开始复制和分发。组播与单播时的数据传输如图 2-6-4 所示。

(二) IP 协议与 IP 数据报

1. IP 协议

异种网络互联时，需要使用网关等网络互联设备。互联的网络都有自己的数据包格式，它们可能互不相同，使用的地址格式也可能不一样。因此，网关不能直接在各个不同的网络之间转发数据包，它需要 IP 协议的支持。

IP 协议是 TCP/IP 协议簇中的一个核心协议，它不仅用于将多个包交换网络连接起来，为各个不同的互联网络提供统一的数据包格式，并负责将数据包从一个网络转发到另一个网络，同时还提供对数据大小的重新组装功能，以适应不同网络对包大小的要求。

使用 IP 协议的网络被称为 IP 网络，IP 网络建立在不可靠的、面向无连接的数据报服务之上，是一个“尽力而为”的网络，它不负责检查数据包传输过程正确与否，也没有流量控制与差错控制等功能。这不是 IP 网络的一个缺点，它只是提供了传输功能的框架，实现最大的传输效率是它最大的目的，以适应不同服务对传输效率与正确率的不同要求。

2. IP 数据报

在 IP 协议基础上定义的用于网络传输的基本数据单位称为 IP 数据报，IP 数据报是一个长度可变的包，由头部和数据两部分组成。IP 数据报格式如图 2-6-5(a)所示，IP 数据报头部格式如图 2-6-5(b)所示。

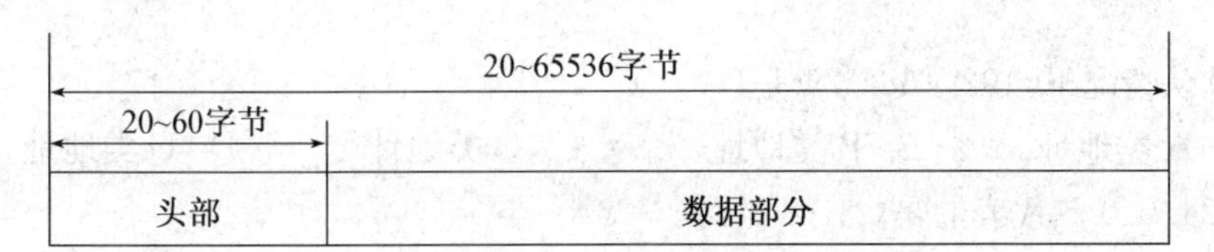

图 2-6-5(a)　IP 数据报格式

<table>
<tr><td>版本号
4 位</td><td>头部长度
4 位</td><td>服务类型
8 位</td><td colspan="2">数据报总长度
16 位</td></tr>
<tr><td colspan="3">标识
16 位</td><td>标志
3 位</td><td>段偏移
13 位</td></tr>
<tr><td colspan="2">生存周期
8 位</td><td>协议类型
8 位</td><td colspan="2">头部校验和
16 位</td></tr>
<tr><td colspan="5">源 IP 地址(32 位)</td></tr>
<tr><td colspan="5">目的 IP 地位(32 位)</td></tr>
<tr><td colspan="4">选项(不定位长)</td><td>填充(不定位长)</td></tr>
</table>

图 2-6-5(b)　IP 数据报头部格式

下面对 IP 数据报头部的各项内容的作用做简单介绍。

(1) 版本号:表示 IP 的版本,IPv4 版本表示为“0010”。

(2) 头部长度:表示的范围为 0~15,单位为 4 字节,假如值为 5,则表示头部长度为 20 字节。

(3) 服务类型:定义数据包优先级、控制时延、可靠性服务类型等。

(4) 数据报总长度:定义以字节为单位的数据包总长度,最大长度可达 65536 字节。

(5) 标识:分段标识,用于重组数据包时使用这个字段。

(6) 标志:表示数据报是否被分段,以及分段后是第一段、中间段还是最后一段。

(7) 段偏移:分段后数据包在原始数据报中的偏移,偏移的数值总是相对于报文开头的位置给定的。

(8) 生存周期 TTL:定义数据报在被丢弃前或已传输的跳数,避免数据报在路由器之间无休止循环传输。

(9) 协议:定义了封装在数据报中是哪一种上层协议。

(10) 头部校验和:用检查头部的完整性。

(11) 源 IP 地址和目的 IP 地址:分别指明发送数据报的源节点 IP 地址和接收的目标节点 IP 地址。

(12) 选项和填充:选项字段用来支持排错、测量以及安全等措施,内容很丰富,此字段的长度可变,最后用全 0 的填充字段补齐成为 4 字节的整数倍。

【思考与讨论】

(1) 默认情况下,192.168.1.1 是(　　)。

A. A类地址　　B. B类地址　　C. C类地址　　D. D类地址

(2) 224.0.0.5 代表的是(　　)地址。

A. 主机地址　　B. 网络地址　　C. 组播地址　　D. 广播地址

(3) 127.0.0.1 是一个回环地址,它可以代表(　　)。

A. 本机　　B. 网络中的所有主机

C. IP 地址以 127 开始的所有主机　　D. 整个网络

(4) 掩码 255.255.0.0 是自然分类中(　　)的默认子网掩码。

A. A类地址　　B. B类地址　　C. C类地址　　D. D类地址

(5) 10.10.20.100/24 是(　　)地址。

A. A类　　B. B类　　C. C类　　D. D类

(6) 下列 IP 地址中(　　)是一个不合法的 IP 地址。

A. 126.152.46.188　　B. 150.168.259.231

C. 10.188.40.28　　D. 121.5.67.100

(7) 请指出 10.10.125.156/20 的网络号、子网号和主机号以及每个子网所能容纳的主机数,并写出子网掩码。

(8) 直接广播地址和有限广播地址有什么差别?

【任务评价】

评价一下自己的任务完成情况，在相应栏目中打“√”。

项目	子任务	评价依据	优秀	良好	合格	继续努力
任务背景（10）		明确任务要求，解决思路清晰				
任务实施准备（20）		收集任务所需资料，任务实施准备充分				
任务实施（40）	子任务	评价内容或依据				
	任务一	了解 IP 地址分类及范围				
	任务二	学会并掌握各种不同用途的特殊 IP 地址				
	任务三	了解子网划分的由来子网划分的简单办法				
	任务四	掌握子网掩码的作用及计算子网号的方法				
任务效果（30）		正确完成任务目标，具有较强的团队精神和合作意识，在任务实施过程中具有探究精神				
问题与感想						

任务七 IP地址的进阶应用

【情景描述】

在一次偶然的机会中,李想听说了当前IP地址面临不够用的状况。他觉得很好奇,很想对这件事情探个究竟。虽然经过任务五和任务六的学习,对IP地址的了解已经足够了,但在新技术不断发展的今天,必须努力学习,充实新知识。

【任务分析】

在本任务中,我们继续学习为了解决IPv4地址紧张而采取的临时性措施,以及为了解决目前的困境所采用的IPv6地址,最后简单了解子网规划的一些内容,具体包括以下内容:

(1) 了解IPv4地址不够用的解决方法;

(2) 了解IPv6地址的概念,学会IPv6地址的配置;

(3) 理解子网划分的作用,掌握子网划分的方法。

【任务实施】

(一) IPv4地址紧张的原因分析

目前IP地址资源之所以迅速枯竭,主要由三大原因所致:

1. 互联网高速发展

IPv4协议设定的网络地址编码是32位,理论上大约43亿个,实际可用大概只有25.68亿个。由于互联网高速发展,特别是中国、印度等人口大国的互联网发展迅速,当初认为已经足够多的43亿个IP地址现在已明显不够用。

2. 手机上网成趋势

除了台式机和固定终端接入互联网外,现在越来越盛行的手机上网进一步加速掠夺IP地址。手机上网的快速发展一方面得益于电信资费不断下调,另外一方面手机上网简单易行,没有技术门槛也是重要因素。

3. IP地址分配不均

历史原因造成的IP地址资源分配上的不公进一步加剧了IP地址的紧张形势。由于美国一直垄断分配权,第一代互联网70%左右的IP地址都在美国。大量IP地址被分配给了那些帮助建设互联网的机构——如美国国防部和斯坦福大学。这些已经分配的IP地址不能再分配给其他用户,进一步加剧IP地址的紧张。

(二) 解决 IPv4 地址紧张的方法

1. 私有地址及 NAT 技术的使用

在现在的网络中,IP 地址分为公网 IP 地址和私有 IP 地址。公网 IP 地址是在 Internet 使用的 IP 地址,私有 IP 地址就是为了防止每台上网的计算机和手机都占有一个公网 IP 地址而专门预留的、可以被每个家庭每个企业重复使用的、不可以被路由到 Internet 上的 IP 地址。通过在局域网内部重复使用,可以节省大量的 IP 地址,一定程度上缓解了 IPv4 紧张的局面。

目前,根据 IANA(The Internet Assigned Numbers Authority,互联网数字分配机构)的规定,以下几种地址作为私有地址,因此这几种地址也称为 IANA 保留地址:

- A 类:10.0.0.0 到 10.255.255.255(约 1 658 万个)。
- B 类:172.16.0.0 到 172.31.255.255(约 105 万个)。
- C 类:192.168.0.0 到 192.168.255.255(约 6.5 万个)。

由于内部的私有地址不能在 Internet 上使用,因此分配该类地址的内部计算机在接入互联网的时候需要通过 NAT(Network Address Translation,网络地址转换)技术将内部私有地址转换为允许在 Internet 上使用的公网 IP 地址。

2. 地址的动态分配

在局域网内部,可以采用 DHCP 动态 IP 地址分配方式来解决 IP 地址紧张问题,同样在 Internet 上也可以采用这种方法提升地址的使用率,从而缓解公网 IP 地址不足的矛盾。

对于一个设立了因特网服务的组织机构,由于其主机对外开放了诸如 WWW、FTP、E-mail 等访问服务,通常要对外公布一个固定的 IP 地址,以便用户访问。而对于大多数拨号上网的用户,由于其上网时间和空间的离散性,为每个用户分配一个固定的 IP 地址(静态 IP 地址)是非常不可取的,这将造成 IP 地址资源的极大浪费,这些用户通常会在每次拨通 ISP 的主机后,自动获得一个动态的 IP 地址。因此有些互联网用户发现每次接入 Internet 时获得 IP 地址有可能不一样,但在一个不间断的连接时间内的 IP 地址是不变的。

3. IPv6 地址的使用

为根本解决 IPv4 地址耗尽的问题,IPv6 应运而生。IPv6 地址采用了 128 位的长度,使地址空间扩大了 2^{96} 倍,用一句比较形象、贴切的话来描述就是:IPv6 地址的使用,使地球上的每一粒沙子都获得了一个 IP 地址。所以说 IPv6 的使用,不仅能解决网络地址资源数量的问题,而且也彻底解决了多种设备连入互联网的障碍。但由于各种原因,技术上成熟的 IPv6 协议还没有在我国得到全面推广。

(三) IPv6 地址的表示结构

IPv6 的地址长度为 128 位,是 IPv4 地址长度的 4 倍。于是 IPv4 点分十进制格式不再适用,而采用十六进制表示。IPv6 地址目前主要有三种表示方法。

1. 冒(号)分十六进制表示法

格式为 X:X:X:X:X:X:X:X,其中每个 X 表示地址中的 16 b,以十六进制表示,例如:

ABCD:EF01:2345:6789:ABCD:EF01:2345:6789。

在这种表示法中，每个X的前导0是可以省略的，例如：2001:0DB8:0000:0023:0008:0800:200C:417A→2001:DB8:0:23:8:800:200C:417A。

2. 0位压缩表示法

在某些情况下，一个IPv6地址中间可能包含很长的一段0，可以把连续的一段0压缩为“::”。但为保证地址解析的唯一性，地址中“::”只能出现一次，例如：

➢ FF01:0:0:0:0:0:0:1101→FF01::1101。

➢ 0:0:0:0:0:0:0:1→::1。

➢ 0:0:0:0:0:0:0:0→::。

3. 内嵌IPv4地址表示法

为了实现IPv4与IPv6互通，IPv4地址会嵌入IPv6地址中，此时地址常表示为X:X:X:X:X:X:d.d.d.d，前96位采用冒号分隔的十六进制表示，而最后32位地址则使用IPv4的点号分隔的十进制表示，如::192.168.0.1与::FFFF:192.168.0.1就是两个典型的例子。在前96位中，压缩0位的方法依旧适用。

(四) IPv6地址的设置

(1) 在【网络和共享中心】单击【更改适配器配置】，打开【网络连接】窗口，如图2-7-1所示。

图 2-7-1　网络连接

(2) 右键单击【本地连接】，打开【属性】对话框，如图 2-7-2 所示。

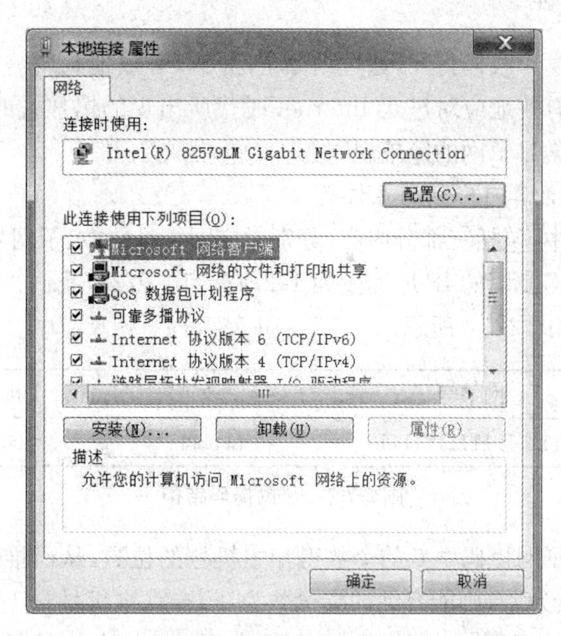

图 2-7-2　本地连接属性

(3) 双击【Internet 协议版本 6】，打开【Internet 协议版本 6 属性】对话框，选择【使用以下 IPv6 地址】，并输入相应的 IPv6 地址、子网前缀长度和默认网关，选择"使用下面的 DNS 服务器地址"，输入 DNS 服务器地址，如图 2-7-3 所示。

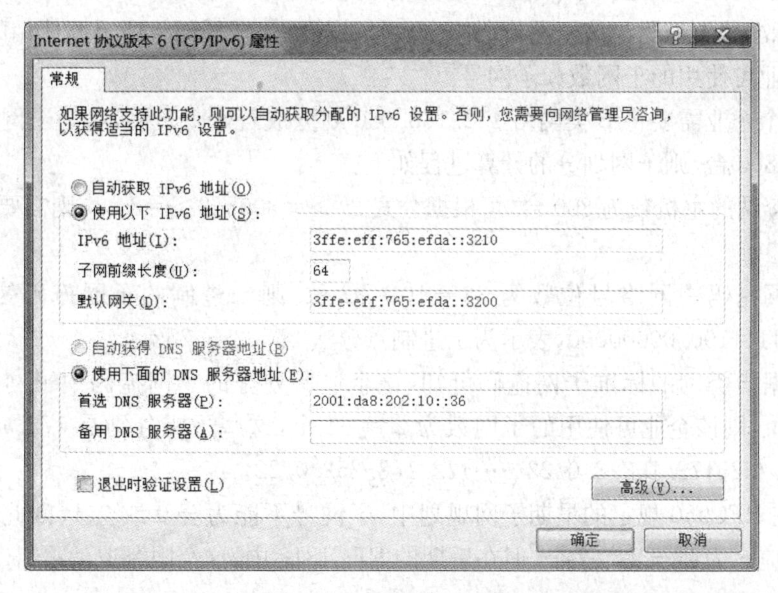

图 2-7-3　IPv6 地址设置

(五) 简单的子网规划

经过对任务六的学习我们得知，通过划分子网可以有效地利用一个自然划分的标准网络中的IP地址，从而有效地应对进入Internet时代所出现的爆炸式的网络增长。下面，我们就通过一个例子来学习子网的简单规划。

1. 根据子网掩码计算可容纳的主机数

在一个子网掩码中，包括三部分内容，分别对应网络号位数、子网号位数和主机号位数。假设一个企业某个子网使用的IP地址段为172.168.10.0/24，我们很容易推断这是一个B类地址，则子网掩码如图2-7-4所示。

网络号	子网号	主机号
1111111111111111	11111111	00000000

图2-7-4　子网掩码结构

我们很容易通过子网掩码中0的个数得知主机号的位数，从而推断出该子网能容纳的主机数，假设0的个数为N，则能容纳的主机数为：2^N-2（主机号全1和全0的表示全网广播地址和网络地址，不能用作主机的IP地址）。如图2-7-4中的子网掩码表示能容纳的主机数为$2^8-2=254$。

2. 根据容纳主机数划分子网

在划分子网的计算中，很多情况是根据需要容纳的主机数来划分子网。首先根据容纳主机数确定子网掩码中主机号所需要使用位数，然后可以得知网络号位数，从而确定子网掩码；再根据标准分类掩码与该子网掩码中主机号数的差得知子网号所需要使用的位数，进一步确定该企业可使用的子网数和子网号。

假设一个企业需要将B类网络172.168.0.0划分成若干个子网，每个子网能容纳的主机数至少为800台，则子网划分的计算过程如下：

(1) 可容纳的主机数为800台，可根据公式$2^N>=800+2>=2^{N-1}$，则需要的主机号位数N为10。

(2) 子网掩码中网络号位数为$32-10=22$位，则二进制的子网掩码为11111111.11111111.11111100.00000000，表示为十进制点分法255.255.252.0。

(3) 根据B类网的标准子网掩码可知，该企业所划分的子网掩码中子网号的位数为$16-10=6$位，则该企业可使用的子网数为$2^6=64$个，这些子网分别是172.168.0.0/22、172.168.4.0/22、172.168.8.0/22……172.168.252.0/22。

注意：在RFC950规定的早期子网规划中，子网号不能为全0或全1，因此在上一例题中的子网数应该为$2^6-2=62$个，但在后期的RFC1812中，这个限制取消了。

【任务知识】

(一) IPv4 到 IPv6 的过渡技术

IPv6 不可能立刻替代 IPv4,因此在相当一段时间内 IPv4 和 IPv6 会共存在一个环境中。要提供平稳的转换过程,使得对现有的使用者影响最小,就需要有良好的转换机制,IETF 推荐了双协议栈、隧道技术以及网络地址转换等转换机制。

1. IPv6/IPv4 双协议栈技术

双栈机制就是使 IPv6 网络节点具有一个 IPv4 栈和一个 IPv6 栈,同时支持 IPv4 和 IPv6 协议。IPv6 和 IPv4 是功能相近的网络层协议,两者都应用于相同的物理平台,并承载相同的传输层协议 TCP 或 UDP,如果一台主机同时支持 IPv6 和 IPv4 协议,那么该主机就可以和仅支持 IPv4 或 IPv6 协议的主机通信。

2. 隧道技术

隧道机制就是必要时将 IPv6 数据包作为数据封装在 IPv4 数据包里,使 IPv6 数据包能在已有的 IPv4 基础设施(主要是指 IPv4 路由器)上传输的机制。随着 IPv6 的发展,出现了一些被运行 IPv4 协议的骨干网络隔离开的局部 IPv6 网络,为了实现这些 IPv6 网络之间的通信,必须采用隧道技术。隧道对于源站点和目的站点是透明的,在隧道的入口处,路由器将 IPv6 的数据分组封装在 IPv4 中,该 IPv4 分组的源地址和目的地址分别是隧道入口和出口的 IPv4 地址,在隧道出口处,再将 IPv6 分组取出转发给目的站点。隧道技术的优点在于隧道的透明性,IPv6 主机之间的通信可以忽略隧道的存在,隧道只起到物理通道的作用。隧道技术在 IPv4 向 IPv6 演进的初期应用非常广泛。但是,隧道技术不能实现 IPv4 主机和 IPv6 主机之间的通信。

(二) 子网划分的作用

1. 可以连接不同的网络

当一个单位的网络是由几个不同类型的网络组成的,如以太网、令牌环网等,那么必须将它们划分为不同的子网,每一个子网需要有自己的网络地址,并由路由器等互联设备将它们互联起来。

2. 重新组合网络的通信量

划分子网后,可以将对网络带宽要求较高的应用程序和主机用网络段分开,这样可以减轻网络的拥挤,提高网络性能,也便于网络的管理。

3. 减轻网络地址不够的负担

例如,在一个 C 类地址中,可容纳的主机数为 254 个,但在实际应用中许多单位不会有那么多对外提供服务的主机,因此,可以将这一个 C 类网络分为若干个子网,一个单位一个子网,这样就节省了 IP 地址。

4. 更有效地使用网络地址

利用子网划分技术，还可以将一系列相关的主机集成到一个网络段，对外接入 Internet 时结合 NAT 技术只需共用一个公网 IP 地址，节约 IP 地址资源。

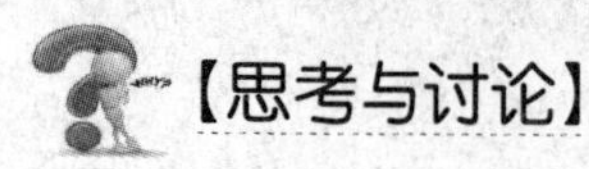
【思考与讨论】

(1) 理论上 IPv4 的地址大约有(　　)个。

A. 43亿　　B. 56亿　　C. 25亿　　D. 60亿

(2) 分配不均是 IP 地址紧张的重要原因，目前占有 IP 地址最多的国家是(　　)。

A. 英国　　B. 俄罗斯　　C. 中国　　D. 美国

(3) 私有 IP 地址的使用是缓解 IPv4 地址紧张的原因是(　　)。

A. 一个地址可以被重复使用

B. 私有地址有更加严格的保密性

C. 使用私有地址的主机不可以接入 Internet

D. 私有 IP 地址不需要符合 IP 地址的长度限制

(4) IPv6 地址采用 128 位的长度，比 IPv4 地址的容量扩大了(　　)。

A. 4倍　　B. 96倍　　C. 2^4倍　　D. 2^{96}倍

(5) 下列(　　)的 IPv6 地址表示是错误的。

A. F::5　　B. DB:8::H　　C. ABCE:0080::　　D. 8::80:0:1

(6) 假如 A 公司需要将一个 C 类 192.168.10.0/24 尽可能多划分成若干个子网，每个子网要求至少能容纳 50 台主机，则子网掩码应为多少？划分后包含哪几个子网(分别列出子网号)？

【任务评价】

评价一下自己的任务完成情况，在相应栏目中打“√”。

<table>
<tr><td colspan="2">项目</td><td>评价依据</td><td>优秀</td><td>良好</td><td>合格</td><td>继续努力</td></tr>
<tr><td colspan="2">任务背景
(10)</td><td>明确任务要求，解决思路清晰</td><td></td><td></td><td></td><td></td></tr>
<tr><td colspan="2">任务实施准备
(20)</td><td>收集任务所需资料，任务实施准备充分</td><td></td><td></td><td></td><td></td></tr>
<tr><td rowspan="5">任务实施
(40)</td><td>子任务</td><td>评价内容或依据</td><td colspan="4"></td></tr>
<tr><td>任务一</td><td>了解 IPv4 地址紧张的原因</td><td></td><td></td><td></td><td></td></tr>
<tr><td>任务二</td><td>理解缓解或解决 IP 地址紧张的方法</td><td></td><td></td><td></td><td></td></tr>
<tr><td>任务三</td><td>学会 IPv6 地址表示的方法以及设置 IPv6 地址</td><td></td><td></td><td></td><td></td></tr>
<tr><td>任务四</td><td>掌握根据容纳的主机数来划分子网的简单步骤</td><td></td><td></td><td></td><td></td></tr>
<tr><td colspan="2">任务效果
(30)</td><td>正确完成任务目标，具有较强的团队精神和合作意识，在任务实施过程中具有探究精神</td><td></td><td></td><td></td><td></td></tr>
<tr><td colspan="2">问题与感想</td><td colspan="5"></td></tr>
</table>

项目三　组建 SOHO 网络

任务一　初识网络设备

【情景描述】

小型办公和家居网络(SOHO)是我们日常生活中最常见的网络组织形式,应用在家庭、办公室、网吧等工作环境中。通过构建良好的小型网络环境,可以实现网络内部设备之间的相互通信,共享网络内部资源,从而提高工作效率,给我们的生活和工作带来便捷。

由于现代办公自动化的现实需求,李想计划在办公室内组建一个小型的内部网络,利用网络的优势,增强人员之间的协同办公能力,同时整个网络还需要接入到 Internet 中,在不久的将来可能还需要利用 Internet 实现远程办公。

常见的小型 SOHO 网络如图 3-1-1 所示。

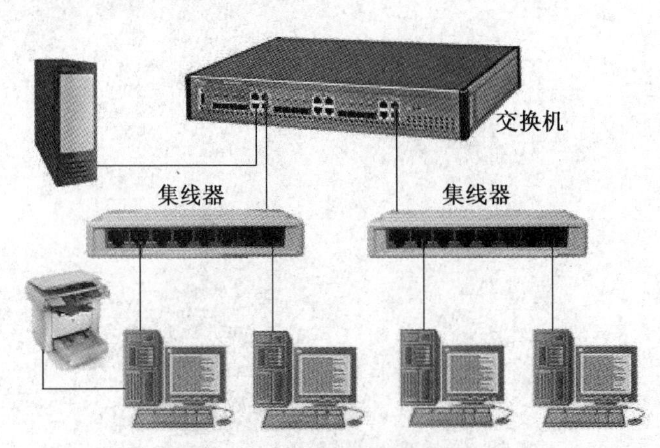

图 3-1-1　小型 SOHO 网络

【任务分析】

要组建内部办公网络，首先离不开网络设备。组建办公网络常见的设备有集线器、交换机、路由器等。本任务的主要目的就是要认识这些常见的网络设备，以便于根据所要建立的网络类型、规模、架构来选择合适的网络设备。

(1) 认识最简单的共享设备——集线器，简单了解该设备的作用、工作原理及主要优缺点。

(2) 认识局域网络组建中最常见的设备——交换机，了解该设备的作用、基本工作原理、突出的优点及常见的种类。

(3) 认识互联网络之间的枢纽设备——路由器，了解该设备的作用、功能、基本工作原理及类型。

【任务实施】

(一) 认识最简单的共享设备——集线器

1. 集线器的基本功能

集线器也称 Hub，属于中继器的一种，是网络组建中的物理层设备，可以将传输介质传送过来的二进制信号进行复制、整形、再生和转发。与普通的中继器只是一个信号的再生器不一样的是，集线器是一个多端口的中继器，每个端口都可以进行数据的接收与再发送，从而可以组建成一个物理上是星型结构的网络。

图 3-1-2　常见的集线器

常见的集线器如图 3-1-2 所示。

2. 集线器的工作原理

集线器可以组建物理上是星型结构，但逻辑上仍是总线型的共享式以太网。作为一个多端口的中继器，当某个端口收到所连接的主机发来的数据时，集线器可以将该数据转发到其他端口。

由于集线器只具备信号的整形、再生和转发能力，而不具备信号的过滤、定向转发功能，其目的是为了扩大网络的规模，是一个标准的共享设备，因此信号传输时的冲突是不可避免的。以集线器为核心设备所组建的共享式网络中采用了载波侦听多路访问/冲突检测(简称 CSMA/CD)协议来解决冲突的问题。

集线器作为一个特殊的多端口中继器，它在连网中要遵循 5-4-3 规则，即一个网段最多分成 5 个子网段；一个网段只能有 4 个集线器(或中继器)；一个网段最多只能有 3 个子网段连接有计算机。

3. 集线器的优缺点

集线器作为是简单的网络组建设备，具有以下优点：

➢ 安装简单方便，一般不需要做任何配置即可使用；
➢ 受环境的影响较小，便于扩大网络规模，延长信号的传输距离；
➢ 可以连接相同传输介质的网络，也可以连接不同介质和接口的网络。

正如它的优点一样，集线器的缺点也是非常明显，主要有以下几点：

➢ 由于没有数据过滤功能，集线器不能用来隔离网络，从而降低了网络的安全性；
➢ 由于集线器建立的是共享式网络，所有节点共享带宽，当节点数过多时，冲突频繁发生，网络性能急剧下降，因此限制了网络的规模；
➢ 由于集线器的工作基于向所有端口转发信号，因此不能避免广播风暴的发生。

(二) 认识局域网络组建中最常见的设备——交换机

交换机是组建局域网络中最常见，也是最重要的设备。由于数据包转发方式与集线器有着根本的区别，交换机的出现使得以太网由早期的共享式向交换式转变，从而使局域网络变得更加智能化和高效性。

1. 交换机的基本功能

交换机和集线器外观上十分相似，除了具有集线器的全部功能外，交换机比集线器更智能化，它可以为接入交换机的任意两个网络节点提供独享的电信号通信，并具有自动寻址、数据过滤和定向转发功能。同时交换机也更安全，并具有管理性能。使用交换机来重新组建网络，网络的性能会得到很大的提高，但也会给网络的管理带来更多的技术难题。

最常见的交换机是以太网交换机，使用它所组成的局域网就是交换式以太网，在没有特别说明的情况下，本任务中所涉及的交换机都是指以太网交换机。

常见的以太网交换机如图 3-1-3 所示。

图 3-1-3　常见的以太网交换机

2. 交换机的工作原理

(1) 交换机的转发原理

普通的交换机工作于 OSI 参考模型的第二层，即数据链路层。在交换机内部有一张 MAC 地址表，里面记录了网络中所连接的主机的 MAC 地址与本机端口的映射表，如图 3-1-4 所示。在通讯过程中，当收到来自某端口的数据时，交换机将采取以下动作进行数据包的处理：

➢ 根据数据包中的目的 MAC 地址在 MAC 地址表中寻找所对应的端口，如果找到，就将数据包送往对应的端口；如果找不到，就向除接收端口以外的所有端口发送；
➢ 如果收到数据包的端口和目的 MAC 地址所对应的端口相同，则丢弃该数据包；
➢ 如果收到的是广播数据包，交换机会向除接收端口以外的其他所有端口转发该数据包。

设备	端口	MAC
E	1	00-00-3E-D5-12-00
F	1	00-11-EA-78-EF-D4
G	1	00-3C-23-CA-E3-13
U	2	00-ED-4A-5F-B3-EA
V	2	E0-5C-23-5E-F2-07
W	2	00-4B-44-5E-BA-11
A	2	7E-13-A7-11-5C-31
B	2	78-00-11-ED-AF-7D
C	2	00-E3-5A-78-06-E1

图 3-1-4　MAC 地址表

(2) 交换机的地址学习

交换机内部存储的用于数据包转发的 MAC 地址表是基于不断地学习和更新而获得的。交换机会进行如下维护 MAC 地址表的过程：

- 交换机每收到一个数据包，如果源 MAC 地址对应的条目不存在于 MAC 地址表中，则根据源 MAC 地址和接收端口在 MAC 地址表中建立新的映射关系；
- 交换机每收到一个数据包，如果发现源 MAC 地址对应的端口和接收端口不一致，则更新条目为新的端口。
- 如果交换机在很长一段时间内没有收到来自某台主机发出的数据包，则该主机对应的 MAC 地址条目就会被删除，等下次相关的数据包到来的时候重新学习。

3. 交换机的转发方式

一般的以太网交换机包括三种数据包的转发方式：

(1) 直通式

在输入端口检测到一个数据包后，只检查数据包的包头(通常只检查 14 个字节)，然后取出目的地址，通过内部的地址表确定相应的输出端口，最后把数据包转发到输出端口，这样就完成了交换。

(2) 存储转发式

该方式是计算机网络领域使用最广泛的技术之一，在这种工作方式下，交换机的控制器先缓存输入到端口的，然后进行 CRC(循环冗余)校验，滤掉不正确的数据包，确认数据包正确后，取出目的地址，通过内部的 MAC 地址表确定相应的输出端口，然后把数据包转发到该端口。

(3) 无碎片直通式

该方式是介于直通式和存储转发式之间的一种解决方案，它检查数据包的长度是否够 64 Bytes(512 bit)，如果小于 64 Bytes，说明该包是碎片(即在信息发送过程中由于冲突而产生的残缺不全的帧)，则丢弃该包；如果大于 64 Bytes，则发送该包。该方式的数据处理速度比存储转发方式快,但比直通式慢。

4. 交换机的分类

交换机的种类很多,可以按照很多标准进行分类。根据组建网络的类型、规模、架构等实际需要,一般需要了解以下两种分类标准:

(1) 按照应用的需要和具备的功能分类

核心层交换机:主要是实现骨干网络间的优化传输,要求具有较大的冗余、较高的可靠性和高速的传输能力;

汇聚层交换机:主要连接接入层节点和核心层中心,需要较高的性能和比较丰富的功能;

接入层交换机:通常在网络中直接面向用户连接,性能要求不高,能满足一般用户的需求即可。

三种交换机的功能和在网络架构中所处的位置如图 3-1-5 所示。

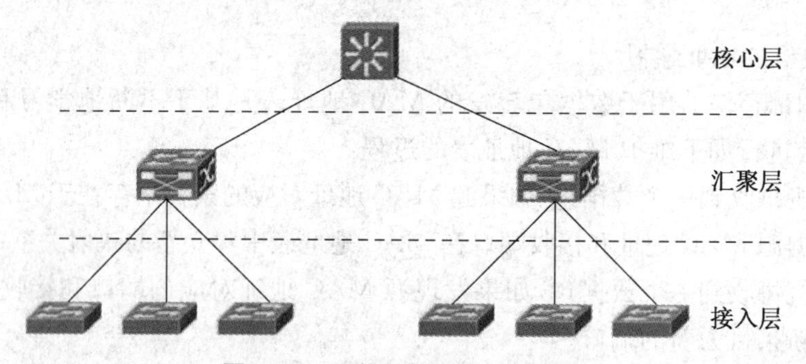

图 3-1-5　网络架构和交换机分类

(2) 按照所处的 OSI 参考模型的层次分类

二层交换机:工作于 OSI 参考模型的数据链路层,基于 MAC 地址进行数据交换,主要用于接入层和汇聚层;

三层交换机:工作于 OSI 参考模型的网络层,基于 IP 地址和协议进行数据交换,不仅具有三层路由功能,同时还具有二层交换机的全部功能,普遍用于网络的核心层。

(三) 认识网络间互联的枢纽设备——路由器

路由器(Router),是连接因特网中各局域网、广域网的设备,它工作于 OSI 参考模型的网络层。路由器的出现使得逻辑上分开的网络之间的互联变得可能,也使得网络的距离在理论上可以无限延长。常见的路由器如图 3-1-6 所示。

图 3-1-6　常见的路由器

1. 路由器的基本功能

路由器会根据信道的情况自动选择和设定路由,以最佳路径按前后顺序发送信号。所谓"路由"是指把数据从一个地方传送到另一个地方的行为和动作,而路由器正是执行这种

行为动作的机器，它的英文名称为 Router，它也能将不同网络或网段之间的数据信息进行"翻译"，使它们能够相互"读懂"对方的数据，从而构成一个更大的网络。

简单地讲，路由器主要有以下几种功能：

(1) 网络互连：路由器支持各种局域网和广域网接口，主要用于互连局域网和广域网，实现不同网络互相通信；

(2) 数据处理：提供包括分组过滤、分组转发、优先级、复用、加密、压缩和防火墙等功能；

(3) 网络管理：路由器提供包括配置管理、性能管理、容错管理和流量控制等功能。

2. 路由器的工作原理

路由器通过路由来决定数据的转发。为了完成路由的工作，在路由器中保存着各种传输路径的相关数据——路由表(Routing Table)，供路由选择时使用。路由表中保存着子网的标志信息、下一跳地址和出接口等主要内容。路由表可以是由系统管理员固定设置好的，也可以由系统动态修改，可以由路由器自动调整，也可以由主机控制。路由表包含的主要内容如图 3-1-7 所示。

目的地址掩码	下一跳地址	出接口	度量值
0.0.0.0/0	20.0.0.2	E0/2	10
10.0.0.0/24	10.0.0.1	E0/1	0
20.0.0.0/24	20.0.0.1	E0/2	0
20.0.0.1/32	127.0.0.1	InLoop0	0
40.0.0.0/24	20.0.0.2	E0/2	1
40.0.0.0/8	30.0.0.2	E0/3	3
50.0.0.0/24	40.0.0.2	E0/2	0

图 3-1-7 路由表的主要内容

在路由器中涉及两个有关地址的名字概念：静态路由表和动态路由表。由系统管理员事先设置好、固定的路由表称之为静态(Static)路由表，一般是在系统安装时就根据网络的配置情况预先设定的，它不会随未来网络结构的改变而改变。动态(Dynamic)路由表是路由器根据网络系统的运行情况而自动调整的路由表。路由器根据路由选择协议(Routing Protocol)提供的功能，自动学习和记忆网络运行情况，在需要时自动计算数据传输的最佳路径。

3. 路由器的类型

路由器是互联网络的枢纽。目前路由器已经广泛应用于各行各业，各种不同档次的产品已经成为实现各种骨干网内部连接、骨干网间互联和骨干网与互联网互联互通业务的主力军。根据路由器的功能和所连接的网络规模，可以把路由分成以下几种类型：

(1) 接入路由器：主要连接家庭或 ISP(Internet 服务提供商)内的小型客户，使之能汇接到互联网(Internet)；

(2) 企业级路由器：主要用来连接企业网与互联网，同时当需要连接异种网络或企业内多个子网互联，也应当通过企业级路由器来完成；

(3) 骨干级路由器：主要用来实现企业级骨干网络的互联。对它的要求是速度和可靠性，而代价却处于次要地位。

【任务知识】

(一) 中继器

中继器(RP repeater)是连接网络线路的一种装置，常用于两个网络节点之间物理信号的双向转发工作，它只将任何电缆段上的数据发送到另一段电缆上，并不管数据中是否有错误数据或不适用于网段的数据。该设备适用于完全相同的两类网络的互连，通过对数据信号的重新发送或者转发，来扩大网络传输的距离。

中继器的主要优点是安装简单、使用方便、价格相对低廉，它不仅起到延长网络距离的作用，还可以将不同传输介质的网络连接在一起；它的主要缺点是由于中继器将衰减的信号恢复到发送时的状态并转发出去，增加了延时。

(二) MAC 地址

MAC 地址也称为物理地址或硬件地址，用来标识网络中每一个节点。主机上的 MAC 地址就是指网卡的 MAC 地址，由网卡生产厂家烧入网卡的 EPROM 中，具有全球唯一性。

一个 MAC 地址由 48 位二进制地址组成，前 24 位叫做组织唯一标志符(Organizationally Unique Identifier，即 OUI)，是由 IEEE 的注册管理机构给不同厂家分配的代码；后 24 位是由厂家自己分配的，称为扩展标识符，同一个厂家生产的网卡中 MAC 地址后 24 位是不同的。

一般情况下，往往将 48 位二进制的 MAC 地址表示成 12 位十六进制，如 00－23－5A－15－99－42 这种形式。

(三) OSI 参考模型

OSI(Open System Interconnect)，即开放式系统互联，一般都叫 OSI 参考模型，是 ISO(国际标准化组织)在 1985 年研究的网络互联模型。该体系结构标准定义了网络互联的七层框架(物理层、数据链路层、网络层、传输层、会话层、表示层和应用层)，即 OSI 开放系统互联参考模型。在这一框架下进一步详细规定了每一层的功能，以实现开放系统环境中的互连性、互操作性和应用的可移植性。

(四) 路由信息的分类

根据路由器学习路由信息、生成并维护路由表的方法，路由信息可以包括直连路由、默认路由、静态路由和动态路由。

直连路由：路由器接口所连接的子网的路由称为直连路由；直连路由是由链路层协议发现的，该路径信息不需要网络管理员维护，也不需要路由器通过某种算法进行计算获得。

静态路由：静态路由是由管理员在路由器中手动配置的固定路由，该路由明确地指定了数据包到达目的地必须经过的路径。静态路由不能对网络的改变做出反应，一般用于网络规模不大、拓扑结构相对固定的网络。

默认路由：默认路由是一种特殊的静态路由，指的是当路由表中与数据包的目的地址之间没有匹配的表项时路由器能够做出的选择。默认路由会大大简化路由器的配置，减轻管理员的工作负担，提高网络性能。

动态路由：动态路由是指路由器能够根据交换的特定路由信息自动地建立自己的路由表信息，并且能够根据链路和节点的变化适时自动调整。

【思考与讨论】

(1) 以下属于数据链路层的设备是(　　)。

A. 集线器　　B. 交换机　　C. 路由器　　D. 网关

(2) 交换机如何知道将帧转发到哪个端口(　　)。

A. 用 MAC 地址表　　B. 用 ARP 地址表

C. 读取源 ARP 地址　　D. 读取源 MAC 地址表

(3) 为了延伸网络距离，可以使用(　　)再生、整形信号。

A. 中继器　　B. 交换机　　C. 路由器　　D. 网桥

(4) 以太网交换机在接收到数据帧时，如果没有在 MAC 地址表查找到目的 MAC 地址，则(　　)。

A. 把以太网帧复制到所有端口

B. 把以太网单点传送到特定的端口

C. 把以太网帧发送以除本端口以外的所有端口

D. 丢弃该帧

(5) 路由器在网络层的基本功能是(　　)。

A. 配置 IP 地址

B. 寻找路由和转发报文

C. 将 MAC 地址解释成 IP 地址

(6) 中继器的功能是什么？中继器(集线器)有什么优缺点？

(7) 路由器的主要作用是什么？

(8) 交换机中对数据帧的处理有哪几种方式？

【任务评价】

评价一下自己的任务完成情况，在相应栏目中打“√”。

<table>
<tr><th colspan="2">项目</th><th>评价依据</th><th>优秀</th><th>良好</th><th>合格</th><th>继续努力</th></tr>
<tr><td colspan="2">任务背景
（10）</td><td>明确任务要求，解决思路清晰</td><td></td><td></td><td></td><td></td></tr>
<tr><td colspan="2">任务实施准备
（20）</td><td>收集任务所需资料，任务实施准备充分</td><td></td><td></td><td></td><td></td></tr>
<tr><td rowspan="4">任务实施
（40）</td><td>子任务</td><td colspan="5">评价内容或依据</td></tr>
<tr><td>任务一</td><td>了解集线器的功能及优缺点</td><td></td><td></td><td></td><td></td></tr>
<tr><td>任务二</td><td>掌握交换机基本功能及工作原理，能指出与集线器的根本区别</td><td></td><td></td><td></td><td></td></tr>
<tr><td>任务三</td><td>了解路由器的基本功能，掌握路由器的基本工作原理及简单分类</td><td></td><td></td><td></td><td></td></tr>
<tr><td colspan="2">任务效果
（30）</td><td>正确完成任务目标，具有较强的团队精神和合作意识，在任务实施过程中具有探究精神</td><td></td><td></td><td></td><td></td></tr>
<tr><td colspan="2">问题与感想</td><td colspan="5"></td></tr>
</table>

任务二　简易的双机互联网络

【情景描述】

由于李想的公司刚创办不久，存在着资金短缺的问题，因此公司目前只有两台计算机用于日常办公。公司职员想要在两台计算机间传送文件资料只能采用 U 盘或移动硬盘等移动存储设备进行文件的复制粘贴。时间一长，大家都觉得不是很方便，经过咨询网络公司的人员得知，两台计算机间可以通过一根网线直接相连。这样，不仅可以很方便地实现文件资料的传送，也可以共享打印机等硬件设备。

【任务分析】

双机互联是指两台计算机直接相互联接。双机互联有网卡互联、串口互联、并口互联、Modem 互联、红外互联、USB 互联等。目前，网卡互联是最常用的一种，也是速度最快的一种。

本任务的主要目的是使用双机互联实现两台计算机之间的资源共享，具体包括以下内容：

(1) 制作一根交叉线；

(2) 硬件准备与安装；

(3) 设置操作系统及网络。

【任务实施】

(一) 硬件准备与安装

1. 网卡的功能

网卡的作用是实现介质访问控制协议，它是计算机与局域网传输介质之间的物理接口。在发送端，网卡负责将发送的数据转换成适合在传输介质上传输的电信号或光信号；在接收端，网卡负责接收信号，并把信号转换成能在计算机内处理的数据。常见的网卡如图 3-2-1 所示。

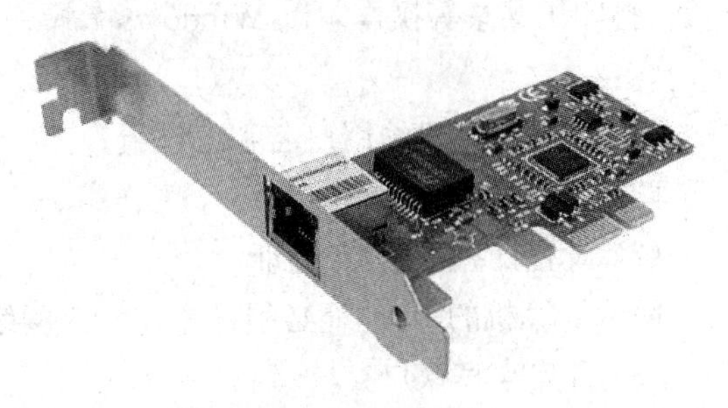

图 3-2-1　网卡

2. 网卡的安装步骤

(1) 将计算机关机，并拔掉电源插座，拆开主机机箱。

(2) 找到主板上的以太网网卡插槽，并对好插槽接口按下网卡，直到听到网卡入位声。

（3）拧紧以太网网卡和机箱上的螺丝。

（4）接好电源插座，并将计算机开机。

（5）开机后，Windows系统会提示找到新硬件，通常来说，常见的网卡驱动程序都可以直接安装。

（6）驱动程序安装完之后，一般会提示计算机需要重新启动，重启之后，网卡即安装完成。

图 3-2-2　安装网卡的机箱内部

网卡安装完成后的机箱内部如图3-2-2所示。

注：对于某些品牌台式机和大部分笔记本电脑，基本都采用集成在主板上的网卡。

更多关于网卡功能、选购和安装请参照“项目二　组网准备”中的任务一。

3. 交叉线的制作及连接

网卡互联的双绞线和普通的网线不同，它需要进行错线，线序按照一端T568A、一端T568B的标准排列好，并用RJ－45水晶头夹好，具体制作过程请参照“项目二　组网准备”中的任务二。

将制作好的交叉线两端的RJ－45连接口分别插入两台计算机上网卡对应接口，硬件即安装完成。连接后如图3-2-3所示。

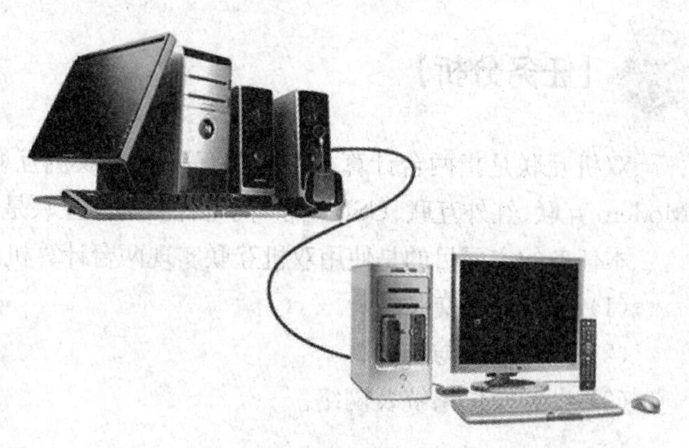

图 3-2-3　双机互联

（二）操作系统中的共享设置

硬件连接完成后，需要对操作系统做进一步设置，才能利用所直接连接的网络进行文件传输、打印机共享等操作。以Windows 7操作系统为例，需要完成具体的设置操作包括以下内容：

（1）设置计算机的用户名和工作组。

两台计算机最好设置在同一个工作组。

（2）设置计算机的IP地址。

两台计算机的IP地址必须设置在一个网络中，否则不能直接相互访问。

（3）开启来宾账户。

通过启用来宾账户使局域网中的其他计算机能顺利访问。

（4）关闭Windows防火墙。

（5）设置高级共享。

（6）设置文件夹简单共享。

具体的操作步骤请参照“项目五　网络管理”中的任务一和任务二。

【任务知识】

(一) Windows 7 的网络类型

在使用 Windows 7 操作系统时，我们第一次连接上网络后，系统会弹出一个让我们选择网络位置的窗口，那么家庭网络、工作网络、公用网络有什么区别？我们应该怎么选择呢？

家庭网络和工作网络同为可信任网络，选择这两种网络类型会自动应用比较松散的防火墙策略，从而实现在局域网中共享文件、打印机、流媒体等功能。工作网络不能创建家庭组，也不能加入家庭组。公用网络为不可信任网络，选择公用网络则会在 Windows 防火墙中自动应用较为严格的防火墙策略，从而达到在公共区域保护计算机不受外来计算机的侵入。

了解以上内容，我们就可以根据计算机加入的网络位置、安全等级要求来选择相应的网络类型。如果加入陌生的网络而需要较高的安全等级，则选择公共网络，否则只能使用工作网络或家庭网络；如果还需要与其他计算机建立更紧密的访问关系，则需要加入能创建家庭组的家庭网络。

(二) Windows 防火墙

防火墙(FireWall)是一项协助确保信息安全的设备，会依照特定的规则，允许或是限制传输的数据通过。防火墙可以是一台专属的硬件，也可以是架设在一般硬件上的一套软件。Windows 防火墙顾名思义就是在 Windows 操作系统中系统自带的软件防火墙。

Windows 防火墙的具体作用如下：

(1) 防止来自网络上的恶意攻击。

(2) 阻止外来程序连接计算机端口。

(3) 对计算机进行防护，防止木马入侵或其他黑客软件、程序运行。

(4) 阻止本地程序通过计算机端口向外并发信息。

【任务实践】

(一) 实验目的

初步体验计算机互联和理解互联的概念，初识并体验组建最小局域网的基本过程及利用该网络进行文件共享。

(二) 实验内容

分组完成以下实验内容，并撰写实验报告。

(1) 交叉线的制作。

(2) 交叉线连通性的测试。

(3) 网卡的安装。

(4) 两台计算机间的互联。

(5) IP 地址及网络共享的设置。

(6) 在两台计算机间进行文件的复制。

(三) 实验环境及工具

每组两台配置 Windows 7 操作系统的计算机、网卡两块、水晶头若干、双绞线一根、双绞线制作工具一套及测试仪一台。

(四) 实验过程

(1) 将全班同学分成合适的小组,选定组长,分配实验任务。

(2) 规划好网络拓扑、IP 地址、用户账户名称等内容。

(3) 按照实验内容所规定的步骤完成实验。

(4) 撰写实验报告。

【任务评价】

评价一下自己的任务完成情况,在相应栏目中打"√"。

项目		评价依据	优秀	良好	合格	继续努力
任务背景(10)		明确任务要求,解决思路清晰				
任务实施准备(20)		收集任务所需资料,任务实施准备充分				
任务实施(40)	子任务	评价内容或依据				
	任务一	学会相关硬件的准备与安装				
	任务二	掌握操作系统的相关设置				
任务效果(30)		正确完成任务目标,具有较强的团队精神和合作意识,在任务实施过程中具有探究精神				
问题与感想						

任务三　组建共享式以太网

【情景描述】

随着业务的发展，规模进一步扩大，公司又逐步购置了多台计算机，总数达到近 10 台，并且与计算机连接的其他设备也日渐增多。此时，通过简单的双机互联共享网络无法实现多台计算机的实时连接共享，也不符合现代办公的需求。在征求网络公司意见后，李想决定为公司再购入一台集线器，将所有计算机同时连接起来。通过查询相关资料，李想得知，该种方式组成的网络被称为共享式以太网。

【任务分析】

共享式以太网的典型代表是使用 10Base2/10Base5 的总线型网络和以集线器为核心的星型网络。由于以集线器作为核心设备的星型以太网管理方便、容易扩展，又使用双绞线作为传输介质，因此在应用上也更加广泛。

要组建共享式以太网，除了要在每台计算机上安装网卡外，还需要完成以下任务：

(1) 办公室简单的布线并连接计算机；

(2) 操作系统的共享配置；

(3) 打印机共享设置、添加用户账户和文件夹的高级共享；

(4) 简单的连通性测试和诊断测试命令。

【任务实施】

(一) 对办公室作简单的布线

在办公室组建相对复杂的星型以太网，对办公室做简单的布线是必不可少的。除了将网线布到每张办公桌前以外，还可能要同时考虑电话线和电源线的布线问题。

首先要选定集线器的摆放位置作为中心点，然后规划线路，选择好每张办公桌到中心点具体走线；再通过放线将线拉到设备旁，并顺着线路做槽，将线埋到槽里；最后在每条线路末端做好专用的网络接口。有可能的话，还要为以后网络规模的扩展预留好位置。完成布线工作后，还要用专用设备测试线路，保证线路的连通性，办公室实景如图 3-3-1 所示。

图 3-3-1　办公室实景

(二) 用双绞线连接计算机到专用接口上

完成布线后，接下来只需要通过直通的双绞线将计算机连接到网络接口上，网络的硬件部分即组建完成。连接好的办公网络拓扑如图 3-3-2 所示。

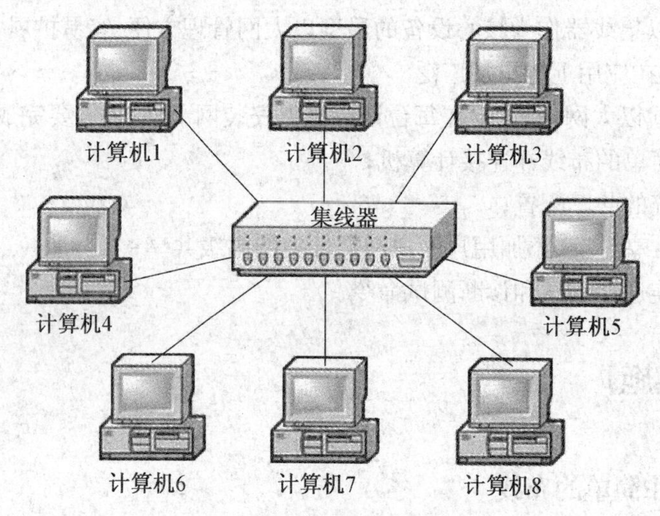

图 3-3-2　办公网络拓扑图

(三) 打印共享与高级共享设置

在完成共享式以太网的连接后，需要利用网络完成文件共享复制、打印机共享等相关的验证操作，以确保网络能为公司的日常办公发挥其应有的作用。因此与任务二一样，在完成硬件设备连接后需要进行 IP 地址等与网络共享相关的设置，才能利用组建的网络实现文件与资源的一般共享。

本任务中我们进一步完成打印机共享和文件夹的高级共享等操作，具体包括以下几个步骤：

（1）打印机共享设置。

（2）添加用户账户。

（3）文件夹高级共享设置。

具体的操作步骤请参照“项目五　网络管理”中的任务二。

(四) 网络连通性测试与简单的故障检测

为了确保网络的正常工作，简单维护是必不可少的环节，本任务中我们初步接触与之相关的命令，具体的内容可参照“项目六　网络维护”中的任务一和任务二。

1. 连通性测试命令 ping

ping 命令就是对一个网址发送测试数据包，看对方网址是否有响应并统计响应时间，以此测试网络，简单的使用格式为“ping IP 地址”，如“ping 218. 94. 215. 202”，如图 3-3-3 所示。

图 3-3-3　ping 命令执行结果

通过 ping 命令执行的反馈的相关信息，如“Packet：Sent＝?，Received＝?，Lost＝?＜?% loss＞”获取网络的连通情况。

2. 路由跟踪命令 tracert

tracert 命令是路由跟踪实用程序，用于确定访问目标时 IP 数据包所经过的路径。我们可以使用 tracert 命令确定 IP 数据包在网络上的停止位置，该停止位置有可能是故障产生的位置。

```
管理员: C:\Windows\system32\cmd.exe
Microsoft Windows [版本 6.1.7600]
版权所有 (c) 2009 Microsoft Corporation。保留所有权利。

C:\Users\Administrator>tracert 218.94.215.202

通过最多 30 个跃点跟踪到 218.94.215.202 的路由

  1    <1 毫秒   <1 毫秒   <1 毫秒 192.168.0.1
  2     2 ms      2 ms      2 ms  100.75.0.1
  3     8 ms      7 ms      5 ms  58.208.76.13
  4     2 ms      2 ms      2 ms  218.94.215.202

跟踪完成。

C:\Users\Administrator>
```

图 3-3-4　tracert 命令执行结果

最简单的用法就是“tracert IP 地址”，如“tracert 218. 94. 215. 202”，如图 3-3-4 所示，也可以在 tracert 命令后面跟上主机名或域名，如“tracert pcA”或“tracert www. 163. com”，tracert 将返回它到

达目的地所经过各个节点的 IP 地址及相关的时间信息。

【任务知识】

(一) 以太网 Ethernet

以太网(Ethernet)指的是由 Xerox 公司创建并由 Xerox、Intel 和 DEC 公司联合开发的基带局域网规范,是目前现有局域网采用的最通用的通信协议标准,主要使用 CSMA/CD(载波侦听多路访问/冲突检测)技术解决介质争用问题。

目前,以太网主要包括标准的以太网(10 Mbit/s)、快速以太网(100 Mbit/s)和 10 G(10 Gbit/s)以太网,可以使用包括粗同轴电缆、细同轴电缆、非屏蔽双绞线、屏蔽双绞线和光纤等多种传输介质进行连接。

根据数据包转发形式的不同,以太网可以分为共享式以太网和交换式以太网。

(二) CSMA/CD 协议

在共享式以太网中,所有的节点主机共享传输介质,同时又以竞争的方式去抢占信道来传输数据,所以说信息传输时的冲突是不可避免的,因此必须通过相关的控制协议尽可能减少冲突的发生。

CSMA/CD 协议中文全称是载波侦听多路访问/冲突检测协议。如何保证传输介质有序、高效地为许多节点提供传输服务,是 CSMA/CD 协议要解决的主要问题。

CSMA/CD 的基本工作原理如下:

(1) 发送数据前先侦听信道是否空闲。若空闲,则立即发送数据;若信道忙碌,则等待一段时间至信道中的信息传输结束后再发送数据。

(2) 发送后若同时有两个或两个以上的节点都提出发送请求,则判定为冲突。若侦听到冲突,则立即停止发送数据,等待一段随机时间,再重新尝试。

其原理简单总结为:先听后发,边发边听,冲突停发,随机延迟后重发。

(三) 冲突域和广播域

冲突域是以太网中竞争同一带宽的节点集合,这个域代表了冲突在其中发生并传播的区域。

广播域是接收同样广播消息的节点的集合。

传统共享式以太网的典型代表是总线型以太网。在这种类型的以太网中,通信信道只有一个,该信道上所连接的所有主机节点构成了一个冲突域,同时又是一个广播域。

在使用集线器作为核心设备所连接而成的星型共享式以太网中,各接口都是通过集线器的背板总线连接在一起的,在逻辑上仍构成一个共享的总线。因此,集线器和其所有接口所连接的主机共同构成了一个冲突域和一个广播域。

【任务实践】

(一) 实验目的

掌握利用集线器组建共享式以太网的技术和方法，认识简单的网络拓扑结构，学会利用 ping、tracert 等命令对网络做简单的测试。

(二) 实验内容

分组完成以下实验内容，并撰写实验报告。

(1) 直通线的制作。

(2) 直通线连通性的测试。

(3) 将多台计算机通过集线器连接成星型网络。

(4) 对计算机完成 IP 地址设置、文件夹的普通共享、高级共享的设置。

(5) 网络连通性测试及高级共享访问。

(6) 安装网络打印机。

(7) 利用网络打印机打印一篇文档。

(三) 实验环境及工具

每组配置多台安装 Windows 7 操作系统及安装好网卡的计算机、集线器一台、水晶头若干、多根双绞线、双绞线制作工具一套及测试仪一台。

(四) 实验过程

(1) 将全班同学分成合适的小组，选定组长，分配实验任务。

(2) 规划好网络拓扑、IP 地址、用户账户名称等内容。

(3) 按照实验内容所规定的步骤完成实验。

(4) 撰写实验报告。

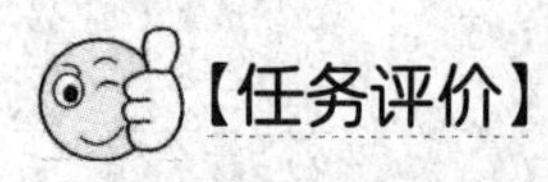

【任务评价】

评价一下自己的任务完成情况，在相应栏目中打“√”。

项目		评价依据	优秀	良好	合格	继续努力
任务背景（10）		明确任务要求，解决思路清晰				
任务实施准备（20）		收集任务所需资料，任务实施准备充分				
任务实施（40）	子任务	评价内容或依据				
	任务一	了解办公室的简单布线的过程				
	任务二	学会用双绞线将计算机与专用网络接口相连				
	任务三	掌握创建用户账户，通过网络实现打印机共享和文件的高级共享				
	任务四	掌握 ping 命令测试网络连通性和使用 tracert 命令跟踪 IP 数据的路由				
任务效果（30）		正确完成任务目标，具有较强的团队精神和合作意识，在任务实施过程中具有探究精神				
问题与感想						

任务四 组建简单的交换式网络

【情景描述】

经过两年多的发展，公司的规模上了一个新台阶，原先的办公环境显得越来越局促和拥挤。为了更好促进公司进一步发展，李想和公司领导层其他成员商议后，决定为公司寻找一个更大的办公场所。经过两个多月的寻找和不断比较、权衡各种利弊后，终于找到了一个面积三倍于原先办公场所的新环境。

同时，随着公司不断发展，办公用的计算机总数达到了 20 多台，所使用的集线器由最初的一个增加到三个，随之而来的问题是公司网络速度越来越慢，极大地影响了公司日常的办公效率，因此趁着本次更换新的办公场所，李想在听取了网络公司的意见后，决定为公司重新打造一个全新的办公网络。

【任务分析】

新的办公网络不仅具有更大的规模、更高的速度，还能对网络进行优化和配置，同时网络的安全性也是一个不可或缺的考虑因素。为了打造新网络，核心在于需要更换网络的互联设备，使用交换机来重构网络。

由于新的办公场所不仅更大，新网络的结构也会更复杂，并且随着网络规模的扩大及结构复杂度的提高，网络故障发生的频率也越来越高，因此要完成交换式网络的组建必须学会以下内容：

(1) 交换机的选购及简单配置；

(2) 网络架构的合理规划；

(3) 专业的综合布线施工；

(4) 地址解析命令 ARP。

【任务实施】

(一) 交换机的选购

交换式网络的核心设备就是交换机。交换机是比集线器更智能化、更安全、更具有管理性能的设备，使用交换机来重新组建网络，使网络的性能会得到很大的提高，但也会给网络的管理带来更多的技术难题。

最常见的交换机就是以太网交换机。如今市面上的交换机种类繁多，主要在性能、功能、价格、品牌等方面存在差异。一般来说，交换机的选购更多的是以应用需求为导向，保证较高的性价比，要做到合适的冗余但又不过多的浪费，应从以下几个方面来考虑：

1. 合适的尺寸

现在的局域网建设除了功能实用外，局域网结构的布局合理也是大家所要考虑的问题。因此现在局域网常常使用控制柜来对各种网络设备进行整体控制和统一管理。因此，我们选择的交换机在尺寸上，必须和控制柜相吻合。如果没有上述需求，桌面型的交换机具有更高的性能价格比。

2. 够用的交换速度

从目前的主流来看，10 Mbps 的以太网已经逐步被淘汰，10/100 Mbps 自适应交换机就成为局域网交换机的主流。但随着数据传输流量的不断增大，现在又开始出现 1 000 Mbps 的交换机，还有千兆甚至万兆交换机了，但我们完全没有必要脱离实际数据传输信息量，而去片面追求交换机的高速交换性能。一般来说，作为 SOHO 型办公网络，1 000 Mbps 已经基本满足要求了。

3. 足够升级用的端口数量

现在局域网对网络通信的要求越来越高，网络扩容的速度也是越来越快，因此用户在选购交换机时，既要考虑网络中的结点数量，也要考虑到足够的扩展性。因此，在实际组网的过程中，应该根据实际情况，折中考虑这两方面的因素来选择交换机的端口数及交换机的数量。

除了上述三个主要考虑因素之外，还可以根据实际情况考虑交换机品牌、管理控制功能、售后服务等。

（二）网络架构的规划与选型

当网络规模不是很大、结构不是很复杂的情况下，大部分网络都会采用星型结构，即一台交换机，通过端口连接多台计算机或其他通信设备，形成如图 3-4-1 所示的网络拓扑结构。这种网络具有管理方便、维护简单、排错容易等特点。

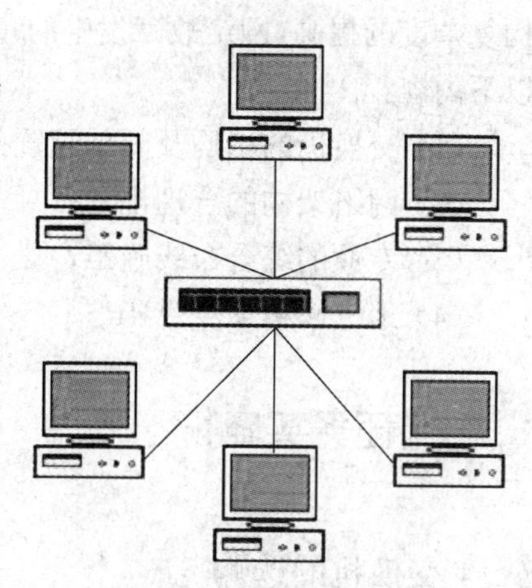

图 3-4-1 星型交换网

当简单的星型网络无法满足日常使用的需求时，就需要两个以上交换机或集线器等网络设备来增加端口数量或扩展网络距离，此时交换机之间就需要通过 Uplink 端口或普通口互连起来，从而形成树型的网络结构，如图 3-4-2 所示。

当网络规模达到一定程度时，甚至需要通过堆叠或集群将交换机进行互联。这种网络结构形式不在本课程所要学习的范围之内。

考虑到公司规模、计算机数量以及投资成本等因素，本任务中采用了星型结构的以太网，同时为网络规模的扩展留下了余地。

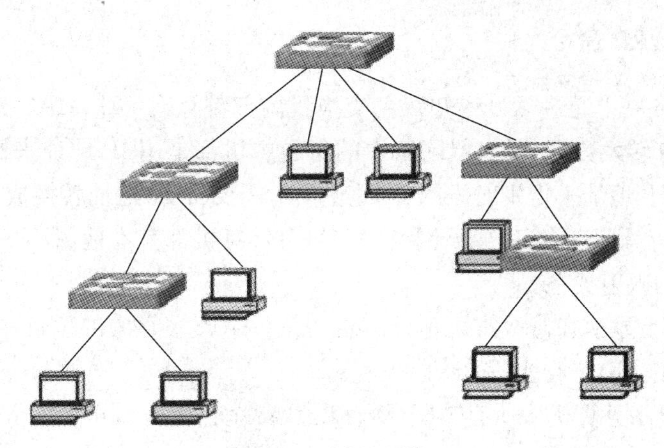

图 3-4-2 树型交换网

(三) 综合布线工程及网络共享设置

由于新办公场所结构复杂,所重建网络的拓扑结构也非原先的共享式网络可比,因此需要对网络做合理的规划并进行系统性的综合布线。作为一个非网络行业的公司来说,目前的人力、物力不可能自己去承担这项工程,所以必须委托专业的网络公司来完成,并和新办公场所的装修同时进行。完成后的新办公场所实景如图 3-4-3 所示。

图 3-4-3 新办公场所实景

完成硬件连接后,需对计算机设置 IP 地址、添加用户账户以及文件和打印机的共享设置才能实现打印机、文件和资源的共享。这一部分操作可参照“项目五 网络管理”中的任务一、任务二和任务三。

(四) 地址解析 ARP 命令

在本项目任务一中通过学习得知每台交换机内部都存有一张 MAC 地址表，交换机是根据 MAC 地址来转发数据包的，但网络中的每台主机都是用 IP 地址来标识身份的，并且在通信时都是以 IP 地址来识别对方的，因此通信时需要将 IP 地址转换成 MAC 地址，这个过程是由地址解析 ARP 负责完成。网络中的每台计算机都有本地 ARP 缓存来记录 IP 地址和 MAC 地址的映射关系。

ARP 命令用于显示和修改本机地址解析协议（ARP）缓存中的项目，也就是每个 IP 地址及其经过解析的 MAC 地址间的映射关系。

（1）arp -a：显示计算机中所有 ARP 缓存项目或特定 IP 地址解析的 MAC 地址，执行结果如图 3-4-4 所示。

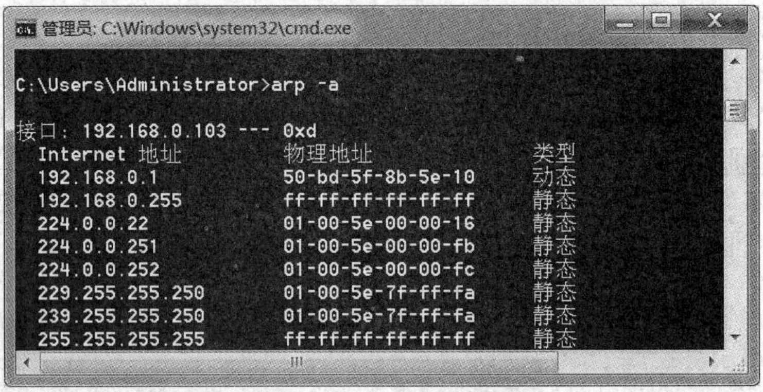

```
管理员: C:\Windows\system32\cmd.exe

C:\Users\Administrator>arp -a

接口: 192.168.0.103 --- 0xd
  Internet 地址         物理地址              类型
  192.168.0.1           50-bd-5f-8b-5e-10     动态
  192.168.0.255         ff-ff-ff-ff-ff-ff     静态
  224.0.0.22            01-00-5e-00-00-16     静态
  224.0.0.251           01-00-5e-00-00-fb     静态
  224.0.0.252           01-00-5e-00-00-fc     静态
  229.255.255.250       01-00-5e-7f-ff-fa     静态
  239.255.255.250       01-00-5e-7f-ff-fa     静态
  255.255.255.255       ff-ff-ff-ff-ff-ff     静态
```

图 3-4-4　arp -a 执行结果

（2）arp -d 和 arp -s：用于删除指定 IP 地址的 ARP 缓存项目或向 ARP 缓存中静态添加 IP 地址与 MAC 地址的映射。

(五) 交换机的简单管理

交换机作为办公局域网中的核心设备，主要负责数据的转发。当网络中传输的数据量不是很大时，出于经济上的考虑，可能会选择不可网管的交接机；但当网络规模达到一定程度，需要网络能根据需求做出适当的调整时，所选用的交换机必须是可网管的交换机。

对交换机的管理最直接的方式是带外管理，使用专用的串口线连接计算机的串口和交换机的 Console 口，通过 Windows 自带的超级终端或专业的终端仿真器 ScureCRT 实施对交换的管理，下面我们学习通过 ScureCRT 对交换机做简单的管理。

（1）使用串口线连接计算机 com1 串口与交换机的 console 口，如图 3-4-5 所示。

图 3-4-5　串口线连接

（2）启动 ScureCRT，进入控制台界面，如图 3-4-6 所示。

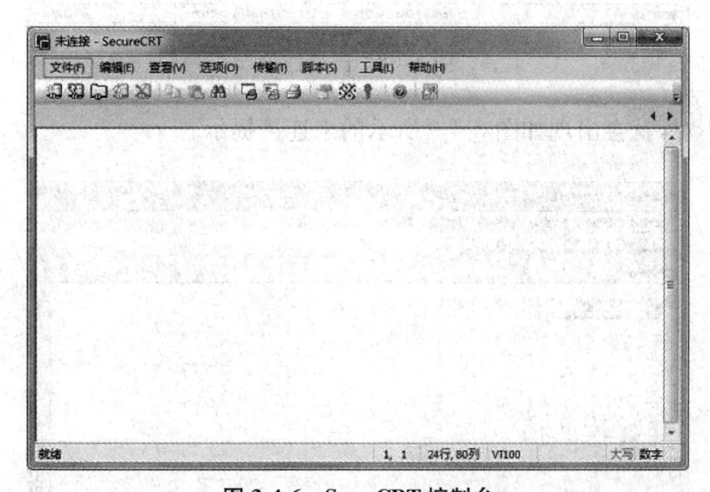

图 3-4-6　ScureCRT 控制台

（3）通过快速连接建立会话，配置相关的参数，如图 3-4-7 所示。各交换机连接的波特率可能有所不同，请参见设备使用说明书。

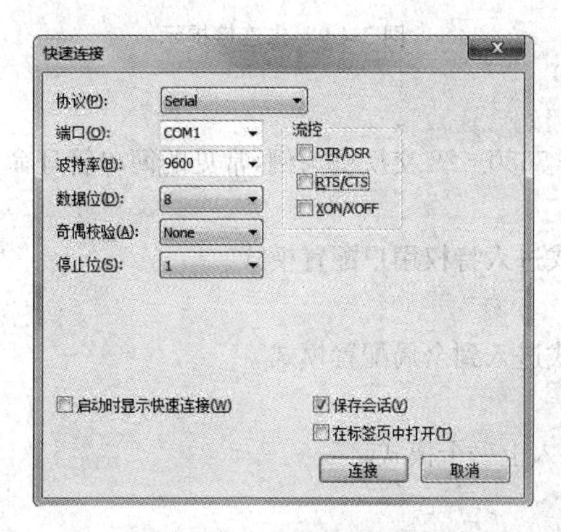

图 3-4-7　连接参数设置

(4) 正确连接后如图 3-4-8 所示，出现设备名与提示符。

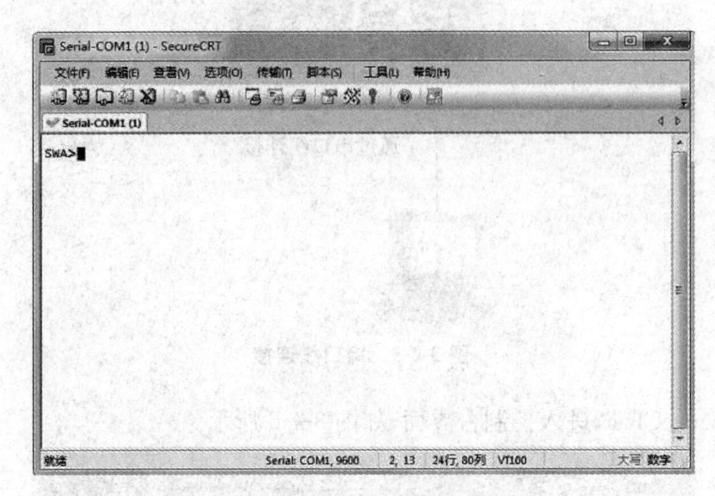

图 3-4-8　正确连接

如果参数不对，就会出现如图 3-4-9 所示的未连接提示。

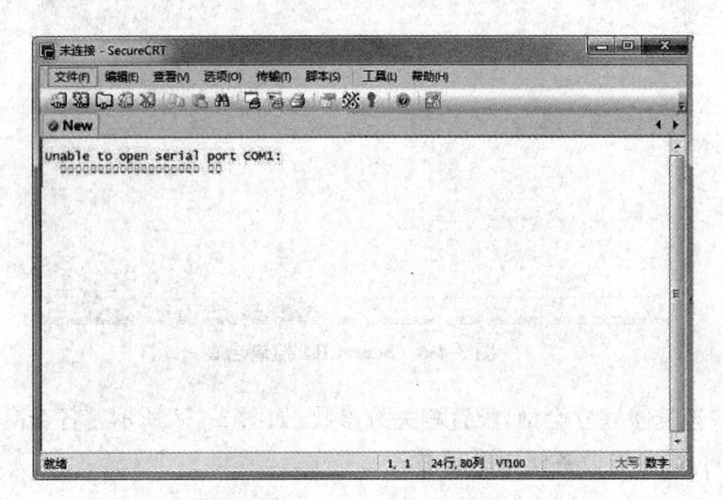

图 3-4-9　未连接提示

5. 简单的管理命令

以神州数码 DCRS－5650－28 交换机为例，常见的简单管理命令如下：

• enable

从普通用户配置模式进入特权用户配置模式。

• config terminal

从特权用户配置模式进入到全局配置模式。

• exit

从当前模式退出，进入上一个模式。

• hostname

设置交换机命令行界面的提示符。

- reload

热启动交换机。

- set default

恢复交换机的出厂设置。

- write

将当前运行时配置参数保存到 Flash Memory。

- show ???
  - version

    显示交换机版本信息。
  - startup-config

    显示当前运行状态下写在 Flash Memory 中的交换机参数配置，通常也是交换机下次上电启动时所用的配置文件。
  - running-config

    显示当前运行状态下生效的交换机参数配置。
  - mac-address-table

    显示 MAC 地址表。
  - arp

    显示 ARP 映射表。

【任务知识】

(一) 综合布线系统

综合布线是一种模块化、灵活性极高的建筑物内或建筑群之间的信息传输通道。通过它可使话音设备、数据设备、交换设备及各种控制设备与信息管理系统连接起来，同时也使这些设备接入到外部通信网络中去。它还包括建筑物外部网络或电信线路的连接点与应用系统设备之间的所有线缆及相关的连接部件。

综合布线由不同系列和规格的部件组成，其中包括传输介质、相关连接硬件(如配线架、连接器、插座、插头、适配器)以及电气保护设备等。这些部件可用来构建各种子系统，它们都有各自的具体用途，不仅易于实施，而且还能随需求的变化而平稳升级。

综合布线系统的基本结构是星形的，根据 GB 50311 标准，综合布线系统可划分成七个子系统：工作区子系统、配线(水平)子系统、干线(垂直)子系统、设备间子系统、进线间子系统、管理子系统、建筑群子系统。

(二) 交换机的互连方式

单独一台交换机的端口数量是有限的，不能满足网络终端设备接入网络的需求。因此我们需要使用多台交换机来提供终端接入功能，并将多台交换机互连，形成一个局域网。

在多交换机的局域网环境中，交换机的级联、堆叠和集群是三种重要的技术。级联技术可以实现多台交换机之间的互连；堆叠技术可以将多台交换机组成一个单元，从而提高更大的端口密度和更高的性能；集群技术可以将相互连接的多台交换机作为一个逻辑设备进行管理，从而大大降低了网络管理成本，简化管理操作。

交换机间一般是通过普通用户端口进行级联，有些交换机则提供了专门的级联端口(Uplink Port)。当两台交换机都通过普通端口级联时，端口间电缆采用交叉线；当且仅当其中一台通过级联端口时，采用直通线。

堆叠是指通过专用的堆叠线缆将一台以上的交换机组合起来共同工作，以便在有限的空间内提供尽可能多的端口。多台交换机经过堆叠形成一个堆叠单元，我们可以把一个堆叠单元看作是一台交换机来使用。

所谓集群，就是将多台互相连接(级联或堆叠)的交换机作为一台逻辑设备进行管理。集群中，一般只有一台起管理作用的交换机，称为命令交换机，它可以管理若干台其他交换机。在命令交换机统一管理下，集群中多台交换机协同工作，大大降低管理强度。

(三) 地址解析协议 ARP 与 ARP 缓存

地址解析协议，即 ARP(Address Resolution Protocol)，是根据 IP 地址获取物理地址(MAC 地址)的一个 TCP/IP 协议。主机发送信息时，将包含目标 IP 地址的 ARP 请求广播到网络上的所有主机，并接收返回消息，以此确定目标的物理地址；收到返回消息后，将该 IP 地址和物理地址存入本机 ARP 缓存表(MAC 地址表)中并保留一定时间，下次请求时直接查询 ARP 缓存以节约资源。

假设主机 A 的 IP 地址为 192.168.1.1，MAC 地址为 0A-11-22-33-44-01；主机 B 的 IP 地址为 192.168.1.2，MAC 地址为 0A-11-22-33-44-02；

当主机 A 要与主机 B 通信时，地址解析协议可以将主机 B 的 IP 地址(192.168.1.2)解析成主机 B 的 MAC 地址，以下为工作流程：

第一步：主机 A 确定用于访问主机 B 的转发 IP 地址是 192.168.1.2。然后 A 主机在自己的本地 ARP 缓存中检查主机 B 的匹配 MAC 地址。

第二步：如果主机 A 在 ARP 缓存中没有找到映射，它将询问 192.168.1.2 的硬件地址的 ARP 请求帧广播到本地网络上的所有主机。源主机 A 的 IP 地址和 MAC 地址都包括在 ARP 请求中。本地网络上的每台主机都接收到 ARP 请求并且检查是否与自己的 IP 地址匹配。如果主机发现请求的 IP 地址与自己的 IP 地址不匹配，将丢弃 ARP 请求。

第三步：主机 B 确定 ARP 请求中的 IP 地址与自己的 IP 地址匹配，则将主机 A 的 IP 地址和 MAC 地址映射添加到本地 ARP 缓存中。

第四步：主机 B 将包含其 MAC 地址的 ARP 回复消息直接发送回主机 A。

第五步：当主机 A 收到从主机 B 发来的 ARP 回复消息时，会用主机 B 的 IP 和 MAC 地址映射更新 ARP 缓存。本机缓存是有生存期的，生存期结束后，将再次重复上面的过程。主机 B 的 MAC 地址一旦确定，主机 A 就能向主机 B 发送 IP 通信了。

ARP 缓存是一个用来储存 IP 地址和 MAC 地址的缓冲区，表中每一个条目分别记录了网络上其他主机的 IP 地址和对应的 MAC 地址。

【任务实践】

(一) 实验目的

掌握交换式以太网和共享式以太网的区别,掌握使用交换机组建简单以太网,熟悉网络连通性测试,进一步了解网络拓扑结构,了解交换机的简单管理。

(二) 实验内容

分组完成以下实验内容,并撰写实验报告。

(1) 将多台计算机通过一台交换机连接成星型网络。

(2) 对计算机完成 IP 地址设置、文件夹的共享设置。

(3) 网络连通性测试及网络共享访问。

(4) 利用 arp 命令查看本地 ARP 缓存内容并记录。

(5) 利用仿真终端 ScureCRT 连接交换机。

(6) 进入交换机的全局配置模式,修改交换机名称,查看当前运行状态参数并保存为 TXT 格式文件。

(三) 实验环境及工具

每组配置多台安装 Windows 7 操作系统及安装好超级终端 ScureCRT 的计算机、交换机一台、水晶头若干、多根双绞线、双绞线制作工具一套及测试仪一台,交换机配置线一根。

(四) 实验过程

(1) 将全班同学分成合适的小组,选定组长,分配实验任务。

(2) 规划好网络拓扑、IP 地址、用户账户名称等内容。

(3) 按照实验内容所规定的步骤完成实验,保存好相关文档。

(4) 撰写实验报告。

【任务评价】

评价一下自己的任务完成情况，在相应栏目中打“√”。

<table>
<tr><td colspan="2">项目</td><td>评价依据</td><td>优秀</td><td>良好</td><td>合格</td><td>继续努力</td></tr>
<tr><td colspan="2">任务背景
(10)</td><td>明确任务要求，解决思路清晰</td><td></td><td></td><td></td><td></td></tr>
<tr><td colspan="2">任务实施准备
(20)</td><td>收集任务所需资料，任务实施准备充分</td><td></td><td></td><td></td><td></td></tr>
<tr><td rowspan="6">任务实施
(40)</td><td>子任务</td><td>评价内容或依据</td><td colspan="4"></td></tr>
<tr><td>任务一</td><td>了解交换机的选购方法与原则</td><td></td><td></td><td></td><td></td></tr>
<tr><td>任务二</td><td>了解办公网络的规划与选型</td><td></td><td></td><td></td><td></td></tr>
<tr><td>任务三</td><td>了解综合布线的作用，进一步掌握网络共享相关的设置</td><td></td><td></td><td></td><td></td></tr>
<tr><td>任务四</td><td>进一步掌握相关的网络测试命令及详细用法</td><td></td><td></td><td></td><td></td></tr>
<tr><td>任务五</td><td>了解交换机简单管理的命令</td><td></td><td></td><td></td><td></td></tr>
<tr><td colspan="2">任务效果
(30)</td><td>正确完成任务目标，具有较强的团队精神和合作意识，在任务实施过程中具有探究精神</td><td></td><td></td><td></td><td></td></tr>
<tr><td colspan="2">问题与感想</td><td colspan="5"></td></tr>
</table>

任务五 接入 Internet

【情景描述】

随着业务的发展，公司与外界的联系越来越频繁，传统的电话、传真已远远满足不了需求。俗话说：跟不上时代潮流的人，必然被时代淘汰！现代办公的高效率已经促使人们使用电子邮件 E-mail、即时通信 QQ 方式进行信息的交流，因此办公网络接入 Internet 也是大势所趋！况且在公司的远景规划中，通过 Internet 实现远程办公也是考量的因素之一。

【任务分析】

目前流行的 Internet 接入包括光纤接入、ADSL 非对称数字接入、无线接入、DDN 专线等多种方式。作为一个规模不大的公司，可选的方案主要包括光纤接入和 ADSL 接入两种。本着一步到位的想法，李想决定采用光纤宽带接入，但可能会因为费用问题把 ADSL 接入作为备选方案。经过咨询本地电信公司后得知，公司所在的位置正好刚部署好光纤并处于免费推广区域，因此光纤接入＋ADSL 方案对小公司来说可以说是最优的选择。要完成该方案的 Internet 接入，需完成以下任务：

(1) 电信宽带的申请；

(2) 宽带连接的建立；

(3) 接入 Internet 的结构选型；

(4) TP-Link 无线路由器的 WAN 口设置。

【任务实施】

(一) 电信宽带申请

一般电信宽带申请有三种方式：本地营业厅办理、打 10000 号办理、电信网上营业厅下单。本地营业厅办理比较可靠，但耗费时间成本较高；打 10000 号办理较为方便，可能不易选择最适合自己的套餐。在有可能的情况下，通过网络登录中国电信官网（www. 189. cn）的网上营业厅（如图 3-5-1 所示）办理最为便捷。具体的办理步骤请自行查阅相关资料，在本任务中不再详细叙述。

图 3-5-1 中国电信网上营业厅

(二) 宽带连接的建立

电信的光纤宽带申请完成后，每个用户获得了一个拨号的用户名和密码，接下来在没有自动拨号设备的情况下，需要在上网的计算机上建立一个拨号连接才能接入到 Internet。具体步骤如下：

(1) 打开【网络和共享中心】，如图 3-5-2 所示。

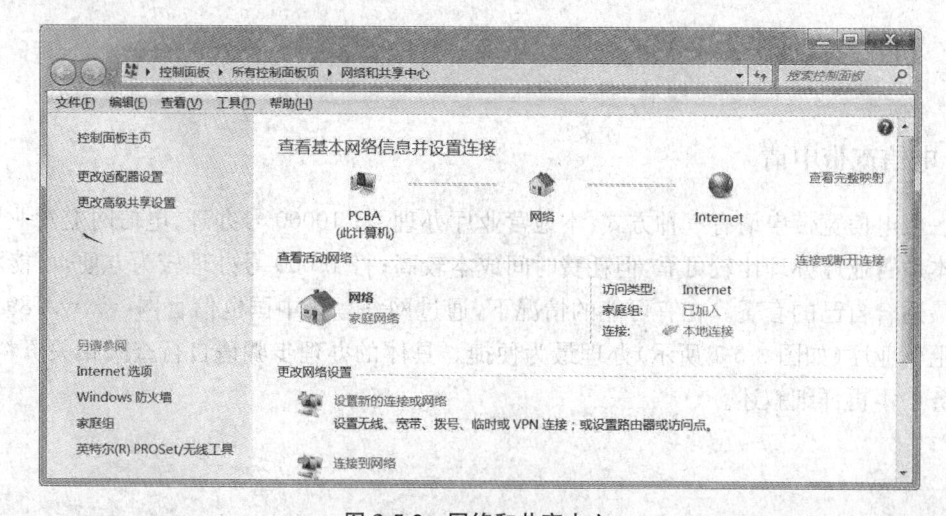

图 3-5-2 网络和共享中心

(2) 单击【设置新的连接或网络】,如图 3-5-3 所示。

图 3-5-3　设置新连接

(3) 双击【连接到 Internet】后,界面如图 3-5-4 所示。

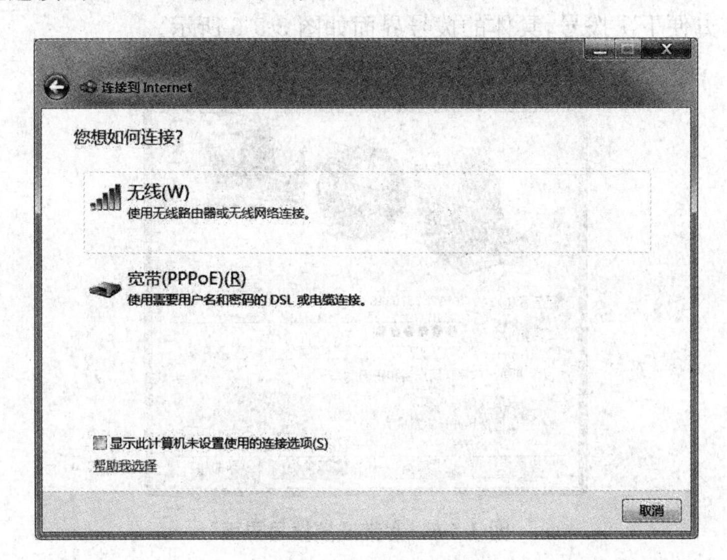

图 3-5-4　连接到 Internet

(4) 单击【宽带(PPPoE)】后的界面如图 3-5-5 所示。

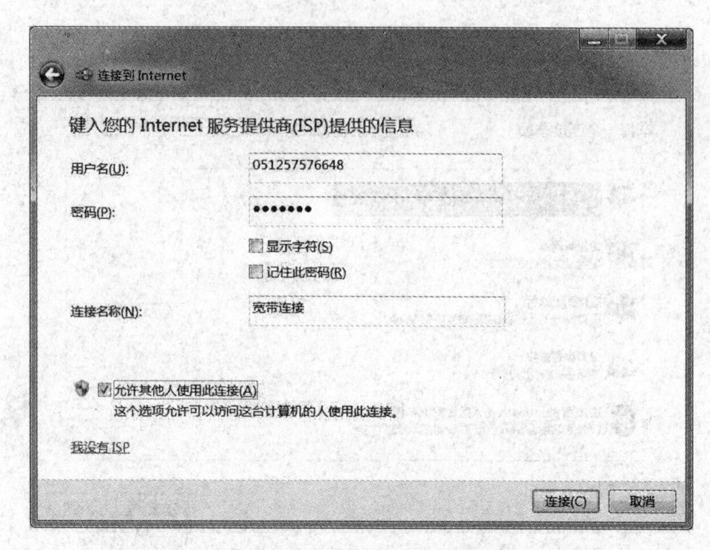

图 3-5-5 拨号接入 Internet

(5) 连接建立后,在网络连接中就多了一个宽带连接,也可将该宽带连接在桌面上创建一个快捷方式,方便下次拨号,具体的拨号界面如图 3-5-6 所示。

图 3-5-6 宽带连接拨号界面

(三) 接入 Internet 的结构选型

1. 结构选型 A

在无自动拨号的宽带路由器的情况下,可以采用以下连接结构,使办公网络整体都能利用宽带连接接入到 Internet,如图 3-5-7 所示。

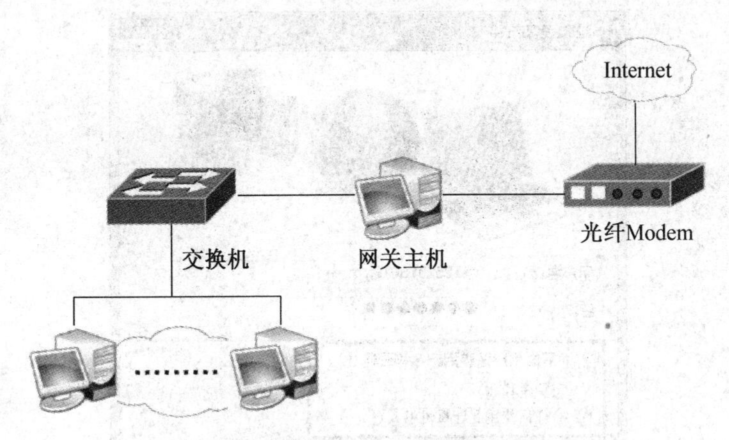

图 3-5-7　接入 Internet 的结构选型 A

采用以上结构选型时，要求做如下配置：

(1) 网关主机要求安装两块网卡，并且把宽带连接建立在网关主机上。

(2) 网关主机宽带连接必须设置允许 Internet 连接共享，并且能自动建立一个拨号连接，如图 3-5-8 所示。

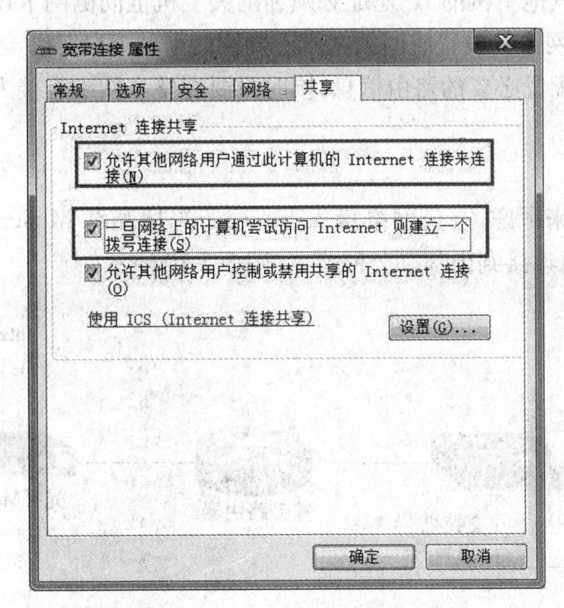

图 3-5-8　Internet 连接共享

(3) 如果允许自动拨号，还需在连接对话框中将用户名和密码保存为供所有用户使用，如图 3-5-9 所示。

图 3-5-9 保存用户名和密码

(4) 网关主机上与光纤 Modem 同侧网卡的 IP 地址必须设置在与光纤 Modem 相同的网段。

(5) 网络中所有其他主机的 IP 地址必须和网关主机上同侧网卡设置在同一网段，并且其他所有主机的默认网关都设置成网关主机上同侧网卡的 IP 地址。

(6) 网关主机上配置必要的路由信息，同时只要有整个网络有接入需求，网关主机必须保持在开机状态。

2. 结构选型 B

从使用的方便性来考虑，办公网络接入 Internet 采用光纤 Modem 和宽带路由器来进行连接，再通过交换机连接到内部办公网络，如图 3-5-10 所示。

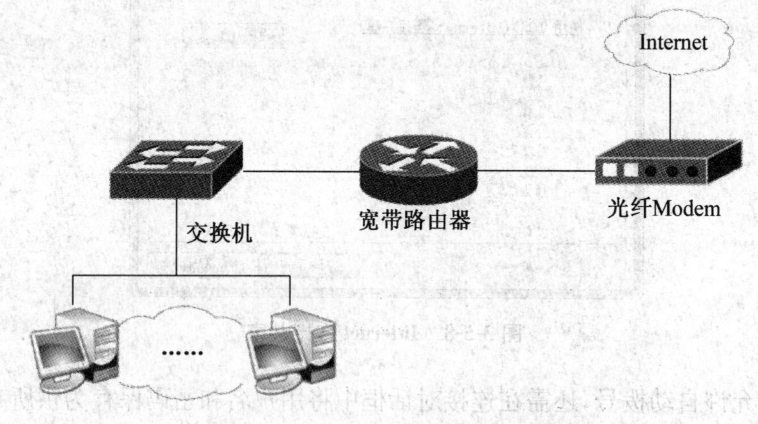

图 3-5-10 接入 Internet 的结构选型 B

这种结构的优点有三方面：

(1) 所有接入网的计算机都采用单网卡，由宽带路由器自动通过光纤 Modem 拨号接入 Internet，免去在计算机中进行拨号连接的建立。

(2) 宽带路由器可以采用具有带 WiFi 功能的无线路由器，常见的如 TP-Link 等品牌的产品，满足了办公室内部分移动设备如笔记本电脑、手机、平板等无线上网要求。

(3) 一般情况下，无线路由器都具有 IP 自动地址分配(DHCP)功能，所有主机的 IP 地址可以采用自动获取方式，省去了需要在每台计算机上设置的麻烦。

(4) 所有主机都是平等的，不需要哪台主机保持在开机状态，只要宽带路由器和光纤 Modem 处于通电状态就可以了。

本任务中采用结构选型 B 接入 Internet，也正好满足了无线终端接入 Internet 的需求。

(四) TP-Link 无线路由器的 WAN 口设置

由于本任务中不涉及无线连接部分，因此只需要对无线路由器做如图 3-5-11 所示的设置就可以达到自动拨号接入 Internet 的目的。

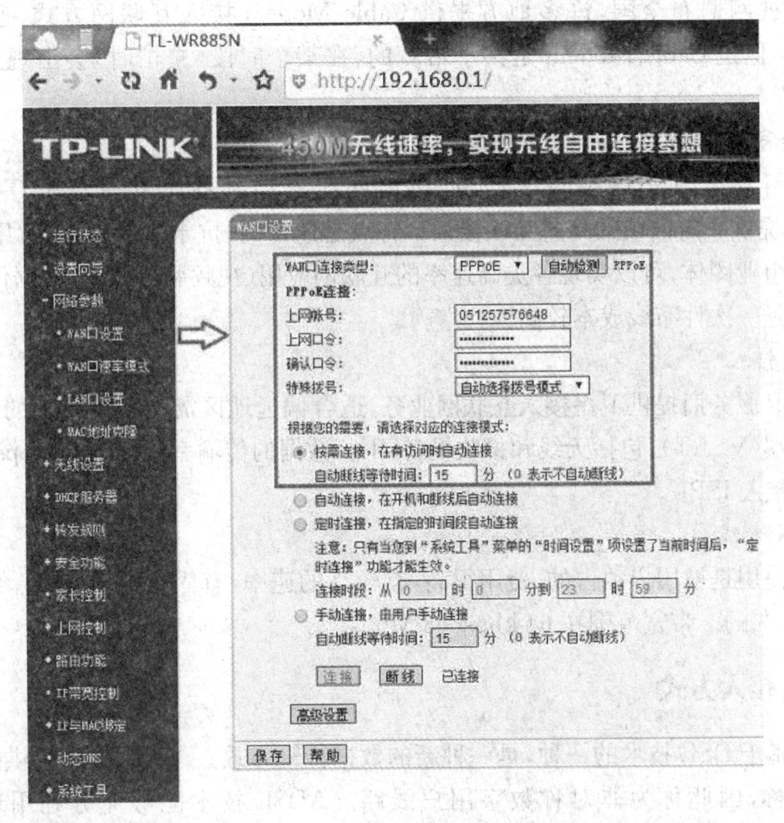

图 3-5-11　TP-Link 的 WAN 口设置

【任务知识】

(一) Internet 的接入方式

1. 利用公共电话网接入

利用一条可以连接 ISP 的电话线、一个账号和调制解调器即可拨号接入。其优点是简单、成本低廉;缺点是传输速度慢,线路可靠性差,影响电话通信。

2. 综合业务数字网(Integrated Service Digital Network, ISDN)

窄带 ISDN(N-ISDN)以公共电话网为基础,采用同步时分多路复用技术。它由电话综合数字网(Integrated Digital Network)演变而来,向用户提供端到端的连接,支持一切话音、数字、图像、传真等业务。

3. 非对称数字用户线路(Asymmetric Digital Subscriber Line, ADSL)

ADSL 是以普通电话线路作为传输介质,在双绞线上实现上行高达 640 kbps 的传输速度,下行高达 8 Mbps 的传输速度。ADSL 技术采用频分复用技术把普通的电话线分成了电话、上行和下行三个相对独立的信道,三者之间互不干扰。

4. 有线电视网(Cable Modem)

有线电视网遍布全国,许多地方提供 Cable Modem 接入互联网方式,速率可达 10 Mbps 以上。但是 Cable Modem 是共享带宽的,在某个时段(繁忙时)会出现速率下降的现象。

5. 光纤宽带接入

通过光纤接入到小区节点或楼道,再由网线连接到各个共享点上(一般不超过 100 Mbps),提供一定区域的高速互联接入。特点是速率高、抗干扰能力强,适用于家庭、个人或各类企事业团体,可以实现各类高速率的互联网应用(视频服务、高速数据传输、远程交互等);缺点是一次性布线成本较高。

6. 卫星接入

一些 ISP 服务商提供卫星接入互联网业务,适合偏远地区需要较高带宽的用户。需安装小口径终端(VSAT),包括天线和接收设备,下行数据的传输率一般为 1 Mbps 左右,上行通过 ISDN 接入 ISP。

7. DDN 专线

专线的使用是被用户独占的,费用很高,有较高的速率,有固定的 IP 地址,线路运行可靠,连接是永久的。带宽范围在 64 kbps~8 Mbps。

(二) ADSL 接入方式

ADSL 属于 DSL 技术的一种,是一种新的数据传输方式。ADSL 技术提供的上行和下行带宽不对称,因此称为非对称数字用户线路。ADSL 技术能够充分利用现有 PSTN (Public Switched Telephone Network,公共交换电话网),只需在线路两端加装 ADSL 设备即可为用户提供高宽带服务,无需重新布线,从而可极大降低服务成本。同时 ADSL 用户独享带宽,线路专用,不受用户增加的影响。

ADSL 技术采用频分复用技术把普通的电话线分成了电话、上行和下行三个相对独立的信道,从而避免了相互之间的干扰。用户可以边打电话边上网,不用担心上网速率和通话质量下降的情况。ADSL 最方便的是通过电话线直接接入,但目前电信所推广的光纤入户接入方式大大提高了带宽,使网络成为真正意义的信息高速公路。

常见的 ADSL 是利用电话网接入 Internet,入户连接如图 3-5-12 所示。

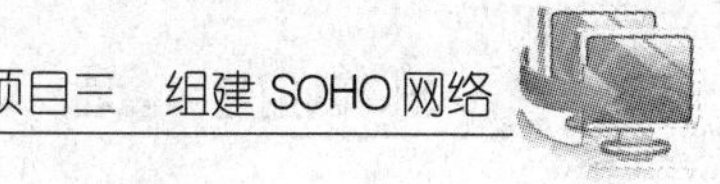

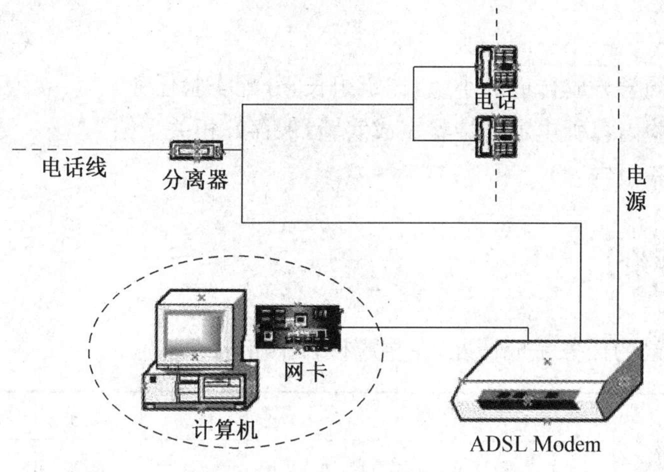

图 3-5-12 ADSL 入户连接

【任务实践】

(一) 实验目的

了解中国电信宽带的申请流程,掌握宽带拨号连接的建立方法,学会网关主机上共享连接的设置,初步了解公司接入 Internet 的结构选型,掌握 TP-Link 路由器自动拨号的设置。

(二) 实验内容

完成以下实验内容,并撰写实验报告。

(1) 登录中国电信网站,模拟申请宽带。

(2) 建立宽带拨号连接,设置该连接为共享连接。

(3) 尝试画出公司接入 Internet 的两种结构选型,并了解光纤 Modem(天翼网关)面板接口功能以及连接方式,如图 3-5-13 所示。

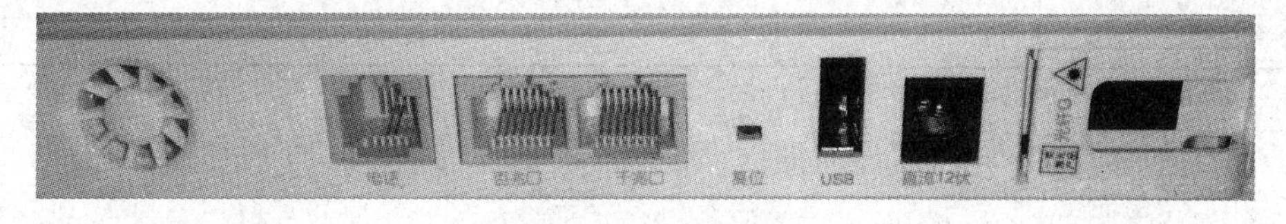

图 3-5-13 天翼网关接口

(4) 分组完成对 TP-Link 路由器做 WAN 口设置,相关内容自拟。

(三) 实验环境及工具

接入 Internet 的计算机,TP-Link 路由器若干台,光纤 Modem 若干台。

(四) 实验过程

(1) 将全班同学分成合适的小组,选定组长,分配实验任务。

(2) 按照实验内容所规定的步骤完成实验,保存好相关文档。

(3) 撰写实验报告。

【任务评价】

评价一下自己的任务完成情况,在相应栏目中打"√"。

<table>
<tr><th colspan="2">项目</th><th>评价依据</th><th>优秀</th><th>良好</th><th>合格</th><th>继续努力</th></tr>
<tr><td colspan="2">任务背景
(10)</td><td>明确任务要求,解决思路清晰</td><td></td><td></td><td></td><td></td></tr>
<tr><td colspan="2">任务实施准备
(20)</td><td>收集任务所需资料,任务实施准备充分</td><td></td><td></td><td></td><td></td></tr>
<tr><td rowspan="5">任务实施
(40)</td><td>子任务</td><td>评价内容或依据</td><td colspan="4"></td></tr>
<tr><td>任务一</td><td>了解电信 ADSL 宽带的申请流程</td><td></td><td></td><td></td><td></td></tr>
<tr><td>任务二</td><td>学会建立宽带拨号连接并共享</td><td></td><td></td><td></td><td></td></tr>
<tr><td>任务三</td><td>理解接入 Internet 的两种结构选型</td><td></td><td></td><td></td><td></td></tr>
<tr><td>任务四</td><td>掌握 TP-Link 中 WAN 口的设置</td><td></td><td></td><td></td><td></td></tr>
<tr><td colspan="2">任务效果
(30)</td><td>正确完成任务目标,具有较强的团队精神和合作意识,在任务实施过程中具有探究精神</td><td></td><td></td><td></td><td></td></tr>
<tr><td colspan="2">问题与感想</td><td colspan="5"></td></tr>
</table>

项目四　组建无线网络

任务一　认识无线网络

【情景描述】

李想发现公司很多员工平时更喜欢用笔记本电脑、平板电脑或手机办公，但公司目前只提供有线网络。在员工的一致请求下，领导同意在公司部署无线网络，方便大家使用无线设备上网，也可避免网线在笔记本电脑和台式机之间拔来拔去而造成设备损坏。为了更加顺利地组建公司无线网，他想先了解一下无线网络的基础知识，然后购买相关设备。

【任务分析】

要组建无线办公网络，首先得了解无线网络的相关概念，了解无线网络的分类及组成。组建无线网络离不开无线设备，常见的设备有无线路由器、无线网卡、无线控制器和无线AP等。本任务的主要目的就是认识这些常见的无线网络设备，学会根据所要建立的网络类型、规模、架构来选择合适的无线设备，具体包括以下内容：

(1) 认识组建小型无线网络最基本的设备——无线路由器和无线网卡，其中无线路由器用于发送无线信号，无线网卡用于接收无线信号。

(2) 认识组建中大型无线网络最基本的设备——无线控制器和无线 AP，其中无线控制器用于控制无线信号，无线 AP 用于发送无线信号。

(3) 了解无线网络的组成和基本概念，学会将各种无线设备连接起来，组成基本的无线网络。

(一) 认识无线网络

进入 21 世纪之后,无线网络风靡全球。目前,无线网络无处不在,商场、餐厅、机场几乎全部提供免费的无线网络,甚至在飞驰的动车、翱翔的飞机上都开始设置无线网络了。使用无线网络的设备从初期的笔记本电脑、台式电脑,到现在的手机、平板电脑,甚至数码相机、数码摄像机、导航仪等,如图 4-1-1 所示。我们每到一个新的地方,第一要问的就是:“有没有免费 WiFi,密码是多少?”可以说,无线网络已经成为我们日常生活中不可或缺的一部分。因此,首先我们要对无线网络有一个基本的认识。

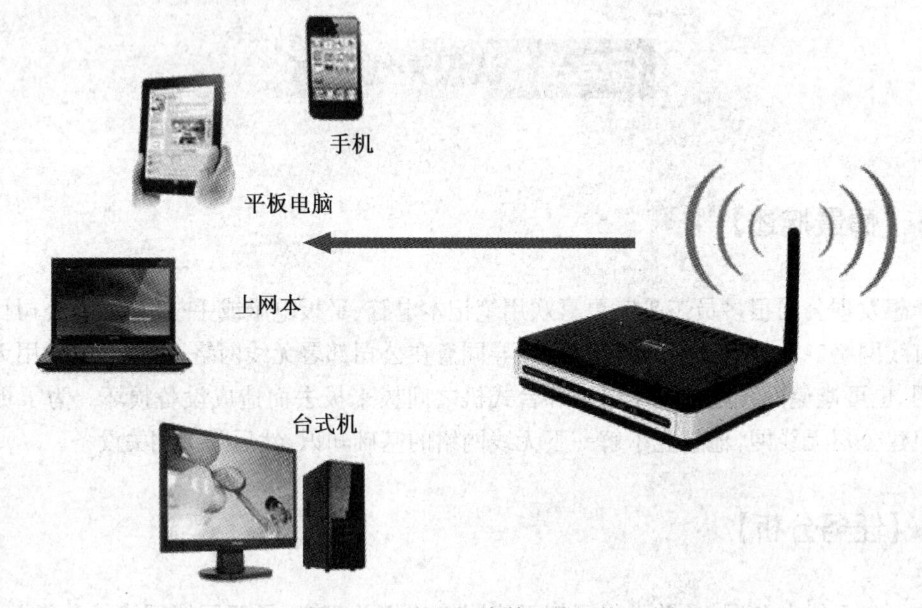

图 4-1-1　无处不在的无线网络

(二) 认识无线网卡

无线网卡是连接无线网络的接口设备,网络主机需要通过无线信号而不是有线连接进行数据传输时,首先需要安装无线网卡。

如图 4-1-2 所示,无线网卡根据接口不同,主要有 PCMCIA 无线网卡、PCI 无线网卡、MiniPCI 无线网卡、USB 无线网卡、CF/SD 无线网卡等几类产品。

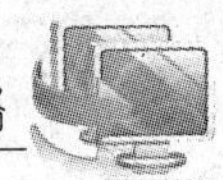

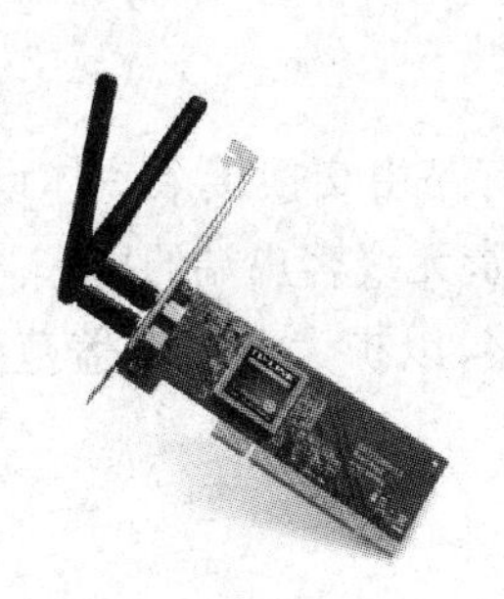

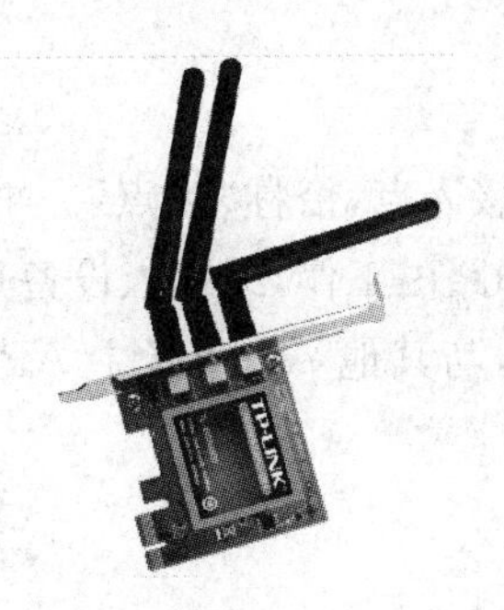

图 4-1-2 各类无线网卡

(三) 认识无线路由器

无线路由器是用户上网、带有无线覆盖功能的路由器,如图 4-1-3 所示。无线路由器可以看作一个转发器,将家中墙上接出的宽带网络信号通过天线转发给附近的无线网络设备(笔记本电脑、支持 WiFi 的手机、平板以及所有带有 WiFi 功能的设备)。

市场上流行的无线路由器一般都支持专线 XDSL/Cable、动态 XDSL、PPTP 等接入方式,同时还具有其他一些网络管理的功能,如 DHCP 服务、NAT 防火墙、MAC 地址过滤、动态域名等功能。

家用无线路由器一般只能支持 15～20 个设备同时在线使用,无线信号覆盖范围约 50 Mbps,现在已经有部分无线路由器的信号范围达到了 300 Mbps,甚至 500 Mbps 以上。

图 4-1-3 无线路由器

(四) 认识无线控制器

无线控制器(Wireless Access Point Controller, AC)是一种网络设备,用来集中化控制无线接入设备(AP),是中大型无线网络的核心,负责管理无线网络中的所有无线 AP,对 AP 管理包括下发配置、修改相关配置参数、射频智能管理、接入安全控制等,如图 4-1-4 所示。

图 4-1-4 无线控制器

(五) 认识无线接入设备(AP)

无线接入点是一个无线网络的接入点,俗称"热点"。主要有路由交换接入一体设备和纯接入点设备,一体设备执行接入和路由工作,纯接入设备只负责无线客户端的接入。纯接入设备通常作为无线网络扩展使用,与其他 AP 或者主 AP 连接,以扩大无线覆盖范围,而一体设备一般是无线网络的核心。

图 4-1-5 无线接入设备(AP)

无线 AP 是使用无线设备(手机、笔记本电脑等)用户进入有线网络的接入点,主要用于大楼内部、校园内部、园区内部,以及仓库、工厂等需要无线监控的地方,覆盖距离几十米至上百米,也有可以用于远距离传送,目前最远的可以达到 30 km 左右。大多数无线 AP 还带有接入点客户端模式(AP client),在无线控制器的管理下,可以和其他 AP 进行无线连接,延展网络的覆盖范围。

【任务知识】

无线网络(Wireless Network)是采用无线通信技术实现的网络。无线网络既包括允许用户建立远距离无线连接的全球语音和数据网络,也包括为近距离无线连接进行优化的红外线技术及射频技术,与有线网络的用途十分类似,最大的区别在于传输媒介的不同,利用无线电技术取代网线,可以和有线网络互为备份。

主流无线网络分为通过公众移动通信网实现的无线网络(如 4G、3G 或 GPRS)和无线局域网(WLAN)两种方式。

(一) 无线局域网

无线局域网络英文全名为 Wireless Local Area Networks(WLAN)。它取代旧式的、碍手碍脚的双绞铜线,利用射频(RF)和电磁波等技术构建局域网络,无线局域网分布广泛,结构灵活,访问便捷,受到广大用户的青睐,无线网为我们带来了"信息随身化、便利走天下"的理想境界。

WLAN 的实现协议有很多,其中最著名也是应用最广泛的当属无线保真技术(WiFi),

它实际上提供了一种能够将各种终端都使用无线进行互联的技术，为用户屏蔽了各种终端之间的差异性。

在实际应用中，WLAN 的接入方式很简单，以家庭 WLAN 为例，只需一个无线接入设备——无线路由器，一个具备无线功能的计算机或终端（手机或 PAD），没有无线功能的计算机只需外插一个无线网卡即可。

（二）WiFi 与 WLAN

WiFi（Wireless Fidelity）是 WLANA（无线局域网联盟）的一个商标，该商标仅在于保障使用该商标的商品之间可以合作，与标准本身没有关系，但因为 WiFi 主要采用 802.11b 协议，因此人们逐渐习惯用 WiFi 来称呼 802.11b 协议。从包含关系上来说，WiFi 是 WLAN 的一个标准，WiFi 包含于 WLAN 中，属于采用 WLAN 协议中的一项新技术。WiFi 的覆盖范围可达 90 m 左右，加天线后覆盖范围可以达到 5 km。

WiFi 最大优点就是传输速度较高，可以达到 11 Mbps，另外它的有效距离也很长，与已有的各种无线网络设备兼容。无线电波的覆盖范围广，基于蓝牙技术的电波覆盖范围非常小，半径大约只有 15 m 左右。不过随着 WiFi 技术的发展，WiFi 信号未来覆盖的范围将更广。

（三）移动通信网络

1. 3G 上网

3G 是第三代移动通信技术，是指支持高速数据传输的蜂窝移动通讯技术。3G 服务能够同时传送声音及数据信息，速率一般在几百 kbps 以上。3G 是指将无线通信与国际互联网等多媒体通信结合的新一代移动通信系统，3G 存在三种标准：CDMA2000、WCDMA、TD-SCDMA。

3G 下行速度峰值理论可达 3.6 Mbps（一说 2.8 Mbps），上行速度峰值也可达 384 Kbps。

2. 4G 上网

第四代移动电话行动通信标准，指的是第四代移动通信技术（4G）。该技术包括 TD-LTE 和 FDD-LTE 两种制式。4G 是集 3G 与 WLAN 于一体，并能够快速传输数据、音频、视频和图像等。4G 能够以 100 Mbps 以上的速度下载，比一般的家用宽带 ADSL（4 Mbps）快 25 倍，并能够满足几乎所有用户对于无线服务的要求。此外，4G 可以在 DSL 和有线电视调制解调器没有覆盖的地方部署，然后再扩展到整个地区。因此，4G 有着不可比拟的优越性。

3. 5G 网络

第五代移动电话行动通信标准，指的是第五代移动通信技术（5G）。也是 4G 之后的延伸，通信和计算的融合。5G 网络主要有三大特点：高速率，不仅仅是一秒钟下载 30 部电影这么简单，VR、AR、云技术将与生活无缝对接；高可靠低时延，让无人驾驶、远程手术不再遥远；超大数量终端网络，将形成更广阔和开放的物联网，让智慧家居、智慧城市成为可能。

5G 是移动宽带网和物联网的有机组合，因此机器间通信技术、车联网、情景感知技术、C-RAN 和 D-RAN 组网技术等领域也是其组成部分。就已知的研究成果来看，这些领域中仍然存在着大量的问题需要进一步的研究。

从发展态势看，今后几年4G还将保持主导地位，实现持续高速发展。但5G有望2020年正式商用。美国AT&T在2017年已经在两座城市部署5G网络。网络启用时，将会向手机用户提供400 Mbps的网速，伴随着网络逐步优化，部分地区的网迷将会提高到1 Gbps，这相当于“千兆局域网”的网速。在5G网络技术上，美国政府和运营商准备一马当先。美国政府已经针对5G网络安排了频率资源，准备让运营商在2018年进行5G网络的试商用。

中国已建成全球规模最大4G网络，5G研发试验已启动。2017年1月6日，科技部组织召开“新一代宽带无线移动通信网”重大专项新闻发布会，据悉，4G用户总数达7.34亿户，4G基站总数达249.8万个。目前我国主导制定的TD-LTE-Advanced成为4G国际标准之一。在5G方面，将推动形成全球统一的5G标准，基本完成5G芯片及终端、系统设备研发，推动5G支撑移动互联网、物联网应用融合创新发展，为2020年启动5G商用奠定基础。

【思考与讨论】

如何为手机选择合适的上网方式，为什么？

(四) 无线控制器

无线局域网络的架构主要分为基于控制器的AP架构(瘦AP)和传统的独立AP架构(胖AP)。

1. 胖AP

所谓的胖AP，典型的例子为无线路由器。无线路由器与纯AP不同，除无线接入功能外，一般具备WAN、LAN两个接口，支持DHCP服务器、DNS和MAC地址克隆，以及VPN接入、防火墙等安全功能。

胖AP具有以下特点：

(1) 需要每台AP单独进行配置，无法进行集中配置，管理和维护比较复杂；

(2) 支持二层漫游；

(3) 不支持信道自动调整和发射功率自动调整；

(4) 集安全、认证等功能于一体，支持能力较弱，扩展能力不强；

(5) 对于漫游切换的时候存在很大的时延。

胖AP适用场景：仅限于SOHO或小型无线网络，小规模无线部署时，胖AP是不错的选择，但是对于大规模无线部署，如大型企业网无线应用、行业无线应用以及运营级无线网络，胖AP则无法支撑如此大规模部署。

2. 瘦AP

瘦AP是“代表自身不能单独配置或者使用的无线AP产品，这种产品仅仅是一个WLAN系统的一部分，负责管理安装和操作”。

对于可运营的WLAN，从组网的角度看，为了实现WLAN网络的快速部署、网络设备的集中管理、精细化的用户管理，相比胖AP方式，企业用户以及运营商更倾向于采用集中

控制性 WLAN 组网(瘦 AP+AC),从而实现 WLAN 系统、设备的可运维、可管理。

瘦 AP 的特点:

(1) 便于统一管理;

(2) 消除干扰。瘦 AP 工作在不同的信道,不存在干扰问题,AC 自动调节其发射功率,减小多个 AP 的信号重叠区域,即使两个 AP 工作在相同信道,受干扰的范围大大减小,增强 WLAN 的稳定性;

(3) 自动负载均衡。当很多用户连接在同一个 AP 上时,AC 根据负载均衡算法,自动将工作分担到 AP 上,提高了 WLAN 的可用性;

(4) 消除单点故障。AC 自动调节发射功率,减小多个 AP 的信号重叠范围,当一个 AP 出现故障时,其他 AP 自动增大发射功率,覆盖信号盲点;

(5) 漫游问题。用户从一个 AP 的覆盖区域走到另一个 AP 的覆盖区域,无需重新进行认证,无需重新获取 IP 地址,消除断网现象。

瘦 AP 通常用作大规模的无线网络部署,在餐营业、旅游业、交通业、生产制造业、零售业等各大型场所均可使用 AC+瘦 AP 的组网方式进行无线组网,应用十分广泛。

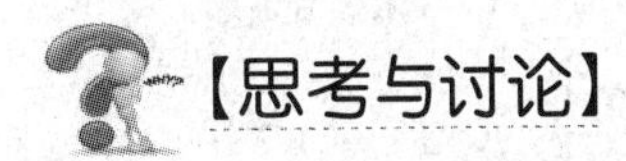

李想公司适合部署哪一种 WLAN,为什么?

(五) 无线传输介质

无线通信的方法有无线电波、微波、蓝牙和红外线。

无线电波是指在自由空间传播的射频频段的电磁波。无线电技术是通过无线电波传播声音或其他信号的技术。无线电技术的原理在于,导体中电流强弱的改变会产生无线电波。利用这一现象,通过调制可将信息加载于无线电波之上。当电波通过空间传播到达收信端,电波引起的电磁场变化又会在导体中产生电流。通过解调将信息从电流变化中提取出来,就达到了信息传递的目的。

微波是指频率为 300 MHz~300 GHz 的电磁波,是无线电波中一个有限频带的简称,即波长在 1 m(不含 1 m)到 1 mm 之间的电磁波,是分米波、厘米波、毫米波的统称。微波频率比一般的无线电波频率高,通常也称为"超高频电磁波"。

蓝牙是一种无线技术标准,可实现固定设备、移动设备和楼宇个人域网之间的短距离数据交换。蓝牙技术最初由电信巨头爱立信公司于 1994 年创制,主要用来连接一些外接设备,或者近距离数据传输,如蓝牙耳机、手机和掌上电脑传输文件等。蓝牙传输带宽是 1 Mbps,有效距离理论上是 10 m 左右。蓝牙传输使用 2.4~2.485 GHz 的 ISM 波段的 UHF 无线电波。

红外线是太阳光线中众多不可见光线中的一种,由德国科学家霍胥尔于 1800 年发现,又称为红外热辐射。红外线通信有两个最突出的优点:① 不易被人发现和截获,保密性强;② 几乎不会受到电气、人为干扰,抗干扰性强。此外,红外线通信机体积小,重量轻,结构简

单，价格低廉。但是它必须在直视距离内通信，且传播时容易受到天气的影响。在不能架设有线线路，而使用无线电又怕暴露自己的情况下，使用红外线通信是比较好的选择。

【思考与讨论】

举例说明蓝牙传输可以应用于哪些方面？

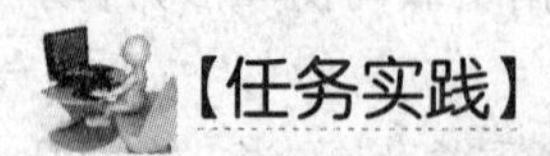

【任务实践】

(一) 实验目的

认识无线网卡、无线路由器、无线控制器(AC)、无线接入点(AP)、电源适配器 POE 等无线网络设置，为组建无线网络做好准备。

(二) 实验内容

分组完成以下实验。

(1) 认识常见的无线网络设备。

(2) 通过观察、上网搜索等方式了解无线网络设备的基本参数。

(三) 实验环境及工具

(1) 在开放外网的网络实验室或机房进行；

(2) 提前做好以下准备工作：每组一套无线设备(无线网卡、无线路由器、AC、AP、电源适配器 POE 等)。

(四) 实验过程

(1) 将全班同学分成若干小组，选定组长，分配实验任务；

(2) 将实验结果填入下表。

设备名称	品牌、型号	外观特点	接口特点	性能参数	大概价格	主要功能

【任务评价】

评价一下自己的任务完成情况，在相应栏目中打“√”。

<table>
<tr><td colspan="2">项目</td><td>评价依据</td><td>优秀</td><td>良好</td><td>合格</td><td>继续努力</td></tr>
<tr><td colspan="2">任务背景
(10)</td><td>明确任务要求，解决思路清晰</td><td></td><td></td><td></td><td></td></tr>
<tr><td colspan="2">任务实施准备
(20)</td><td>收集任务所需资料，任务实施准备充分</td><td></td><td></td><td></td><td></td></tr>
<tr><td rowspan="5">任务实施
(40)</td><td>子任务</td><td colspan="5">评价内容或依据</td></tr>
<tr><td>任务一</td><td>认识无线路由器、无线网卡</td><td></td><td></td><td></td><td></td></tr>
<tr><td>任务二</td><td>认识无线控制器、无线 AP</td><td></td><td></td><td></td><td></td></tr>
<tr><td>任务三</td><td>了解无线网络的概念、无线传输介质</td><td></td><td></td><td></td><td></td></tr>
<tr><td>任务四</td><td>了解 3G、4G、5G 移动通信网络</td><td></td><td></td><td></td><td></td></tr>
<tr><td colspan="2">任务效果
(30)</td><td>正确完成任务目标，具有较强的团队精神和合作意识，在任务实施过程中具有探究精神</td><td></td><td></td><td></td><td></td></tr>
<tr><td colspan="2">问题与感想</td><td colspan="5"></td></tr>
</table>

任务二 组建无线网络

【情景描述】

对无线网络有了初步的认识之后,李想开始部署公司的无线网络,考虑到公司规模不大,他决定采取胖 AP 上网模式。首先,他在网上购买了一台无线路由器和几块 USB 无线网卡。购买设备后,李想决定对公司的 20 Mbps 电信宽带网络进行改造,组建公司的无线局域网,让大家的笔记本电脑、手机、平板等设备都能上网。

【任务分析】

使用无线路由器和无线网卡组建无线办公网络,首先要了解无线路由器的各端口的含义,知道设备连接方式和基本配置。本次任务的主要目的是了解无线路由器的基本配置,掌握各类无线设备接入无线网络的方法,具体包括以下内容:

(1) 认识无线路由器各端口的作用,学会无线路由器的基本配置。

(2) 学会笔记本电脑、手机、平板电脑、台式电脑接入无线网络的基本方法。

(3) 理解目前家庭网络接入方式——ADSL 的工作机制,了解网关的概念,理解网关在网络中的重要作用,会给电脑或无线路由器配置网关。

【任务实施】

(一) 认识无线路由器

无线路由器一般有两到四根天线,两组网络接口,如图 4-2-1 所示。

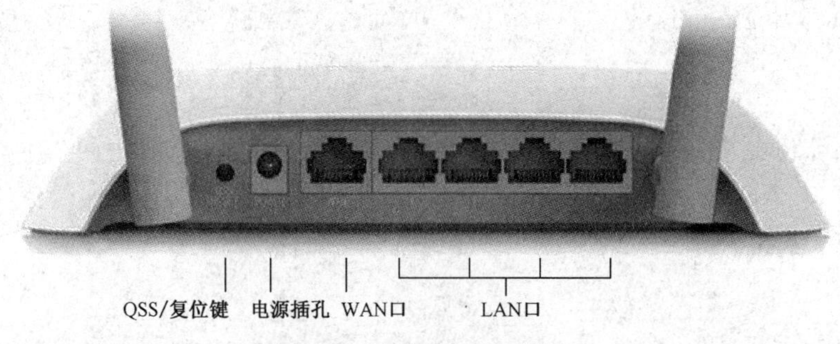

图 4-2-1 无线路由器网络接口

QSS/复位键用于将无线路由器恢复成出厂设置,忘记密码时可以使用,利用回形针或

牙签按住该按钮并持续10秒左右，指示灯闪烁，表示恢复出厂设置成功。电源插孔用于接连电源，一般使用9 V直流电。WLAN接口一般用于连接外网设置，如ADSL猫、交换机等。LAN网络接口一般用于连接内部上网设备，如台式机、笔记本电脑等。

SOHO网络一般使用如图4-2-2所示的连接方式，即无线路由器WAN接口与网络供应商提供的Modem(猫)相连，LAN连接台式电脑，笔记本电脑、手机等设备通过无线连接网络。

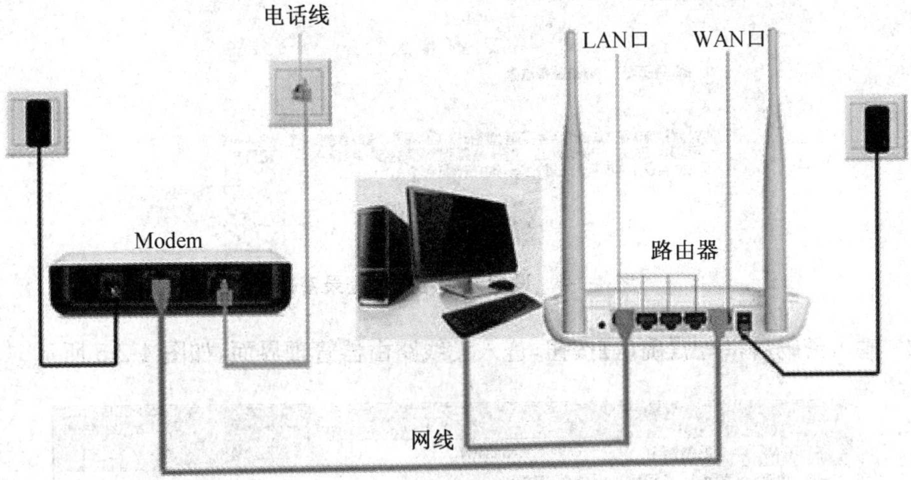

图4-2-2　SOHO无线网络接入示意图

(二) 无线路由器基本配置

(1) 使用双绞线将电脑与无线路由器的LAN口相连，将电脑IP地址设置为"192.168.1.10/24"或让电脑自动获取IP地址。打开桌面上的【浏览器】，在【地址栏】输入地址"192.168.1.1"或根据无线路由器背面的提示输入相应的IP地址或网址，如图4-2-3所示。

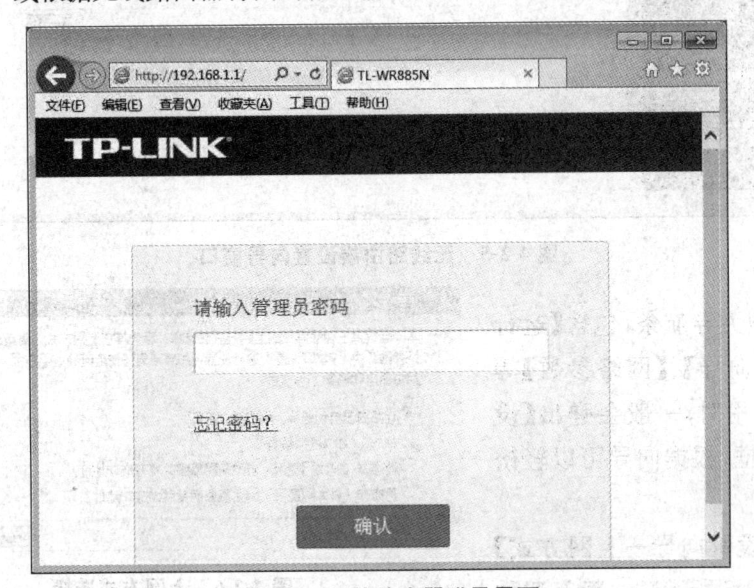

图4-2-3　无线路由器登录界面

(2) 根据提示输入管理用户名和密码(一般分别为 admin 和 admin,具体信息可到无线路由器背面查看)。注意:有些类型的无线路由器只要输入密码,如果是首次使用,可能会要求用户设置管理员密码,如图 4-2-4 所示。

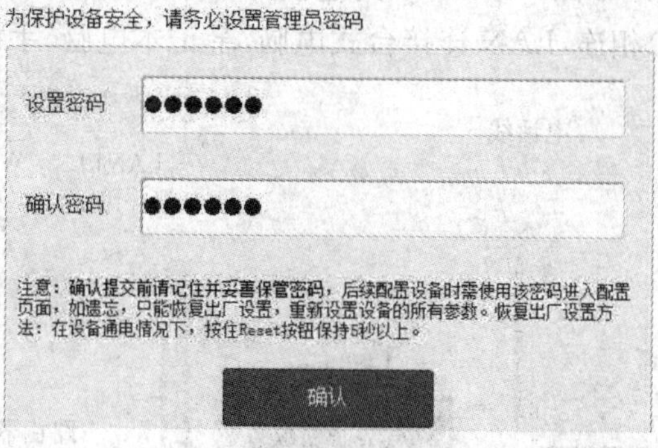

为保护设备安全,请务必设置管理员密码

设置密码 ●●●●●●

确认密码 ●●●●●●

注意:确认提交前请记住并妥善保管密码,后续配置设备时需使用该密码进入配置页面,如遗忘,只能恢复出厂设置,重新设置设备的所有参数。恢复出厂设置方法:在设备通电情况下,按住Reset按钮保持5秒以上。

确认

图 4-2-4　设置无线路由器登录密码

(3) 输入密码后,单击【确认】按钮,进入无线路由器管理界面,如图 4-2-5 所示。

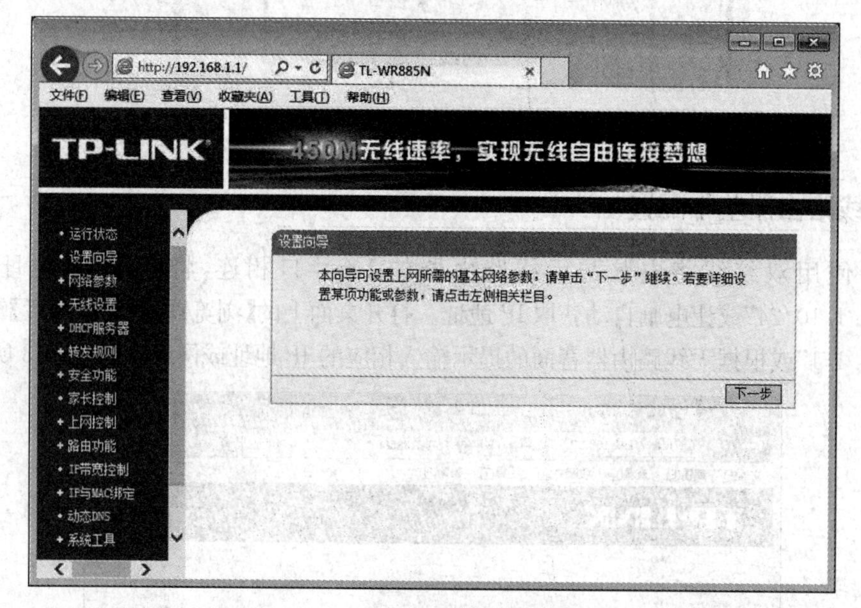

图 4-2-5　无线路由器设置向导窗口

界面左侧为导航条,包含【运行状态】、【设置向导】、【网络参数】等选项,首次使用时,一般会弹出【设置向导】对话框,根据向导可以轻松完成设置。

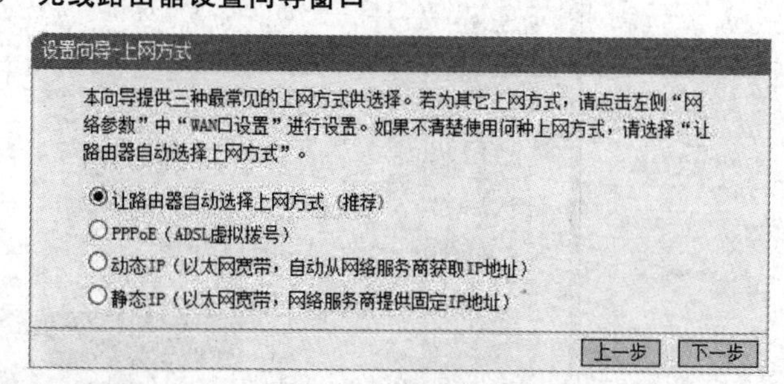

图 4-2-6　上网方式选择

(4) 在【设置向导—上网方式】窗口(如图 4-2-6 所示),一般有四种

选择:① 让路由器自动选择上网方式(推荐),建议初学者使用,设置会根据实际连接情况选择合适的上网方式;② PPPoE(ADSL 虚拟拨号),主要适合家庭或中小企业使用,选择该方式后,单击“下一步”,系统弹出“设置向导- PPPoE”窗口,按要求输入上网帐号、上网口令(该帐号、口令由网络供应商在安装宽带时提供),如图 4-2-7 所示。③ 动态 IP,选择该方式,无线路由器能够从上一级自动获取 IP 地址,主要适用于专线接入,且具有 DHCP 的网络。④ 静态 IP,选择该方式,需要手动设置无线路由器的 IP 地址、网关、域名服务器地址等,主要适用于静态网络,如图 4-2-8 所示。

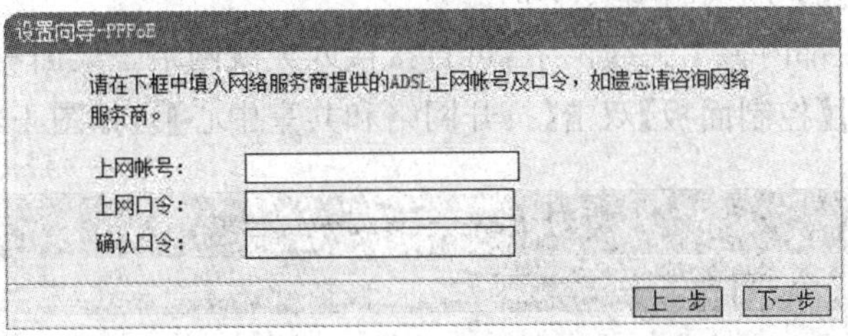

设置向导-PPPoE

请在下框中填入网络服务商提供的ADSL上网帐号及口令，如遗忘请咨询网络服务商。

上网帐号：

上网口令：

确认口令：

上一步　下一步

图 4-2-7　PPPoE 帐号及口令输入

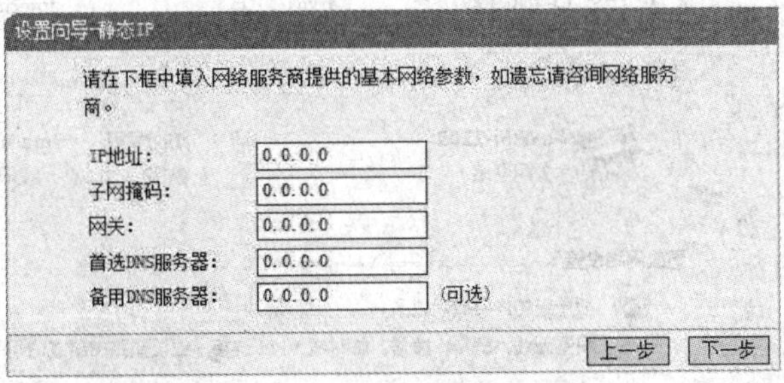

设置向导-静态IP

请在下框中填入网络服务商提供的基本网络参数，如遗忘请咨询网络服务商。

IP地址：0.0.0.0

子网掩码：0.0.0.0

网关：0.0.0.0

首选DNS服务器：0.0.0.0

备用DNS服务器：0.0.0.0　(可选)

上一步　下一步

图 4-2-8　静态 IP 地址设置

(5) 上网方式设置完成后,系统会弹出【无线设置】窗口,输入“SSID 号”,选择【无线安全选项】,设置密码,单击【下一步】即可完成上网设置,如图 4-2-9 所示。

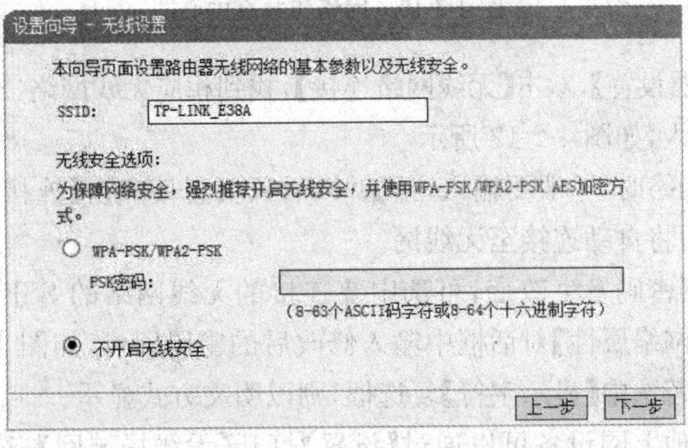

设置向导 - 无线设置

本向导页面设置路由器无线网络的基本参数以及无线安全。

SSID:　TP-LINK_E38A

无线安全选项:

为保障网络安全，强烈推荐开启无线安全，并使用WPA-PSK/WPA2-PSK AES加密方式。

○ WPA-PSK/WPA2-PSK

PSK密码：

(8-63个ASCII码字符或8-64个十六进制字符)

◉ 不开启无线安全

上一步　下一步

图 4-2-9　无线设置

(三) 接入无线网络

1. 台式电脑接入无线网络

无线路由器设置好后,对于电脑,只要有网线,将网络与无线路由器的 LAN 相连,电脑的 IP 地址设置为“自动获取”,即可完成网络连接。

如果台式电脑不想使用网线连接,可以购买一个无线网卡,一般选择 USB 无线网卡,安装驱动程序后,通过无线网卡连接无线网络。

2. 笔记本电脑或手机接入无线网络

笔记本电脑一般都内置了无线网卡,可直接接入无线网络。桌面右下角单击【打开网络和共享中心】(或通过【控制面板】双击【打开网络和共享中心】),如图 4-2-10 所示。

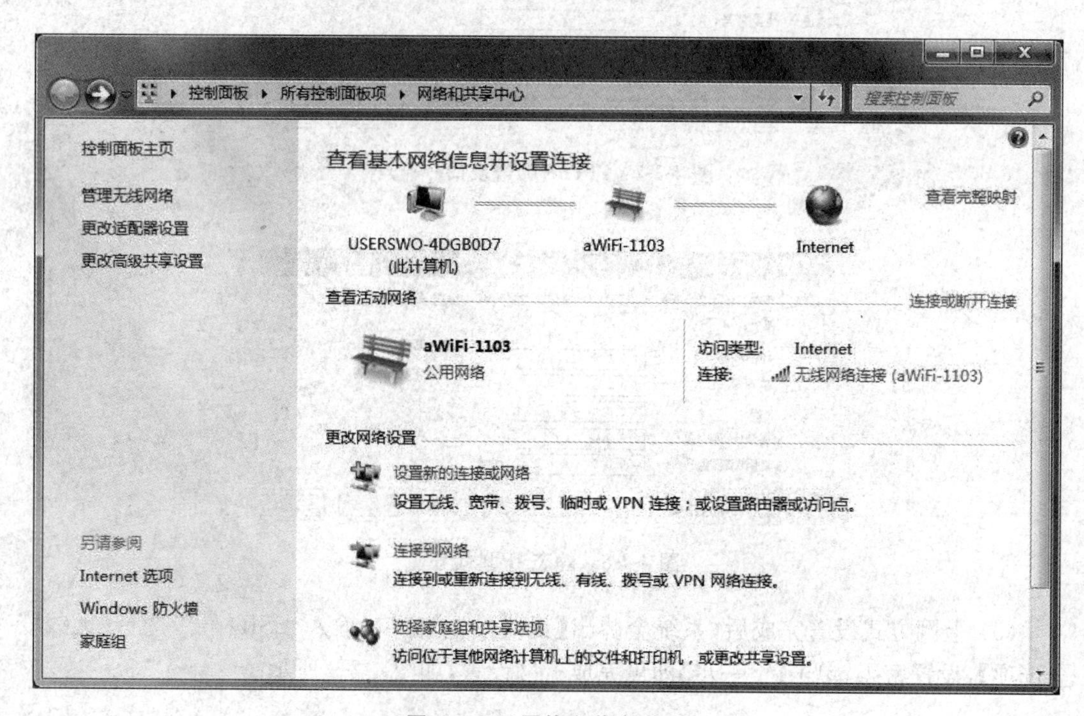

图 4-2-10 网络和共享中心

单击【更改适配器设置】,双击【无线网络连接】,找到相应无线网络(SSID),如图 4-2-11 所示,输入密码即可接入,如图 4-2-12 所示。

首次连接无线网络时,一般要输入密码。以后只要直接点击【连接】即可,如果选中【自动连接】,每次开机后将自动连接至无线网。

如果无线路由器密码发生改变,可选中要连接的无线网络的 SSID,单击右键选择【属性】,在弹出的【无线网络属性】对话框中输入修改后的密码即可,如图 4-2-13 所示。密码默认显示为密文“●”,若选中【显示字符】复选框,则以明文方式显示。

手机、平板等其他上网设备可以通过【设置】打开【无线局域网】,选取相应的无线网络(SSID),输入密码即可接入。

图 4-2-11　选择无线信号

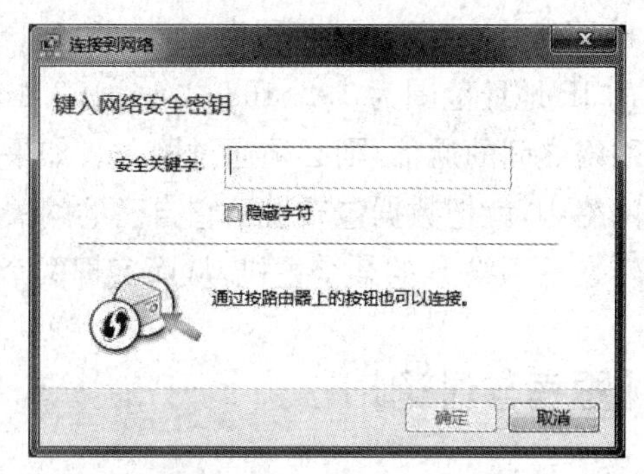

图 4-2-12　输入无线密码

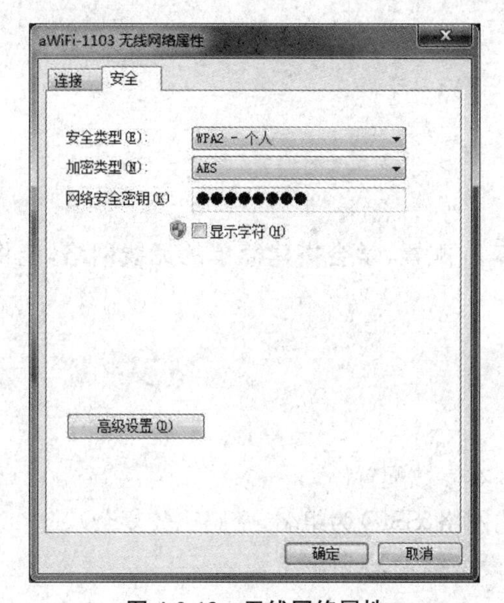

图 4-2-13　无线网络属性

如果手机或平板等移动设备连接的无线网络密码发生改变，一般可按住相应的 SSID 名称，在弹出的选项中选择“不保存”(苹果 iOs 系统则选择“忽略此网络”)，然后再次选择该 SSID，输入新的密码即可接入。

【任务知识】

网　关

我们都知道，从一个房间走到另一个房间，必然要经过一扇门。同样，从一个网络向另一个网络发送信息，也必须经过一道"关口"，这道"关口"就是网关。

网关(Gateway)又称网间连接器、协议转换器。默认网关在网络层上以实现网络互连，是最复杂的网络互连设备。网关的结构也和路由器类似，不同的是互连层。网关既可以用于广域网互连，也可以用于局域网互连。

那么网关到底是什么呢？网关实质上是一个网络通向其他网络的IP地址。如有网络A和网络B，网络A的IP地址范围为192.168.1.1～192.168.1.254，子网掩码为255.255.255.0；网络B的IP地址范围为192.168.2.1～192.168.2.254，子网掩码255.255.255.0，要实现这两个网络之间的通信，则必须通过网关。如果网络A中的主机发现数据包的目的主机不在本地网络中，就把数据包转发给它自己的网关，再由网关转发给网络B的网关，网络B的网关再转发给网络B的某个主机，从而实现两个不同网络中主机之间的通信。

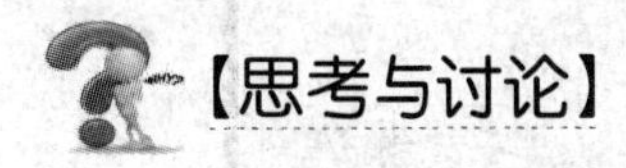

A、B网络中的主机如果手工指定IP地址，子网掩码、默认网关应该如何设置，为什么？

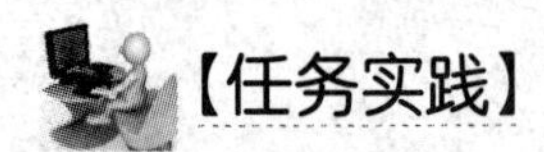

(一) 实验目的

掌握无线路由器的基本配置，学会搭建简单的无线网络，能将手机、电脑等加入无线网络。

(二) 实验内容

分组完成以下实验。

(1) 无线路由器的基本参数配置。

(2) 搭建简单的无线网络(SSID为组名，密码比较复杂)。

(3) 将电脑、手机等设备接入无线网络。

(三) 实验环境及工具

(1) 在网络实验室或机房进行；

(2) 提前做好以下准备工作：每组一套设备(无线网卡、无线路由器、网线等)。

(四) 实验过程

(1) 将全班同学分成若干小组，选定组长，分配实验任务；

(2) 将实验结果填入下表。

项目	结论
SSID 名称	
管理地址、用户名、密码	
无线加密方式及密码	
网络连接拓扑图	
接入无线局域网设备的名称、MAC 地址，获取的 IP 地址	

【任务评价】

评价一下自己的任务完成情况，在相应栏目中打“✓”。

<table>
<tr><th colspan="2">项目</th><th>评价依据</th><th>优秀</th><th>良好</th><th>合格</th><th>继续努力</th></tr>
<tr><td colspan="2">任务背景
(10)</td><td>明确任务要求，解决思路清晰</td><td></td><td></td><td></td><td></td></tr>
<tr><td colspan="2">任务实施准备
(20)</td><td>收集任务所需资料，任务实施准备充分</td><td></td><td></td><td></td><td></td></tr>
<tr><td rowspan="5">任务实施
(40)</td><td>子任务</td><td>评价内容或依据</td><td colspan="4"></td></tr>
<tr><td>任务一</td><td>深入认识无线路由器</td><td></td><td></td><td></td><td></td></tr>
<tr><td>任务二</td><td>无线路由器的基本配置</td><td></td><td></td><td></td><td></td></tr>
<tr><td>任务三</td><td>笔记本电脑、手机、台式机等设备接入无线网</td><td></td><td></td><td></td><td></td></tr>
<tr><td>任务四</td><td>了解 ADSL、网关</td><td></td><td></td><td></td><td></td></tr>
<tr><td colspan="2">任务效果
(30)</td><td>正确完成任务目标，具有较强的团队精神和合作意识，在任务实施过程中具有探究精神</td><td></td><td></td><td></td><td></td></tr>
<tr><td colspan="2">问题与感想</td><td colspan="5"></td></tr>
</table>

任务三 无线网络安全设置

【情景描述】

一段时间后，公司员工经常反映上网速度越来越慢，李想为此专门联系了电信公司，电信公司建议他检查一下是不是无线网络被人盗用了，建议他通过相应设置提高无线网络的安全性，防止他人盗用。

【任务分析】

无线网络的安全设置是确保无线网络快速、稳定运行的基本要素，本次任务是学会无线网络的安全设置，防止“盗网”现象，具体包括以下内容：

(1) 学会无线路由器 WAN 口的设置方式，能在不同的网络模式下选择合适的工作方式。

(2) 学会无线安全设置，会设置相对复杂、可靠的无线密码，会隐藏 SSID，理解各种加密方式。

(3) 学会无线地址过滤的设置，通过过滤策略阻止非法者的进入。

(4) 理解 DHCP 服务的工作原理，会设置无线路由器的 DHCP 服务，为接入设备分配合适的 IP 地址。

【任务实施】

(一) 设置无线路由器网络参数

单击无线路由器导航栏中的【网络参数】按钮，在弹出的下拉菜单中，可以对 WAN 口、WAN 口速率模式、LAN 口、LAN 口地址克隆等进行设置，如图 4-3-1 所示。其中【WAN 口设置】可以选择动态 IP 或静态 IP 工作模式，如果选择“静态 IP”则需手动输入 IP 地址、子网掩码、网关、DNS 服务等参数。在“WAN 口速率模式”中，可以为 WAN 选择相应的工作模式，如图 4-3-2 所示。

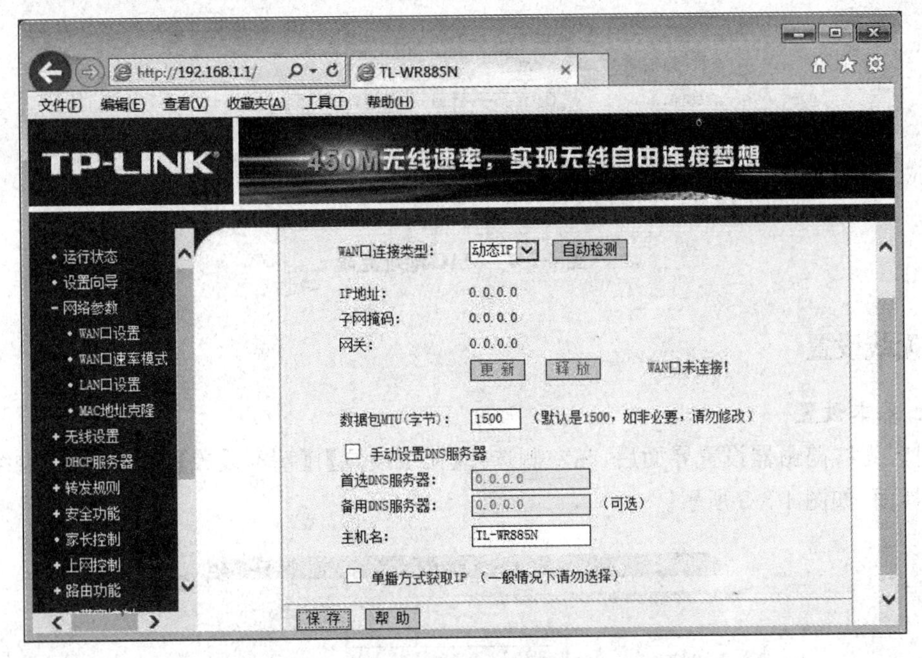

图 4-3-1　WAN 口设置

WAN口速率和双工模式设置

本页设置WAN口的速率和双工模式。

当前模式：　WAN口未连接！

模式设置：　自动协商

100 Mbps 全双工

100 Mbps 半双工

10 Mbps 全双工

10 Mbps 半双工

保 存　帮 助

图 4-3-2　WAN 口速率和模式设置

在 LAN 口设置中，可以查看无线路由器的 MAC 地址，如图 4-3-3 所示。也可以设置无线路由器的管理地址，一般无线路器的默认管理地址均为“192.168.1.1”。

图 4-3-3　LAN 口设置

在【MAC 地址克隆】窗口中，如图 4-3-4 所示，可以查看无线路由器外网口（WAN）的 MAC 地址和正在管理该设备的电脑的 IP 地址。其中 WAN 口 MAC 可以手工设置，管理电脑的 MAC 地址可以克隆。

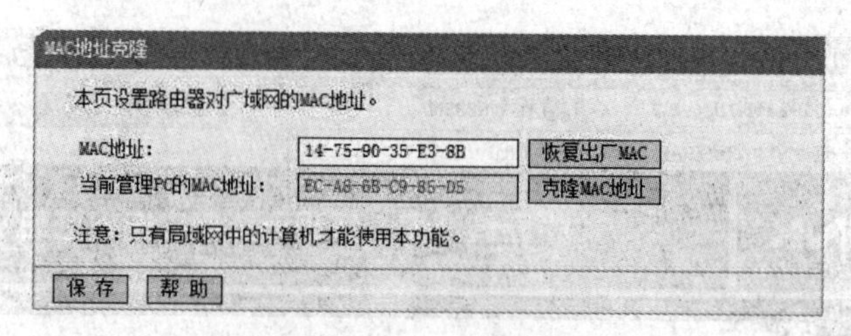

图 4-3-4　MAC 地址克隆

(二) 无线设置

1. 基本设置

进入无线路由器设置界面后，在左侧选择【无线设置】|【基本设置】，进入【无线网络基本设置】界面，如图 4-3-5 所示。

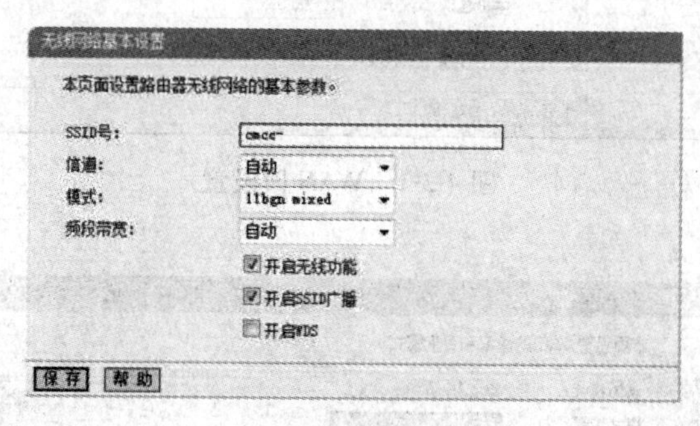

图 4-3-5　无线网络基本设置

在【无线网络基本设置】中可以对 SSID、信道、频段带宽、模式等进行一些设置。SSID 是“Service Set Identifier”的缩写，也就是服务集标识，可以简单理解为无线网络信号的名称，也就是连接无线网络时使用的名称。“信道”可以简单理解为信号波段，一般选择默认的“自动”。“模式”的选择取决于连接的设备终端，一般默认设置为“11bgn mixed”混合型。“频道带宽”是指路由器发射频率的宽度，一般也选择默认的“自动”。如果选择“开启 SSID 广播”，此时 SSID 将会被其他用户搜到，出现在可以使用无线网络列表中，否则其他用户的列表将不显示该 SSID 号。

【思考与讨论】

如果没有开启 SSID 广播，新的手机、笔记本电脑用户如何加入无线网络？

2. 无线安全设置

为防止无关人员使用无线网络，一般需要开启【无线网络安全设置】，单击左侧【无线设置】，选择【无线网络安全设置】，如图 4-3-6 所示。选择“不开启无线安全”表示不设置无线

密码；选择“WPA-PSK”表示采用 WPA-PSK 算法进行加密，需要输入 8 位以上密码；选择“WPA”表示采用 WPA 加密方式，需要输入 Radius 服务器 IP 地址和密码；选择“WEP”表示采用 WEP 加密算法，可输入 4 组 8 位以上密码。关于以上加密方式的安全性，详见任务知识。

无线网络安全设置

本页面设置路由器无线网络的安全认证选项。
安全提示：为保障网络安全，强烈推荐开启安全设置，并使用WPA-PSK/WPA2-PSK AES加密方法。

◉ 不开启无线安全

○ WPA-PSK/WPA2-PSK
认证类型： 自动
加密算法： AES
PSK密码：
（8-63个ASCII码字符或8-64个十六进制字符）
组密钥更新周期： 86400
（单位为秒，最小值为30，不更新则为0）

○ WPA/WPA2
认证类型： 自动
加密算法： 自动
Radius服务器IP：
Radius端口： 1812 （1-65535，0表示默认端口：1812）
Radius密码：
组密钥更新周期： 86400
（单位为秒，最小值为30，不更新则为0）

○ WEP
认证类型： 自动
WEP密钥格式： 十六进制

密钥选择	WEP密钥	密钥类型
密钥 1： ◉		禁用
密钥 2： ○		禁用
密钥 3： ○		禁用
密钥 4： ○		禁用

保存　帮助

图 4-3-6　无线网络安全设置

3. 无线 MAC 地址过滤

无线路由器一般有两处可以设置 MAC 地址过滤，如图 4-3-7 所示。① 第一处在无线参数中，开启此处的 MAC 地址过滤可以禁止除了拥有允许的 MAC 地址的设备接入无线网，即选择“禁止列表中生效的 MAC 地址访问本无线网络”，该设置安全性较低，只能将发现的“盗网者”进行限制，新加的“盗网者”不受影响。② 第二处一般在安全设置中，开启此处的 MAC 地址过滤可以禁止除了拥有允许的 MAC 地址的设备通过路由器接入互联网，即选择“允许列表中生效的 MAC 地址访问本无线网络”，该设置安全性很高，只允许列表中的设备访问无线网络，如果公司有新人或客户需要使用无线网络，必须事先将他们的 MAC 地址进行登记。

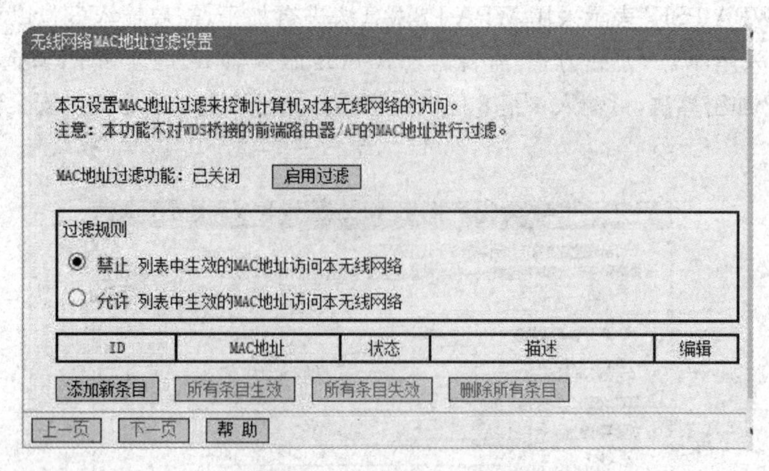

图 4-3-7　MAC 地址过滤设置

4. 无线高级设置

无线路由器的功率是可调的，如图 4-3-8 所示，一般情况下，选择功率为“高”，这样无论是信号强度还是传输速率都会提高。Beacon 时槽可以理解为无线路由器发射广播的频率，默认为 100 ms，也就是路由器每 100 ms 发射一次信标信号。所以 Beacon 时槽值高时，有利于发挥无线网络效能；Beacon 时槽值低时，有利于加快无线网络的连接速度，一般不需要修改。路由器默认开启 WMM，简单可以理解为开启 WMM 可以保证音频和视频这些应用和网络的稳定连接。关于开启 AP 隔离。AP 隔离跟虚拟局域网非常相似，适用于像机场、酒店等公共的网络环境，对于家庭用户来说，AP 隔离没有多大的意义。

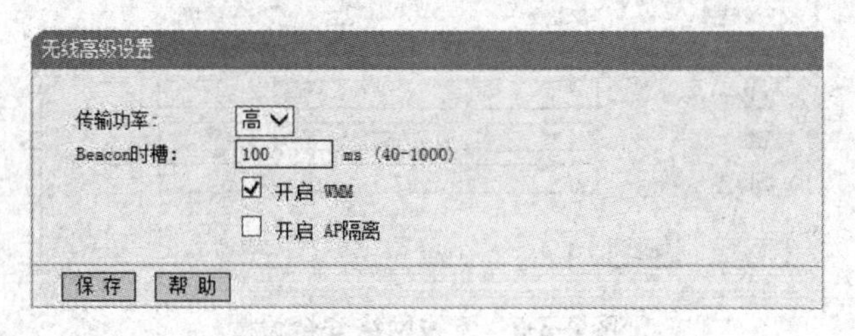

图 4-3-8　无线高级设置

5. 主机状态

主机状态显示的就是连接到本路由器的设备的 MAC 地址，连接状态和数据的传输量，如图 4-3-9 所示。

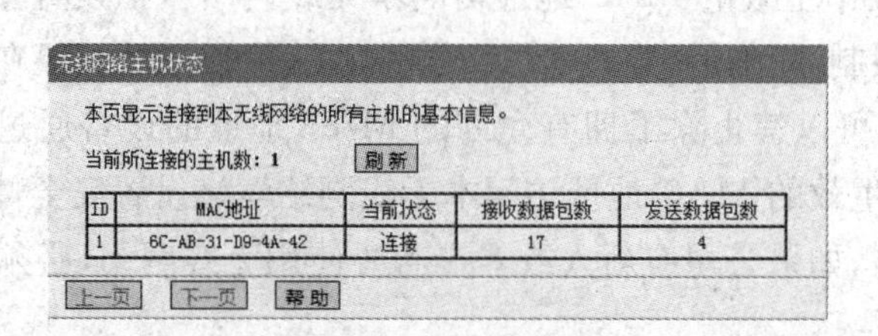

ID	MAC地址	当前状态	接收数据包数	发送数据包数
1	6C-AB-31-D9-4A-42	连接	17	4

图 4-3-9　主机状态

(三) 开启 DHCP 服务

如图 4-3-10 所示，默认情况下，无线路由器启用 DHCP 服务，在开启情况下，管理员可以手动设置分配地址的范围、地址的租期（即多长时间会重新分配一次）、网关、缺省域名、DNS 服务器等。如果将无线路由器当交换机用（即不使用 WAN 口）时，建议关闭 DHCP 服务。

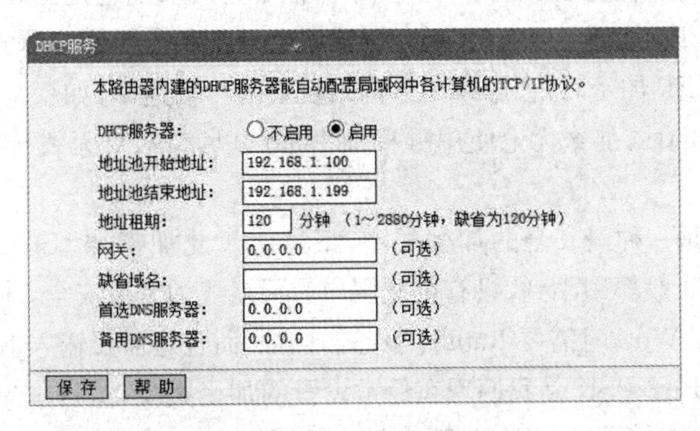

图 4-3-10　DHCP 服务

开启 DHCP 服务后，通过客户端列表可以查看接入的客户端信息，如图 4-3-11 所示，包括客户端名称（即计算机名或移动设备名称）、IP 地址、MAC 地址和有效时间等。帮助管理员了解有哪些用户接入了该设备，可以发现一些非法接入设备（进而可以把这个非法接入的设备加入“黑名单”）。

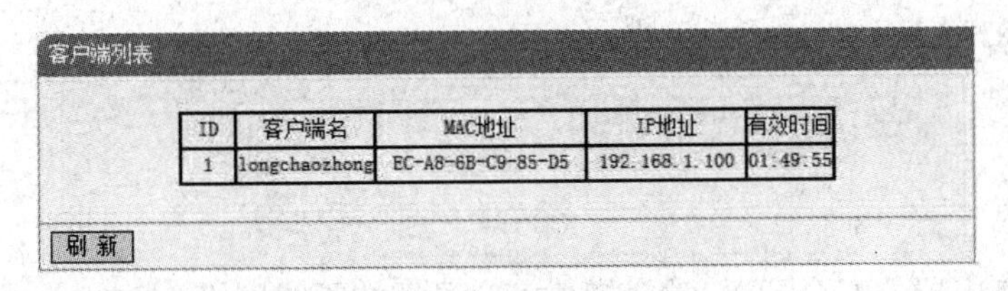

图 4-3-11　DHCP 客户端列表

如果某特定用户想固定 IP 地址，以便于内部通信，这时管理员可以对这些特定用户进行地址绑定。在“静态地址保留”窗口，如 4-3-12 所示，单击“添加新条目”，可以为特定用户（MAC 地址）绑定 IP 地址（MAC 可以通过客户端列表查看或者通过设备查看）。

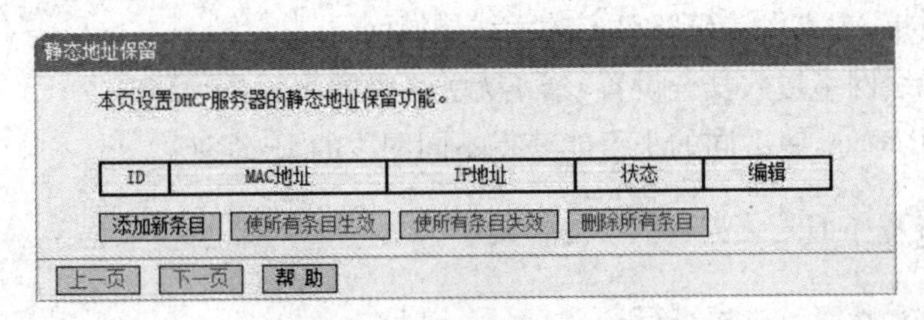

图 4-3-12　DHCP 静态地址保留

【任务知识】

无线加密算法

WEP 是一种老式的加密方式，在 2003 年时就被 WPA 加密淘汰，由于其安全性能存在好几个弱点，很容易被专业人士攻破，不过，对于非专业人来说还是比较安全的。其次由于 WEP 采用的是 IEEE 802.11 技术，而现在无线路由设备基本都是使用的 IEEE 802.11n 技术，因此，当使用 WEP 加密时，会影响无线网络设备的传输速率，如果是以前的老式设备只支持 IEEE 802.11 的话，那么无论使用哪种加密都可以兼容，对无线传输速率就没有什么影响。

WPA/WPA2 是一种最安全的加密类型，不过由于此加密类型需要安装 Radius 服务器，因此，普通用户一般都用不到，只有企业用户为了无线加密更安全，才会使用此种加密方式，在设备连接无线 WiFi 时需要 Radius 服务器认证，而且还需要输入 Radius 密码。

WPA-PSK/WPA2-PSK 是我们现在经常设置的加密类型，这种加密类型安全性能高，而且设置也相对简单，不过需要注意的是它有 AES 和 TKIP 两种加密算法。TKIP：Temporal Key Integrity Protocol（临时密钥完整性协议），这是一种旧的加密标准。AES：Advanced Encryption Standard（高级加密标准），安全性比 TKIP 好，推荐使用。

使用 AES 加密算法不仅安全性能更高，而且由于其采用的是最新技术，在无线网络传输速率上面也要比 TKIP 更快。

【任务实践】

(一) 实验目的

掌握无线路由器的安全配置，学会搭建安全可靠的无线网络。

(二) 实验内容

分组完成以下实验。

(1) 为任务二组建的无线局域网选择不同的加密方式，设置不同复杂程度的密码。

(2) 小组对抗，想方设法破解对方的无线局域网。

(3) 进行无线网络接入安全设置，禁止无关人员接入。

(4) 修改 IP 地址，使不同的小组能获得不同网段的 IP 地址。

(三) 实验环境及工具

(1) 在网络实验室或机房进行；

(2) 提前做好以下准备工作：每组一套设备（无线网卡、无线路由器、网线等）。

（四）实验过程

（1）将全班同学分成若干小组，选定组长，分配实验任务；

（2）将实验结果填入下表。

项目	结论
使用的加密方式及密码	
破解对方 WiFi 是否成功，耗时多少	
绑定的设备 MAC 地址记录	
本组 DHCP 分配地址的范围	

【任务评价】

评价一下自己的任务完成情况，在相应栏目中打"√"。

<table>
<tr><td colspan="2">项目</td><td>评价依据</td><td>优秀</td><td>良好</td><td>合格</td><td>继续努力</td></tr>
<tr><td colspan="2">任务背景
(10)</td><td>明确任务要求，解决思路清晰</td><td></td><td></td><td></td><td></td></tr>
<tr><td colspan="2">任务实施准备
(20)</td><td>收集任务所需资料，任务实施准备充分</td><td></td><td></td><td></td><td></td></tr>
<tr><td rowspan="5">任务实施
(40)</td><td>子任务</td><td>评价内容或依据</td><td colspan="4"></td></tr>
<tr><td>任务一</td><td>WAN 接口的设置</td><td></td><td></td><td></td><td></td></tr>
<tr><td>任务二</td><td>无线安全设置</td><td></td><td></td><td></td><td></td></tr>
<tr><td>任务三</td><td>无线地址过滤的设置</td><td></td><td></td><td></td><td></td></tr>
<tr><td>任务四</td><td>DHCP 服务的设置</td><td></td><td></td><td></td><td></td></tr>
<tr><td colspan="2">任务效果
(30)</td><td>正确完成任务目标，具有较强的团队精神和合作意识，在任务实施过程中具有探究精神</td><td></td><td></td><td></td><td></td></tr>
<tr><td colspan="2">问题与感想</td><td colspan="5"></td></tr>
</table>

任务四 无线网络进阶设置

【情景描述】

李想将无线密码方式改为 WPA 并隐藏 SSID 后，网络明显快了很多，管理端也没有再发现异常设备。但没过多久，网络竟然又变慢了，甚至出现了公司员工不能上网的情况，李想纳闷了，难道还有什么地方需要设置吗？他使用电脑准备登录无线路由器，发现竟然无法登录，系统一直提示密码错误，可明明是对的啊！到底是怎么回事？李想陷入了沉思……

【任务分析】

完成无线路由器的基本设置和安全设置后，无线网络已基本安全了，本任务通过家长控制、带宽限制等，让无线网络的使用更合理，运行更稳定，具体包括以下内容：

(1) 学会设置无线路由器管理主机的 MAC 地址，防止非法用户管理无线路由器。

(2) 学会设置无线路由器的"家长控制"，给孩子提供一个安全、无毒的网络使用环境。

(3) 学会合理设置无线路由器的 IP 带宽，确保重要业务有充足的带宽可用。

(4) 学会对无线路由器进行系统设置，会恢复出厂设置，会修改管理密码。

(5) 能使用无线设备组建安全、合理的无线网络，完成整个项目。

【任务实施】

(一) 设置无线路由器管理主机的 MAC 地址

安全功能主要对允许管理的对象进行控制，默认情况下，接入该无线路由器的所有设备均可以进行管理，管理地址一般为 192.168.1.1，由于管理密码的安全性不高，很容易被破解。通过指定管理设备的 MAC 地址的方法，可以有效防止非法用户破解后进行管理，极大提高了设备的安全性。具体操作方法：选中【安全功能】|【局域网 WEB 管理】中的【仅允许列表中的 MAC 地址访问本 WEB 管理页面】按钮，最多可设定四个管理设备的 MAC 地址，如图 4-4-1 所示。

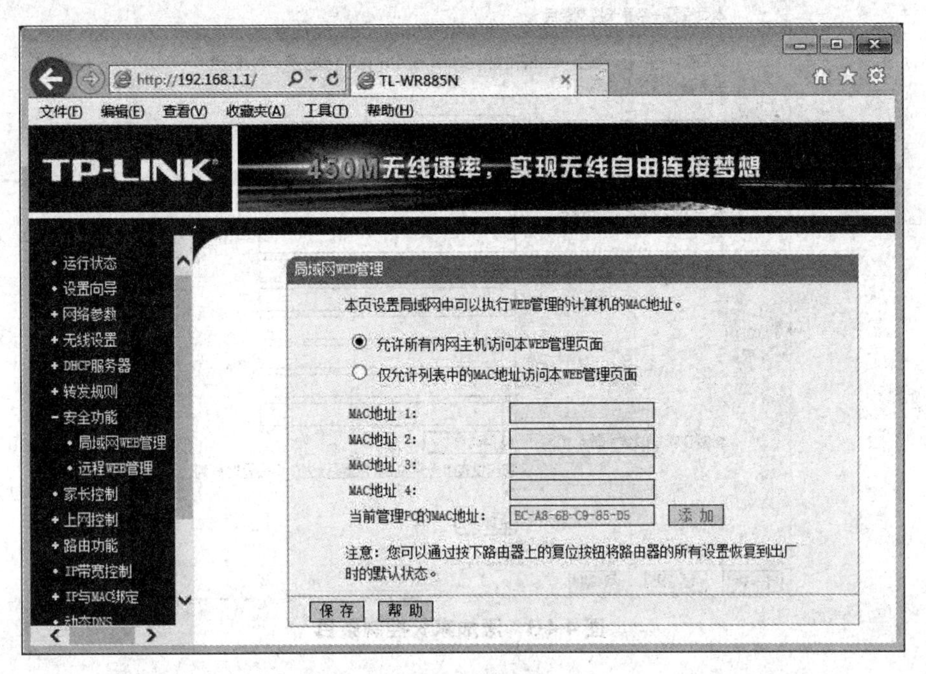

图 4-4-1　局域网 WEB 管理

(二) 进行家长控制

【家长控制】是一个非常实用的功能。通过这个功能的设置，家长就能有效控制孩子的上网行为，避免孩子浏览不健康网页，【家长控制】设置如图 4-4-2 所示。

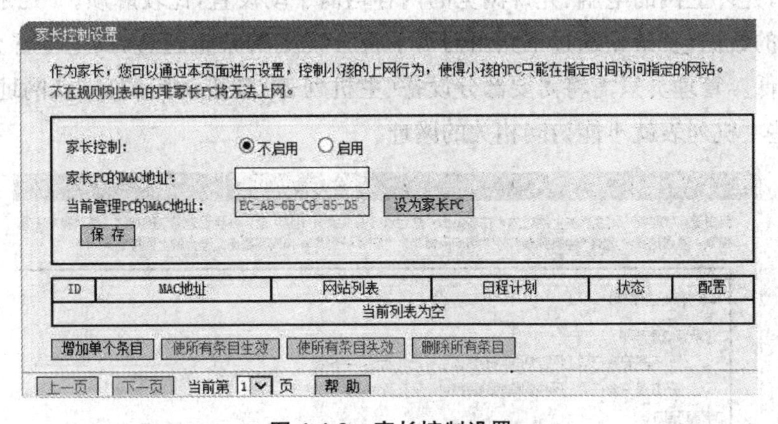

图 4-4-2　家长控制设置

启动【家长控制】后，可以设置家长 PC 的 MAC 地址，单击【增加新条目】在弹出的窗口中可以确定小孩 PC 的 MAC 地址，输入域名可设置允许小孩访问的网站，如图 4-4-3 所示。

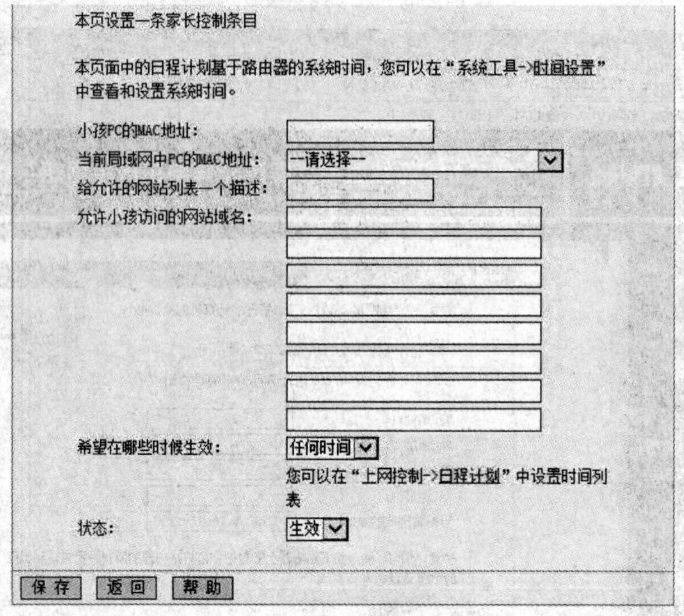

本页设置一条家长控制条目

本页面中的日程计划基于路由器的系统时间，您可以在“系统工具->时间设置”中查看和设置系统时间。

小孩PC的MAC地址：

当前局域网中PC的MAC地址：--请选择--

给允许的网站列表一个描述：

允许小孩访问的网站域名：

希望在哪些时候生效：任何时间

您可以在“上网控制->日程计划”中设置时间列表

状态：生效

保 存　返 回　帮 助

图 4-4-3　添加家长控制条目

(三) 进行上网控制

【上网控制】栏目主要对允许上网的电脑、允许上网查看的内容进行限制，默认情况下系统不启用上网控制，如图 4-4-4 所示。单击【开启上网控制】后，选择过滤规则，其中“凡是符合已设上网控制规则的数据包，允许通过本路由器”安全性很高，即不符合规则的，一律不得通过。这样，允许上网的电脑、允许浏览的内容均需手动设置，比较麻烦。“凡是符合已设上网控制规则的数据包，禁止通过本路由器”，不符合规则的禁止通过，其他全部允许通过，安全性相对较低。管理员只需将需要部分设备(主机列表)禁止访问的目标(网址)列举出来，生效后，这些主机列表就不能访问相关的网址。

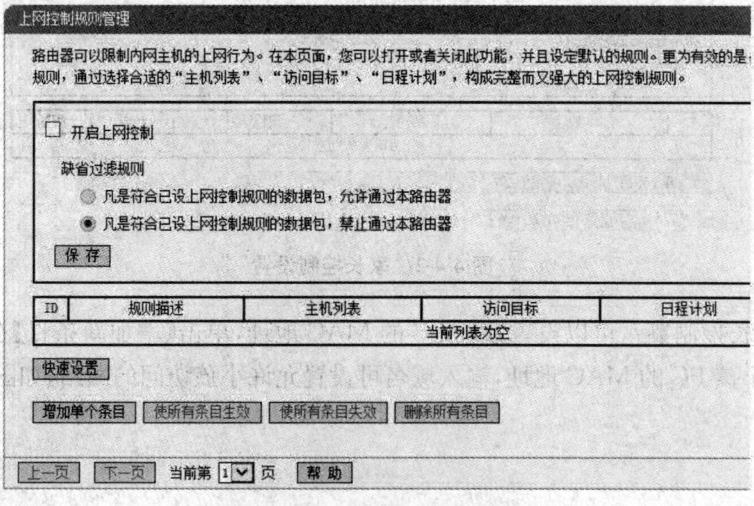

上网控制规则管理

路由器可以限制内网主机的上网行为。在本页面，您可以打开或者关闭此功能，并且设定默认的规则。更为有效的是，规则，通过选择合适的“主机列表”、“访问目标”、“日程计划”，构成完整而又强大的上网控制规则。

开启上网控制

缺省过滤规则

凡是符合已设上网控制规则的数据包，允许通过本路由器

凡是符合已设上网控制规则的数据包，禁止通过本路由器

保 存

ID	规则描述	主机列表	访问目标	日程计划
当前列表为空				

快速设置

增加单个条目　使所有条目生效　使所有条目失效　删除所有条目

上一页　下一页　当前第 1 页　帮 助

图 4-4-4　上网控制规则管理

设置过滤规划时，如图 4-4-5 所示，需要设置“规则描述、主机列表、访问目标、日程计划”及是否生效等信息。如果要指定过滤时间，则可以在“日程计划”窗口中进行设定，如图 4-4-6 所示，可以按“周”或“星期”设定周期时间。

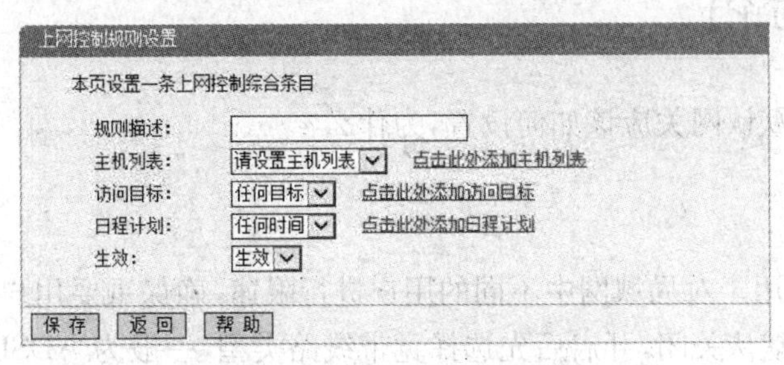

图 4-4-5　添加上网控制条目

日程计划设置

本页设置一条日程计划规则，日程计划基于路由器的时间

日程描述：

星期：　◉每天　○选择星期

☑星期一　☑星期二　☑星期三　☑星期四　☑星期五

☑星期六　☑星期天

时间：　全天-24小时：☑

开始时间：　(HHMM)

结束时间：　(HHMM)

保存　返回　帮助

图 4-4-6　日程计划设置

(四) 设置静态路由

【路由功能】主要用于设置静态路由，如果无线路由器下面还接有无线路由器，且采用路由模式时(即两台无线器下面的设置不在同一网络)，通过设置静态路由可以在外网不通的情况下实现两台无线路由器中设备的互通，如图 4-4-7 所示，单击【添加新条目】中，弹出【静态路由表】对话框，如图 4-4-8 所示。

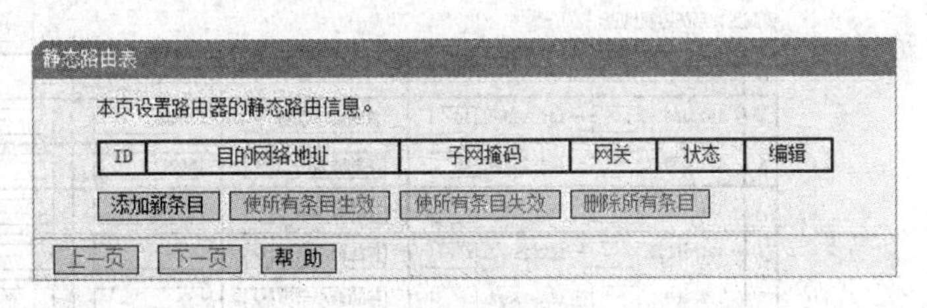

图 4-4-7　静态路由表

静态路由表

本页设置路由器的静态路由信息。

目的网络地址：

子网掩码：

默认网关：

状态：　生效

保存　返回　帮助

图 4-4-8　添加静态路由

在【静态路由表】对话框中输入“目的网络地址”“子网掩码”和“默认网关”等信息，单击【保存】即可。

静态路由表的默认网关应该如何设置，为什么？

(五) IP 带宽控制

【IP 带宽控制】用于对局域网中不同的用户进行限速，确保重要用户或关键业务享有充足的带宽。该功能默认关闭，开启后先选择宽带线路类型，一般为 ADSL 线路，带宽大小根据实际情况进行填写，可以咨询带宽提供商，也可以自行测试一下。具体按 IP 地址范围进行带宽控制，系统允许分 8 个 IP 地址段分别控制，控制模式分为“保障最小带宽”和“限制最大带宽”两种，保障最小带宽用于确保重要用户使用网络，而限制最大带宽主要是限制那些主要使用流媒体或 P2P 下载的用户带宽，避免这些用户占用带宽太多，影响其他用户的使用。具体操作如图 4-4-9 所示。

IP带宽控制

本页设置IP带宽控制的参数。
注意：1、带宽的换算关系为：1Mbps = 1000Kbps；
2、选择宽带线路类型及填写带宽大小时，请根据实际情况进行选择和填写，如不清楚，请咨询您的带宽提供商（如电信、网通等）；
3、修改下面的配置项后，请点击“保存”按钮，使配置项生效。
4、如果没有设置任何状态为“启用”的IP带宽控制规则，您填写的带宽大小将不起作用。

☑ 开启IP带宽控制（只有勾选此项并点击“保存”按钮后，IP带宽控制功能才会生效）

请选择您的宽带线路类型：ADSL线路
请填写您申请的带宽大小：20000 Kbps

请配置IP带宽控制规则：

ID	IP地址段	模式	带宽大小(Kbps)	备注	启用	清除
1	192.168.1.1 - 192.168.1.10	保障最小带宽	5000		☑	清除
2	192.168.1.1 - 192.168.1.20	限制最大带宽	5000		☑	清除
3	192.168.1. - 192.168.1.	保障最小带宽			☐	清除
4	192.168.1. - 192.168.1.	保障最小带宽			☐	清除
5	192.168.1. - 192.168.1.	保障最小带宽			☐	清除
6	192.168.1. - 192.168.1.	保障最小带宽			☐	清除
7	192.168.1. - 192.168.1.	保障最小带宽			☐	清除
8	192.168.1. - 192.168.1.	保障最小带宽			☐	清除

清除所有规则

保存 帮助

图 4-4-9　IP 带宽控制

【IP 与 MAC 绑定】功能与 DHCP 服务中的静态地址分配类似，即将某些特定设备(MAC 地址)指定 IP 地址，在禁用 DHCP 服务的情况下也可以使用。如图 4-4-10 所示，启用“ARP 绑定”，单击“增加单个条目”，可以将 DHCP 分配列表中的信息复制过来，单击“保存”，可实现直接绑定，如图 4-4-11 所示。

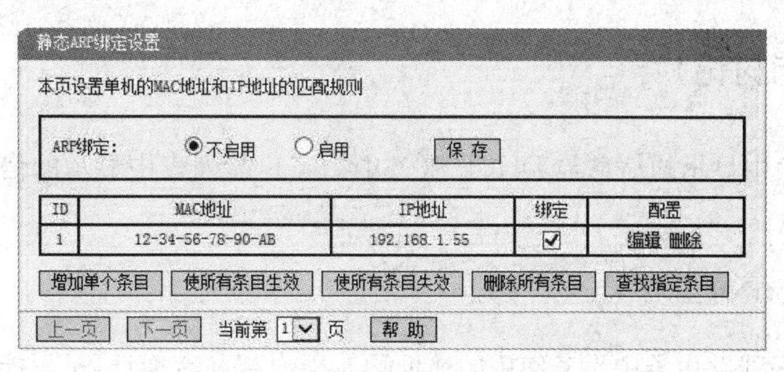

图 4-4-10　静态 ARP 绑定设置

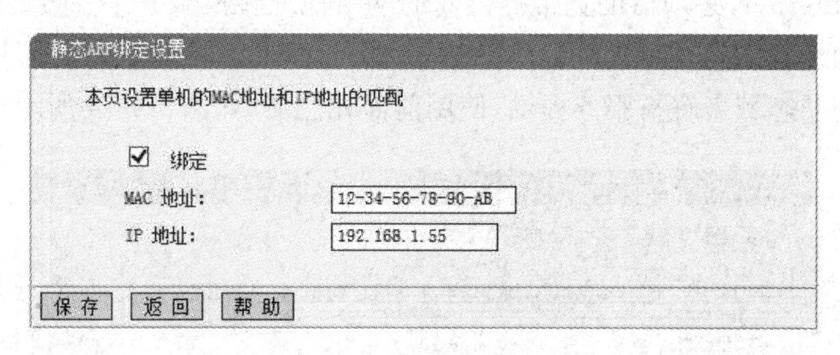

图 4-4-11　静态 ARP 绑定

单击【ARP 映射表】，如图 4-4-12 所示，系统将显示当前接入该无线路由器的设备信息，单击【导入】可以将某个设备进行绑定，单击【全部导入】则将当前全部设备进行绑定；导入后，单击【静态 ARP 绑定设置】，如图 4-4-13 所示，刚才导入的信息显示在右边，单击“绑定”复选框后，即可实现绑定。

ARP映射表

ID	MAC地址	IP地址	状态	配置	
1	08-57-00-24-E2-33	192.168.1.103	未绑定	导入	删除
2	6C-AB-31-D9-4A-42	192.168.1.111	未绑定	导入	删除

全部绑定　全部导入　刷 新　帮 助

图 4-4-12　ARP 映射表

静态ARP绑定设置

本页设置单机的MAC地址和IP地址的匹配规则

ARP绑定:　不启用　启用　保 存

ID	MAC地址	IP地址	绑定	配置
1	12-34-56-78-90-AB	192.168.1.55	☑	编辑 删除
2	08-57-00-24-E2-33	192.168.1.103	☐	编辑 删除
3	6C-AB-31-D9-4A-42	192.168.1.111	☐	编辑 删除

增加单个条目　使所有条目生效　使所有条目失效　删除所有条目　查找指定条目

上一页　下一页　当前第 1 页　帮 助

图 4-4-13　静态 ARP 绑定查看

【思考与讨论】

ARP映射表中显示的信息与DHCP服务中的客户端列表中显示的信息一定相同吗?为什么?

(六)启用动态DNS

我们知道,无线路由器中设备使用的地址均属于内部私有地址,是不能对外使用的,内部设备要接入Internet,必须借助宽带提供商的网络地址转换服务。一般情况下,内部设备不能被外网中的设备访问,如果公司有对外服务器,这个时候可以借助动态DNS实现,该服务一般由花生壳动态域名解析服务提供,使用前需先注册,如图4-4-14所示。

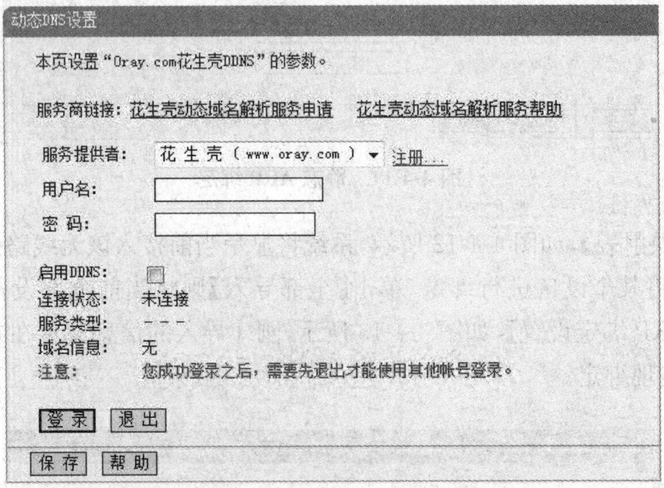

动态DNS设置
本页设置“Oray.com花生壳DDNS”的参数。
服务商链接:花生壳动态域名解析服务申请　花生壳动态域名解析服务帮助
服务提供者:花 生 壳 (www.oray.com)　注册...
用户名:
密 码:
启用DDNS:
连接状态:未连接
服务类型:- - -
域名信息:无
注意:您成功登录之后,需要先退出才能使用其他帐号登录。
登 录　退 出
保 存　帮 助

图4-4-14　动态DNS设置

(七)无线路由器系统设置

【系统工具】主要是对无线路由器本身进行一个设置,“时间设置”可以手动设置时间,也可设置成与管理电脑时间同步。“诊断工具”用于测试设备的连通性。“软件升级”可以对设备软件(系统)进行在线升级。“恢复出厂设置”可以将设备恢复至出厂时的状态,这与长按RESET键功能相同,如图4-4-15所示。

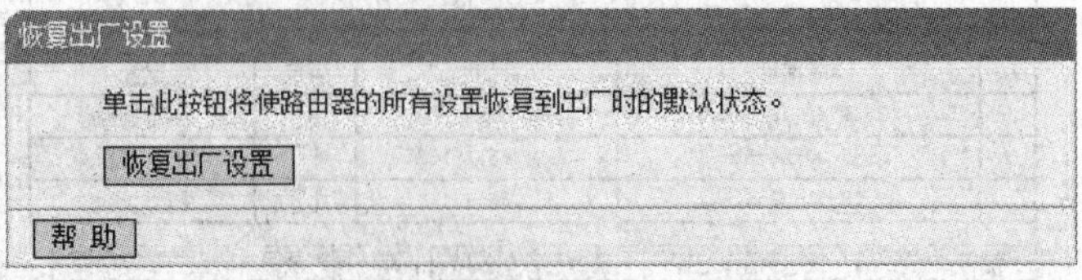

恢复出厂设置
单击此按钮将使路由器的所有设置恢复到出厂时的默认状态。
恢复出厂设置
帮 助

图4-4-15　恢复出厂设置

“备份和载入配置”可以将当前配置文件备份(即导出到管理电脑),也可以从管理电脑导入配置文件,进行配置恢复。“重启路由器”可以将设备进行重新启动。“修改登录密码”可以修改管理员密码,避免设备被盗用,如图 4-4-16 所示。通过“系统日志”可以查看过程性配置信息,通过“流量统计”可以查看负载情况。

修改管理员密码

本页修改系统管理员密码，长度为6-15位。

原密码:

新密码:

确认新密码:

保 存　清 空

图 4-4-16　修改管理员密码

【任务知识】

(一) DNS 简介

DNS(Domain Name System,域名系统),因特网上作为域名和 IP 地址相互映射的一个分布式数据库,能够使用户更方便地访问互联网,而不用去记忆能够被机器直接读取的 IP 地址。通过主机名,最终得到该主机名对应的 IP 地址的过程叫做域名解析(或主机名解析)。

每个 IP 地址都可以有一个主机名,主机名由一个或多个字符串组成,字符串之间用小数点隔开(如 www. ks. gov. cn)。有了主机名,就不用死记硬背每台设备的 IP 地址,只要记住相对直观有意义的主机名就行了。

主机名到 IP 地址的映射有两种方式:

(1) 静态映射,每台设备上都配置主机到 IP 地址的映射,各设备独立维护自己的映射表,而且只供本设备使用;

(2) 动态映射,建立一套域名解析系统(DNS),只在专门的 DNS 服务器上配置主机到 IP 地址的映射,网络上需要使用主机名通信的设备,首先需要到 DNS 服务器查询主机所对应的 IP 地址,动态映射是目前主要的使用方式。

在解析域名时,也可以首先采用静态域名解析的方法,如果静态域名解析不成功,再采用动态域名解析的方法。可以将一些常用的域名放入静态域名解析表中,这样可以大大提高域名解析效率。提供 DNS 服务的是安装了 DNS 服务器端软件的计算机,服务器端软件既可以是基于 Linux 操作系统,也可以是基于 Windows 操作系统的,中小企业一般没有必要部署 DNS 服务器。

(二) 带宽

带宽的含义非常广泛，有表示模拟信号传输速度的带宽(又称频宽)，有表示内存、总线、显卡速度的带宽。在网络传输中，带宽指网络传输速率，严格来说，数字网络的带宽应使用波特率(baud)来表示，表示每秒的脉冲数。但一般用比特率(bps)表示，即每秒钟传输的比特数，描述带宽时常常把“比特/秒”省略。例如，带宽是 1 M，实际上是 1 Mbps，这里的 Mbps 是指兆位每秒。

【思考与讨论】

李想公司从电信公司申请的带宽是 20 M，其理论上的下载速度(下行速度)最大是多少 MB/s? 为什么?

【任务实践】

(一) 实验目的

掌握无线路由器的高级配置，学会搭建更加安全的无线网络。

(二) 实验内容

要求：在任务二组建的无线局域网的基础上，小组合作完成以下实验。

(1) 只允许本组组长的主机管理无线路由器。

(2) 组长机设置为家长 IP，其他设备为小孩 IP，各组进行家长控制。

(3) 组长机带宽确保在 10 M 以上，其他设备带宽限制在 5 M 以内。

(4) 各小组之间通过静态路由实现互通。

(5) 修改管理员密码。

(三) 实验环境及工具

(1) 在网络实验室或机房进行；

(2) 提前做好以下准备工作：每组一套设备(无线网卡、无线路由器、网线等)。

(四) 实验过程

(1) 将全班同学分成若干小组，选定组长，分配实验任务；

(2) 将实验结果填入下表。

项目	结论
管理机 IP 地址、MAC 地址	
家长控制内容记录	
带宽限制记录	
小组之间互联拓扑图及静态路由设置	
新管理员密码	

【任务评价】

评价一下自己的任务完成情况，在相应栏目中打“√”。

项目		评价依据	优秀	良好	合格	继续努力
任务背景（10）		明确任务要求，解决思路清晰				
任务实施准备（20）		收集任务所需资料，任务实施准备充分				
任务实施（40）	子任务	评价内容或依据				
	任务一	无线路由器管理主机的 MAC 地址				
	任务二	“家长控制”设置				
	任务三	IP 带宽控制设置				
	任务四	系统设置				
任务效果（30）		正确完成任务目标，具有较强的团队精神和合作意识，在任务实施过程中具有探究精神				
问题与感想						

项目五　网络管理

任务一　用户账户、组账户的新建和管理

【情景描述】

李想发现有几个同事会经常使用公司网络的公用电脑，他们都是以管理员的身份登录到系统，使用网络资源，这样非常不安全。那么如何设定用户使用系统资源时具有不同的权限，保证系统的安全性。于是，他打算在公用电脑上为不同的用户设定不同的用户账户，赋予不同的权限级别，具有相同权限的用户账户可以加到相应的组账户中。

【任务分析】

安全使用系统资源和网络资源，是计算机系统管理中必须考虑的问题。在计算机中建立不同权限的用户账户和组账户是最基本的要求。本任务的主要目的是完成用户账户和组账户的创建等工作，具体包括以下内容：

(1) 理解用户账户、组账户基本概念；

(2) 掌握用户账户和组账户的新建、更改、删除等基本操作。

【任务实施】

(一) 新建用户账户

为了安全，在一台公用计算机上建立本地用户账户是非常必要的。下面就来学习一下在 Windows Server 2008 操作系统如何创建一个新的本地用户账户。

(1) 用鼠标右键单击桌面上【我的电脑】图标，在弹出的快捷菜单中选择【管理】命令，打开【服务器管理器】窗口。在左侧窗口列表中选择【配置】|【本地用户和组】|【用户】选项，此时右侧窗口中出现已有的默认账户名称，如图 5-1-1 所示。

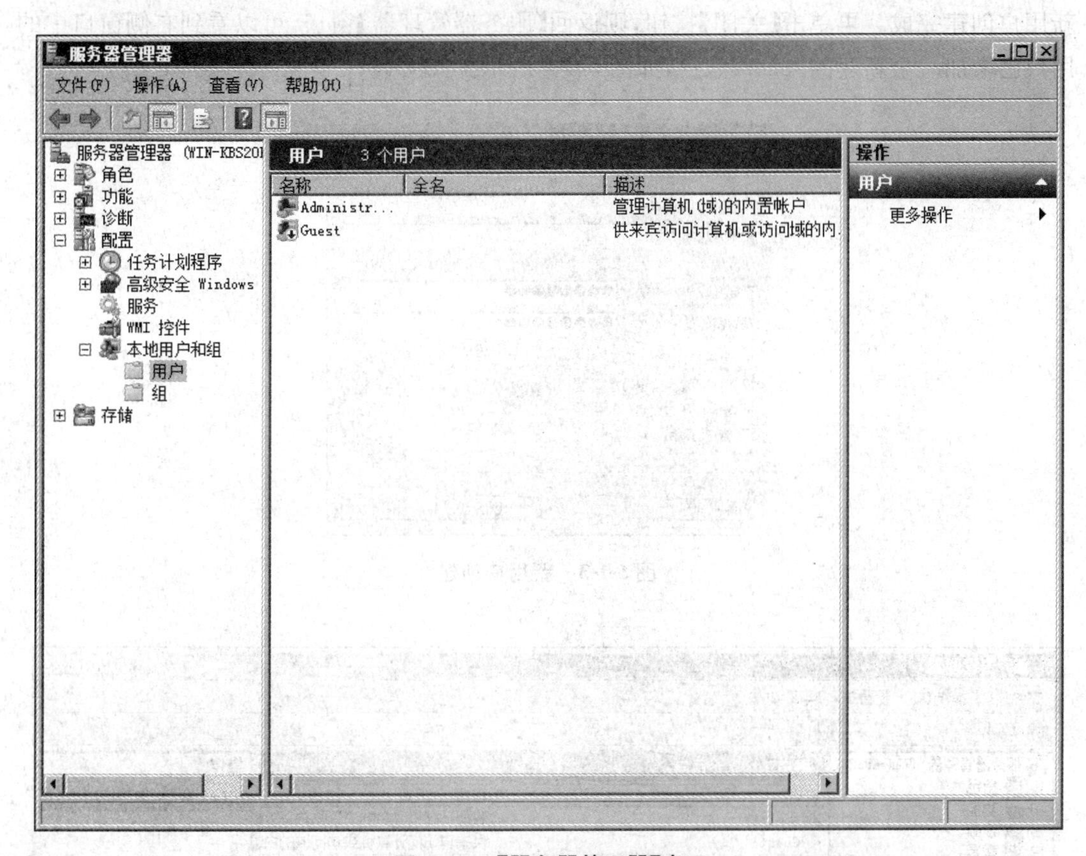

图 5-1-1　【服务器管理器】窗口

(2) 在右侧窗口空白处单击鼠标右键，在弹出的快捷菜单中选择【新用户】命令，弹出如图 5-1-2 所示的【新用户】对话框。

新用户
用户名(U): user
全名(F):
描述(D):
密码(P):
确认密码(C):
用户下次登录时须更改密码(M)
用户不能更改密码(S)
密码永不过期(W)
帐户已禁用(B)
帮助(H)　创建(E)　关闭(O)

图 5-1-2　【新用户】对话框

(3) 在文本框中分别输入新建用户名(此处设为“user”)和密码,新建的用户名不能与计算机上的其他用户名或组名相同,为了避免下次用户登录时更改密码的麻烦,可重新选择【用户不能更改密码】和【密码永不过期】两个复选框,如图 5-1-3 所示。单击【创建】按钮,则新用户创建完成。再单击【关闭】按钮,则返回【服务器管理器】窗口,可以看到右侧窗口中的用户已增加一个新建的“user”账户,如图 5-1-4 所示。

新用户
用户名(U): user
全名(F):
描述(D):
密码(P): ●●●●●●●●
确认密码(C): ●●●●●●●●
用户下次登录时须更改密码(M)
用户不能更改密码(S)
密码永不过期(W)
帐户已禁用(B)
帮助(H) 创建(E) 关闭(O)

图 5-1-3　新用户创建

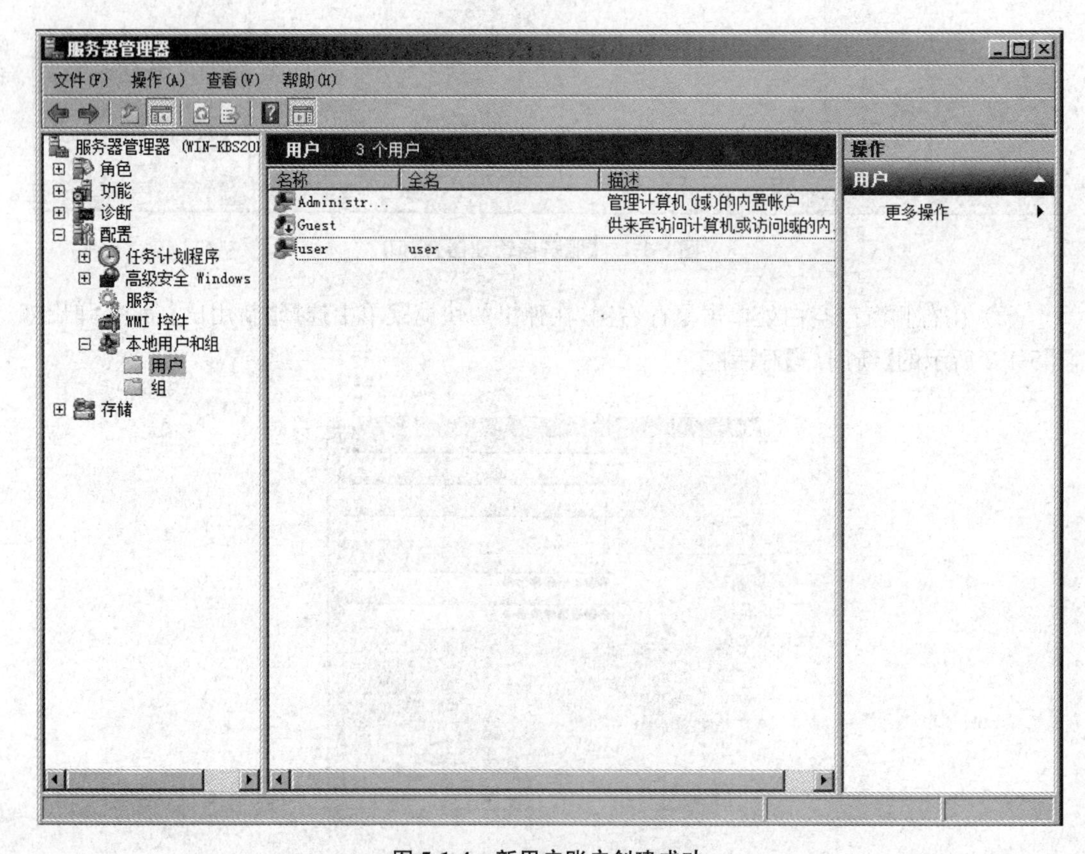

图 5-1-4　新用户账户创建成功

（二）管理用户账户

新建了用户账户之后，可以对其进行管理，包括更改密码、禁用和激活账户、删除账户、重命名账户等。当某个用户忘记了密码，无法登录本地计算机时，需要管理员重新设置用户密码。如果一段时间内某个用户账户不会登录到计算机，那么出于系统安全考虑，可以禁用该账户。当需要保留某个用户的全部权限，并且要将此权限赋予不同用户的时候，可以重新命名此用户账户。当不再需要某个账户的时候，也可以删除该账户。

（1）在如图5-1-4所示的窗口中，用鼠标右键单击账户【user】，在弹出的快捷菜单中选择【属性】命令，出现如图5-1-5所示的【user属性】对话框。

（2）在【常规】选项卡中选择【账户已禁用】复选框，则可禁用该账户。切换到【隶属于】选项卡，可以修改该账户所属的工作组，如图5-1-6所示。

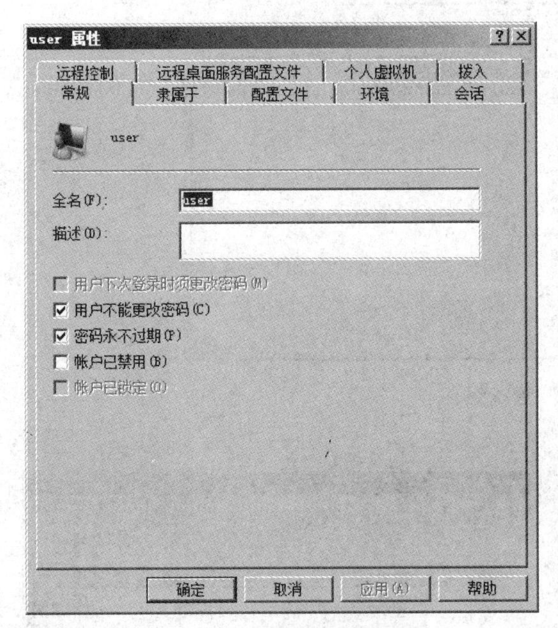

图5-1-5　设置账户属性

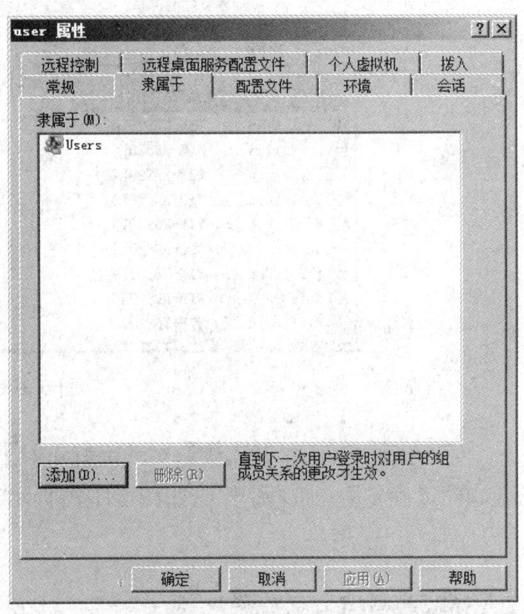

图5-1-6　设置账户隶属关系

（3）单击【添加】按钮，出现如图5-1-7所示的【选择组】对话框。

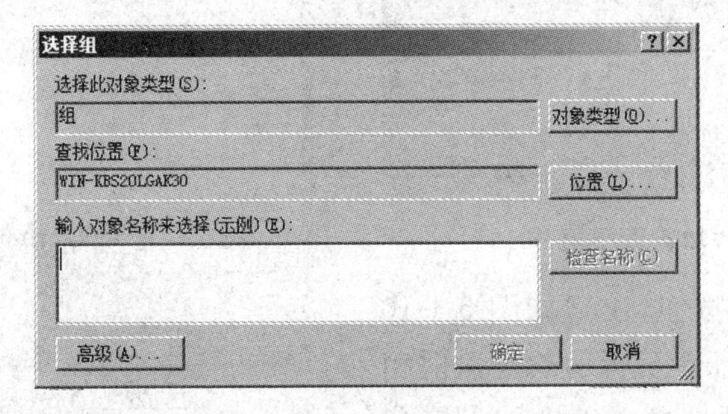

图5-1-7　【选择组】对话框

(4) 单击【高级】按钮,则对话框变成如图 5-1-8 所示的状态,再单击【立即查找】按钮。

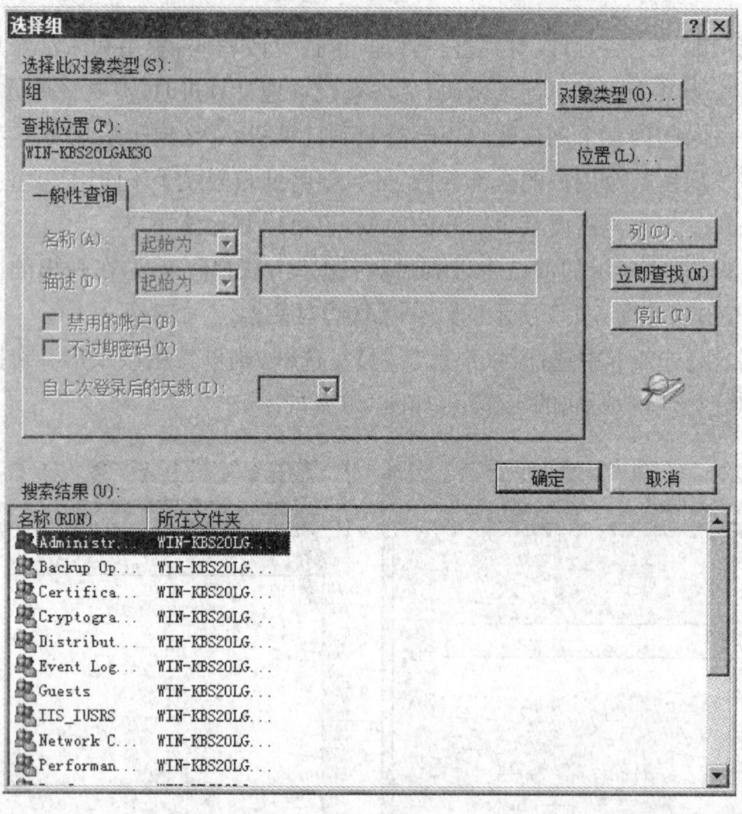

图 5-1-8 查找组

(5) 在搜索结果中选中【Administrators】组,单击【确定】按钮,则出现如图 5-1-9 所示的对话框。

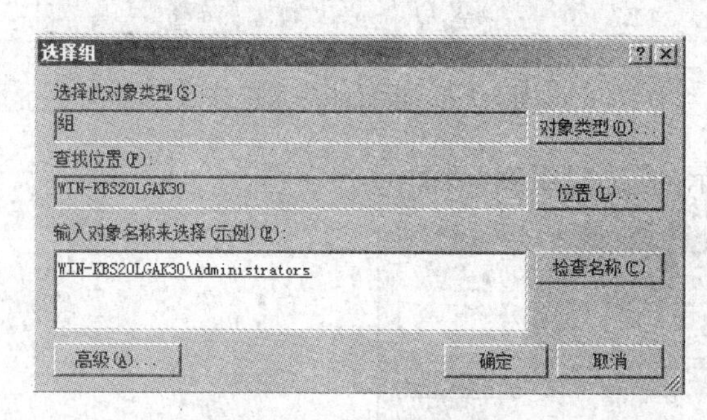

图 5-1-9 添加管理员组

(6) 单击【确定】按钮,出现如图 5-1-10 所示的对话框。与图 5-1-6 所示的对话框相比,可见已增加了管理员组,此时"user"账户已成为系统管理员。

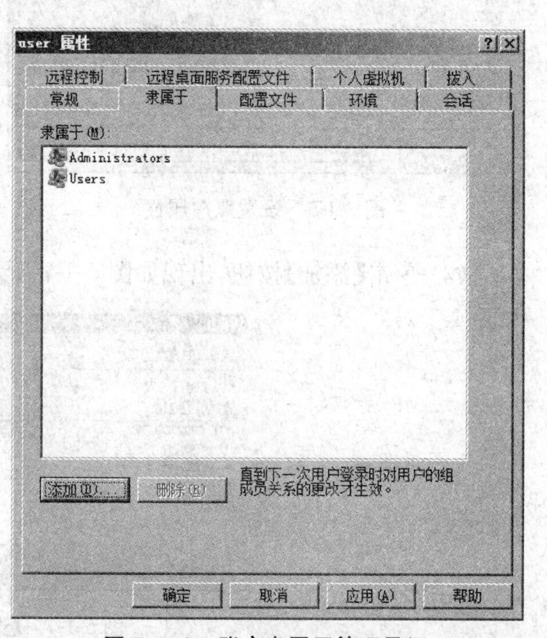

图 5-1-10 账户隶属于管理员组

(7) 在【服务器管理器】窗口中，鼠标右键单击【user】账户，弹出快捷菜单，如图 5-1-11 所示，选择【删除】(或【重命名】)该账户。这里选择【设置密码】命令，如图 5-1-12 所示。

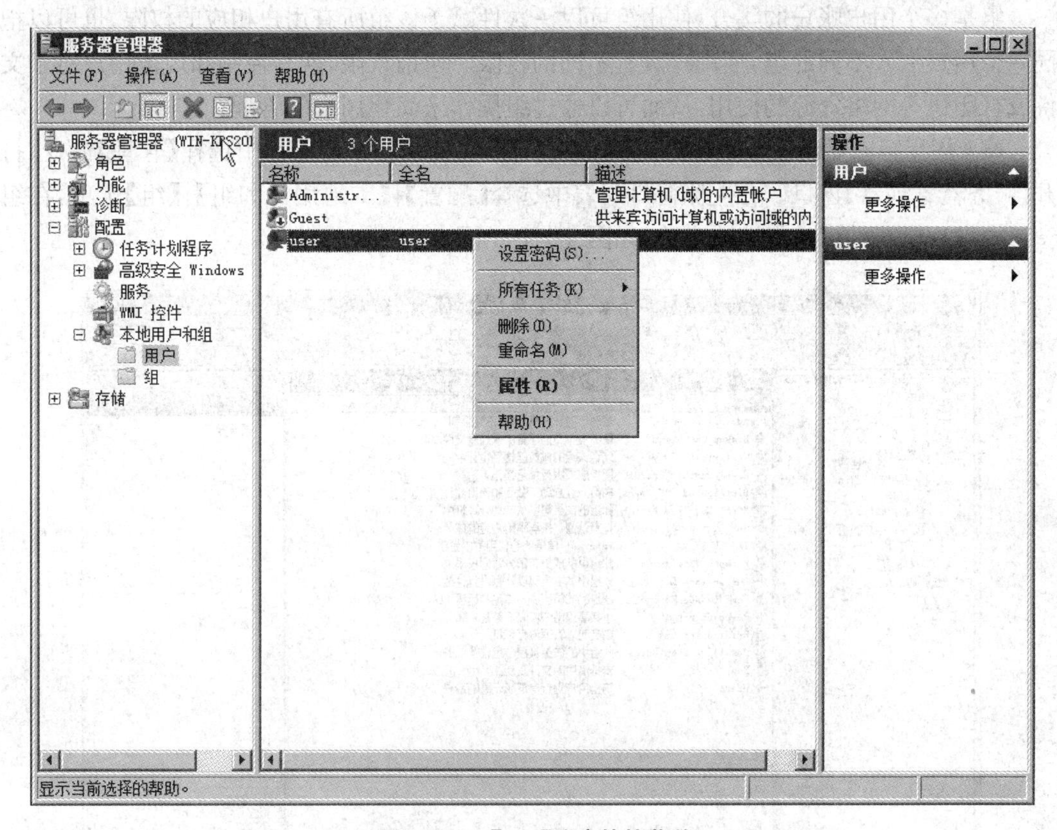

图 5-1-11 【user】账户快捷菜单

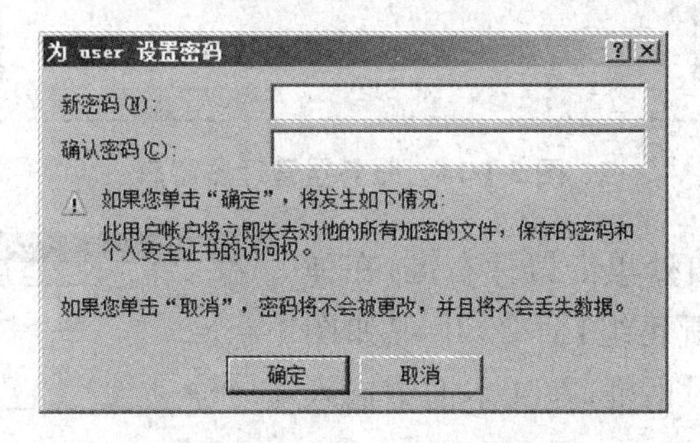

图 5-1-12 密码设置对话框

(8) 输入新密码和确认密码(两次输入的密码必须完全相同)，并单击【确定】按钮，出现如图 5-1-13 所示的【本地用户和组】对话框，显示新密码已设置成功。

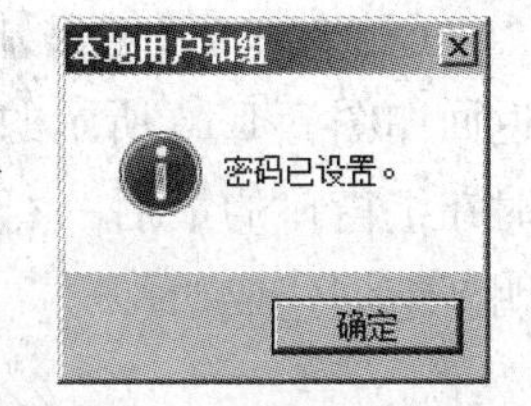

图 5-1-13 新密码设置成功

(三) 新建组账户

组是多个用户账户的集合,使用组可以一次性赋予该组所有用户相应的权限,也可以把同一个用户加入不同的组,使用户具有不同的权限。所谓权限,就是控制和规范用户对于文件或打印机等网络资源的使用,从而可以通过组操作来简化用户的管理。

(1) 用鼠标右键单击桌面上【我的电脑】图标,在弹出的快捷菜单中选择【管理】命令,打开【服务器管理器】窗口。在左侧窗口列表中选择【配置】|【本地用户和组】|【组】选项,在组窗口中出现已有的默认组账户名称,如图 5-1-14 所示。

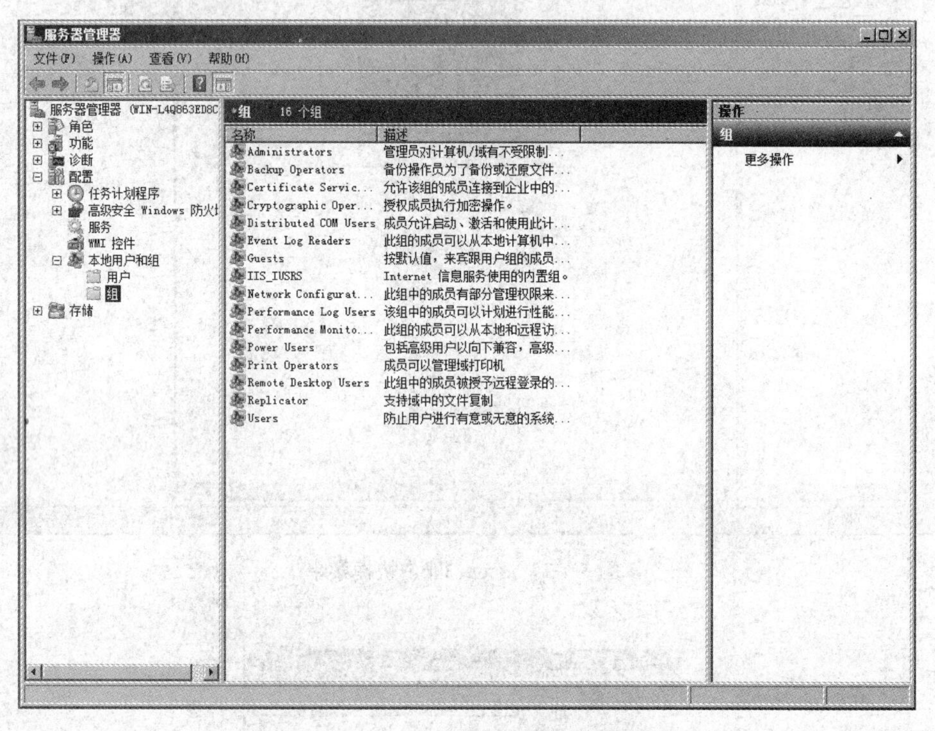

图 5-1-14 服务器管理器窗口

(2) 在右侧窗口空白处单击鼠标右键,在弹出的快捷菜单中选择【新建组】命令,出现如图 5-1-15 所示的【新建组】对话框,在文本框中输入新建组名(此处设为“test”)。

(3) 先单击【创建】按钮,再单击【关闭】按钮,返回如图 5-1-16 所示的【服务器管理器】窗口,此时在组窗口的最后一行已出现一个【test】组,表明新组创建成功。

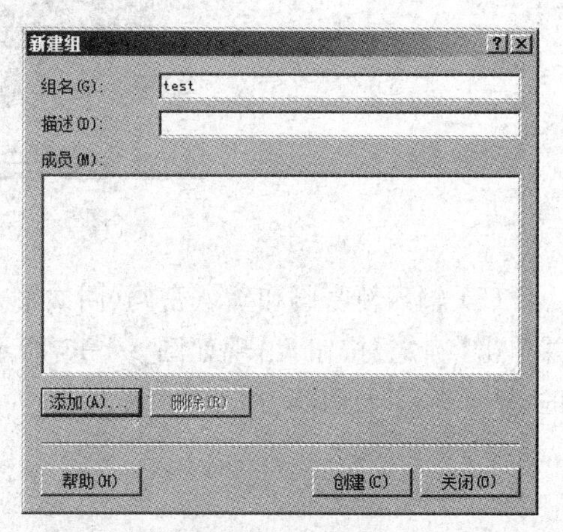

图 5-1-15 新建组

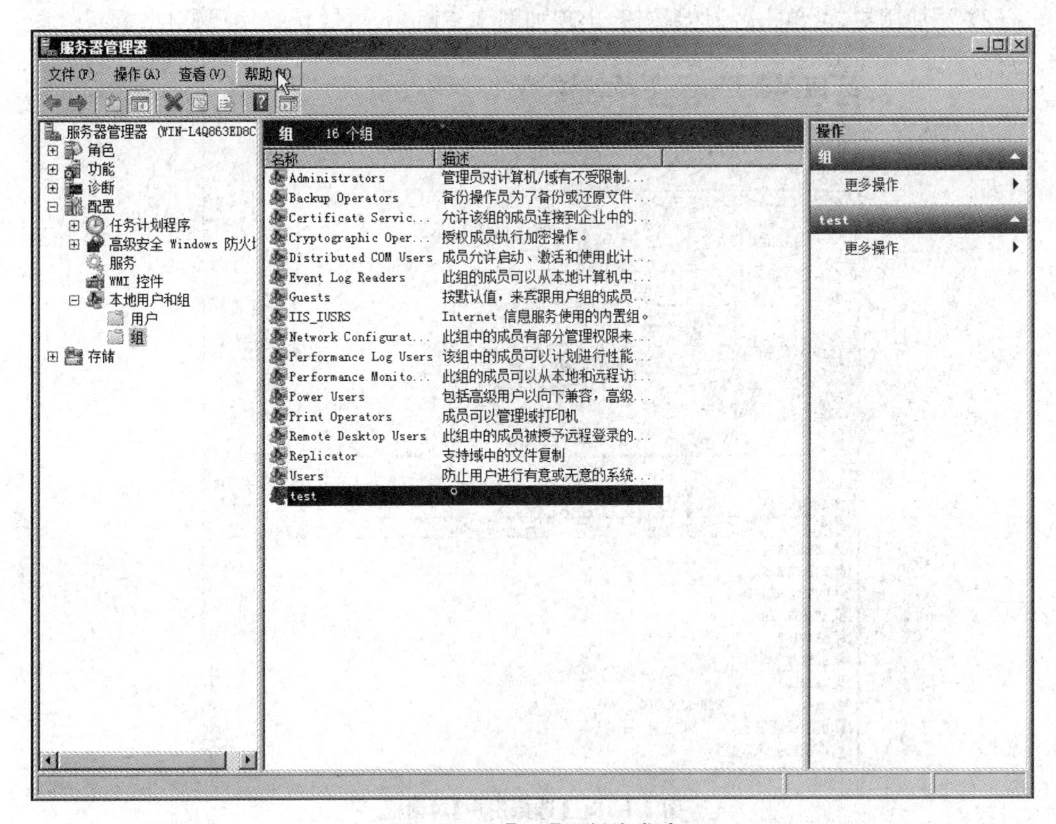

图 5-1-16 【test】组创建成功

(四) 管理组账户

(1) 在如图 5-1-16 所示的窗口中用鼠标右键单击【test】组，在弹出的快捷菜单中选择【属性】命令，出现如图 5-1-17 所示的【test 属性】对话框，此处可添加或删除组内用户。

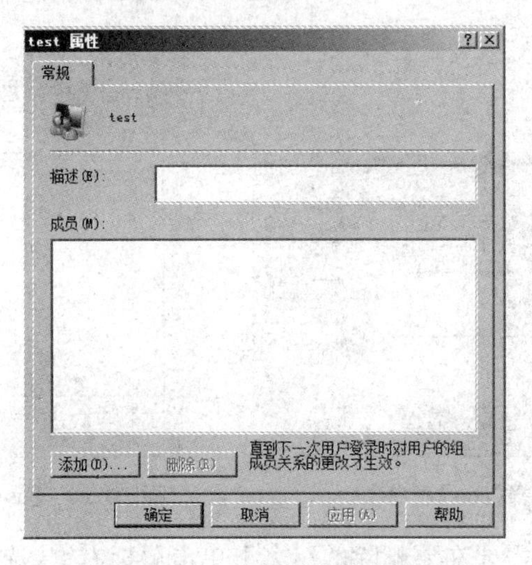

图 5-1-17 【test 属性】对话框

（2）添加用户，可单击【添加】按钮，出现如图 5-1-18 所示的【选择用户】对话框。

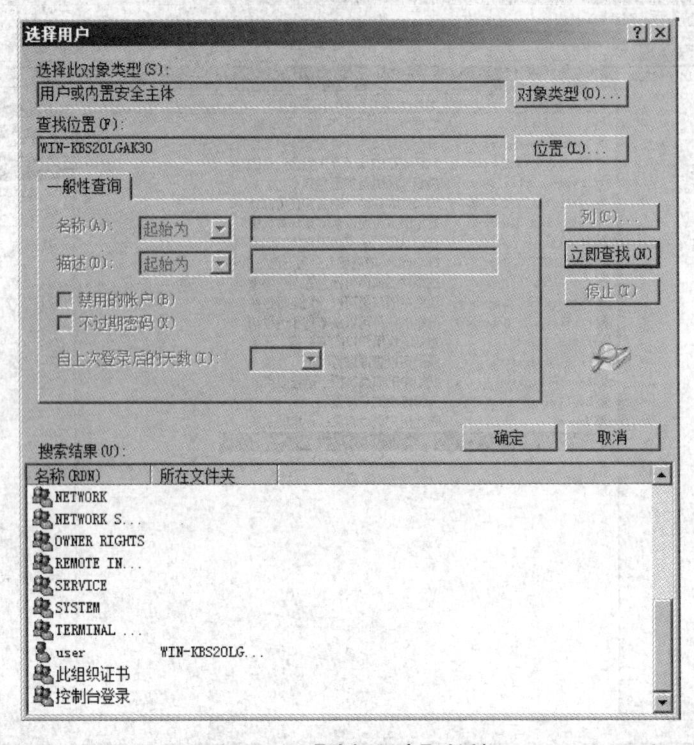

图 5-1-18 【选择用户】对话框

（3）任意选择需要加入到组的账号，可单选，也可以按住 Shift 键进行多选。本例中仅选中【user】账户，单击【确定】按钮，弹出如图 5-1-19 所示的【选择用户】对话框，再单击【确定】按钮，可看到【user】已加入到【test】组中，如图 5-1-20 所示。

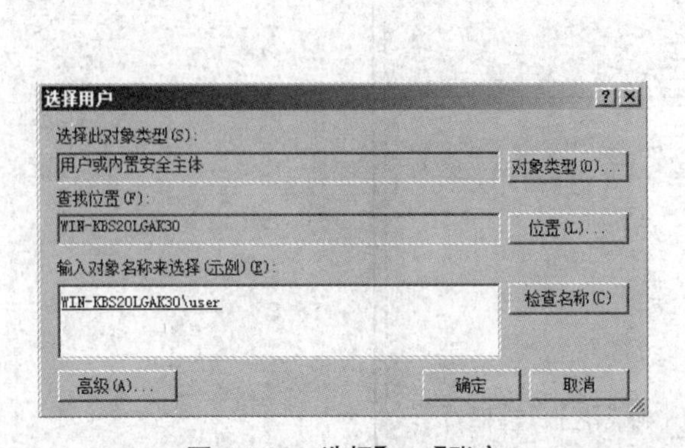

图 5-1-19 选择【user】账户

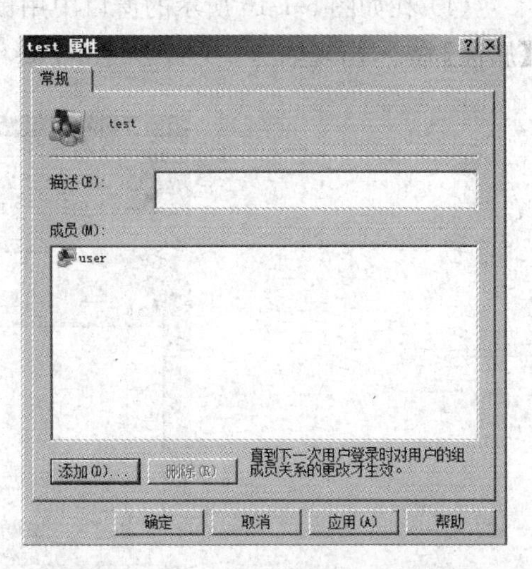

图 5-1-20 【user】账户已加入到【test】组

（4）删除组账户，只需要在要删除的组名上单击鼠标右键，选择【删除】命令即可，如图

5-1-21 所示。

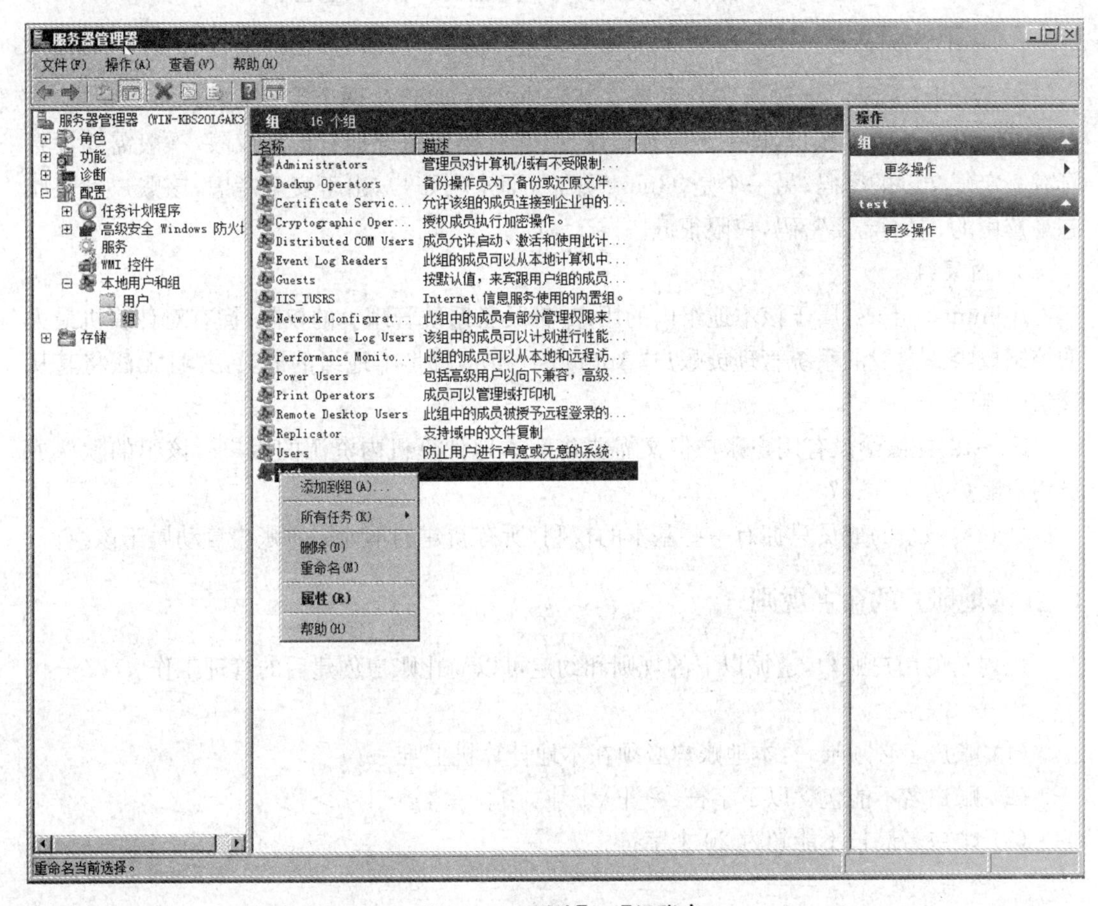

图 5-1-21　删除【test】组账户

【任务知识】

(一)“用户”与“用户账户”的区别

在工作中，我们经常会遇到两个概念：“用户”与“用户账户”，这两个概念具有不同的含义。简单地说，“用户”是指网络中工作的人；“用户账户”则是指用户在网络中工作时所使用的身份标志。例如：李想是公司的员工，他需要在公司的网络中工作，那么他就是该网络中的一个用户；但是，李想还必须使用一个特定的身份(如 user)才能够安全的访问网络，那么他使用的这个身份标志(即 user)就是一个用户账户。

由于“用户”和“用户账户”是两个不同的概念，所以一个用户可以具有多个用户账户。一个用户账户也可以被多个用户同时使用。

(二) Windows Server 2008 操作系统的默认本地账户和内置组

1. 默认本地账户

在 Windows Server 2008 操作系统安装完毕之后，会产生两个重要的默认本地账户：一个是“Administrator”账户，即系统管理员账户，它对操作系统拥有最高权限，一般需要设置具有一定复杂度的密码；另一个是“Guest”账户，即来宾账户，出于安全考虑，该账户默认状态是禁用的，它不需要密码，权限很低。

2. 内置组

Administrators：属于该本地组内的用户，都具备系统管理员的权限，拥有对计算机最大的控制权限。内置的系统管理员账户“Administrator”就是本地组的成员，并且无法将其从该组中删除。

Guests：提供给没有用户账户但又需要访问本地计算机内资源的用户。该组的默认成员用户账户为“Guest”。

Users：该组的成员只拥有一些基本的权利，所有新建的本地用户账户自动属于该组。

(三) 本地账户的命名规则

规划新的用户账户，遵循以下的规则和约定可以简化账户创建后的管理工作。

1. 命名约定

(1) 账户名必须唯一：本地账户必须在本地计算机上唯一。

(2) 账户名不能包含以下字符：* |\[ ]：:| = ，+ |<>"。

(3) 账户名最长不能超过 20 个字符。

2. 密码原则

(1) 一定要给 Administrator 账户指定一个复杂密码，以防止他人随便使用该账户。

(2) 管理员用户和普通用户拥有不同的密码控制权。用户可以给每个用户账户指定一个唯一的密码，并防止其他用户对其进行更改，也可以允许用户在第一次登录时输入自己的密码。关于密码控制，普通用户只能对自己的账户密码进行修改，管理员则有权修改下属的所有用户的密码。

(3) 密码不能太简单，应该不容易让他人猜出。

(4) 密码最多可由 128 个字符组成，推荐最小长度为 8 个字符。

(5) 密码应由大小写字母、数字以及合法的非字母数字的字符混合组成，如“P@ssw0rd”。

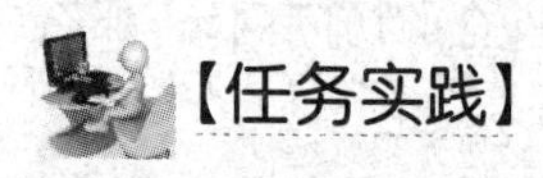

【任务实践】

(一) 实验目的

通过在 Windows Server 2008 操作系统的实践操作，熟练掌握用户账户和组账户的新建、更改、删除等基本操作。

(二) 实验内容

完成以下实验内容。

(1) 在 Windows Server 2008 操作系统中,为用户新建本地用户账户 user1、user2、user3、user4,密码均为"Kstvu2017",并要求用户不能更改密码、密码永不过期。

(2) 因工作变动,要求将 user2 的密码修改为"Aa123456",暂时禁用 user3 账户,并删除 user4 账户。

(3) 新建组账户 group1、group2,将 user1 账户加入到 Administrators 组,将 user2 加入到 group1 组。

(4) 重启系统,分别以 user1、user2 账户登录系统,查看和比较不同的操作权限。

(三) 实验环境及工具

(1) 在网络实验室或在机房进行;

(2) 提前做好以下准备工作:每人配置一台计算机,安装有 Windows Server 2008 R2 x64 操作系统。

(四) 实验过程

(1) 按照实验内容所规定的步骤完成实验,保存好相关文档。

(2) 撰写实验报告。

【任务评价】

评价一下自己的任务完成情况,在相应栏目中打"√"。

<table>
<tr><th colspan="2">项目</th><th>评价依据</th><th>优秀</th><th>良好</th><th>合格</th><th>继续努力</th></tr>
<tr><td colspan="2">任务背景
（10）</td><td>明确任务要求，解决思路清晰</td><td></td><td></td><td></td><td></td></tr>
<tr><td colspan="2">任务实施准备
（20）</td><td>收集任务所需资料，任务实施准备充分</td><td></td><td></td><td></td><td></td></tr>
<tr><td rowspan="5">任务实施
（40）</td><td>子任务</td><td>评价内容或依据</td><td></td><td></td><td></td><td></td></tr>
<tr><td>任务一</td><td>新建用户账户</td><td></td><td></td><td></td><td></td></tr>
<tr><td>任务二</td><td>管理用户账户</td><td></td><td></td><td></td><td></td></tr>
<tr><td>任务三</td><td>新建组账户</td><td></td><td></td><td></td><td></td></tr>
<tr><td>任务四</td><td>管理组账户</td><td></td><td></td><td></td><td></td></tr>
<tr><td colspan="2">任务效果
（30）</td><td>正确完成任务目标，具有较强的团队精神和合作意识，在任务实施过程中具有探究精神</td><td></td><td></td><td></td><td></td></tr>
<tr><td colspan="2">问题与感想</td><td colspan="5"></td></tr>
</table>

任务二　文件共享设置

【情景描述】

在日常办公中，有时需要在不同电脑间拷贝文件。如使用U盘存储办公文件、使用电子邮件中添加附件功能传送文件、使用聊天工具(如QQ)中的传送文件功能和网络硬盘功能进行文件的传输和共享等。但使用这些方式进行文件的共享与传输时有一定的条件限制，在局域网中实现文件共享的最简便有效的方法是使用共享文件夹。

【任务分析】

可以将某一台电脑中的文件夹设为共享，供其他同事在局域网内访问，同时在设置文件夹共享的同时，也支持权限的设置，如设置成只读、修改、删除等不同操作权限，从而允许用户根据需要对共享文件进行如复制、上传、在线修改等操作，具体包括以下内容：

(1) 文件共享的设置；

(2) 文件共享权限的设置。

【任务实施】

对文件夹进行共享设置，可以使同一个文件夹在局域网中允许不同用户以不同的权限来访问。

(1) 右键单击要共享的文件夹，打开文件夹的【属性】对话框，再选择【共享】选项卡。如图5-2-1所示。

(2) 在图5-2-2中，选择要与其共享的用户。如果要共享给所有的用户，可以选择Everyone，然后点击【添加】按钮。

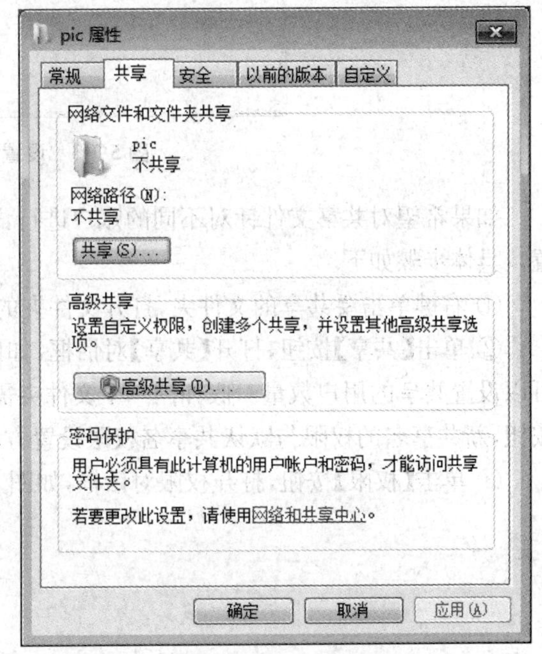

图5-2-1　文件夹共享

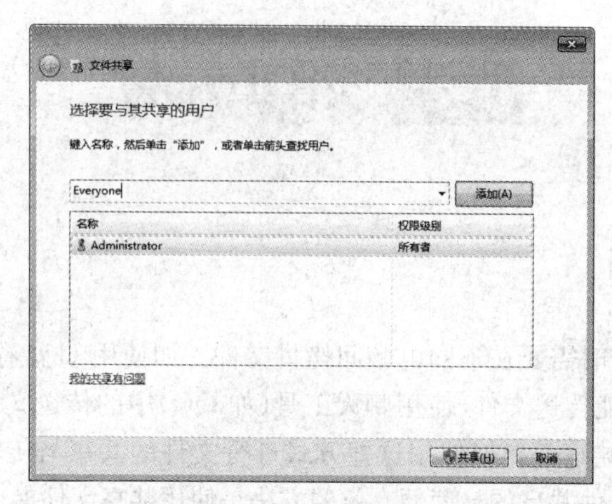

图 5-2-2　选择共享用户

(3) 默认情况下，文件共享是读取模式，如果希望共享文件可以被被人修改，则可以在图 5-2-3 中点【读取】改为【读取/写入】，然后点共享即可，点击完成。

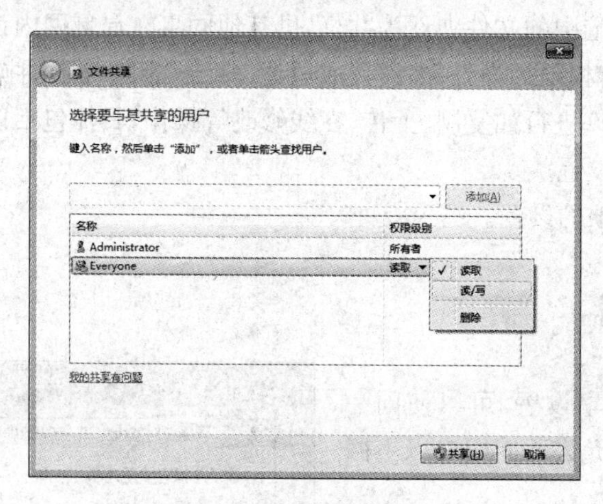

图 5-2-3　设置共享权限

如果希望对共享文件针对不同的账户进行详细的权限设置，可以进行高级文件共享设置。具体步骤如下。

① 右键单击要共享的文件夹，打开文件夹的【属性】对话框，再选择【共享】选项卡。

② 单击【共享】按钮，打开【共享】对话框，如图 5-2-4 所示。勾选【共享此文件夹】，同时可以设置共享的用户数量。假如同一个文件夹需要设置不同的共享名，则可以单击【添加】按钮，新共享名的权限与默认共享名权限设置方法相同。

③ 单击【权限】按钮，打开权限对话框，如图 5-2-5 所示。

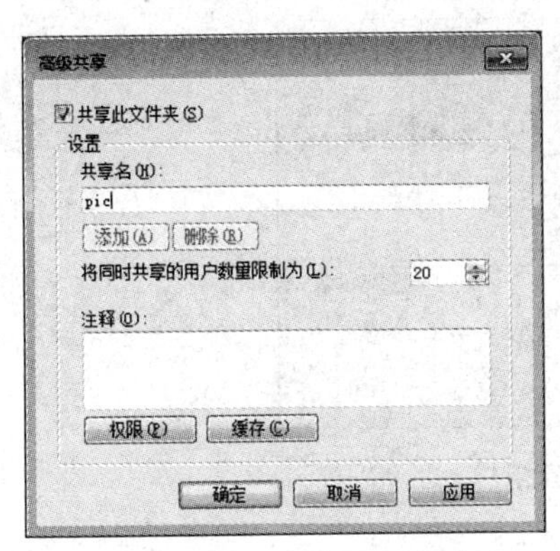

图 5-2-4　文件夹高级共享

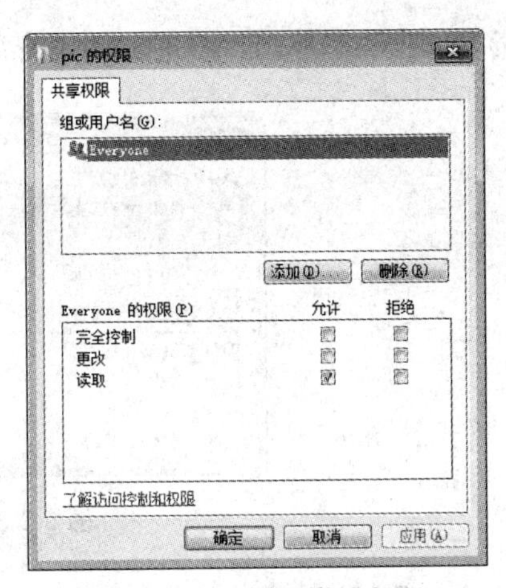

图 5-2-5　文件夹共享权限

(4) 假如需要对不同的用户设置不同的权限，则需要删除“Everyone”用户，单击【添加】重新添加新的用户或组，如图 5-2-6 所示。同时可以通过【对象类型】限定访问用户的类型，通过【位置】选定需要添加的用户所在的网络位置。

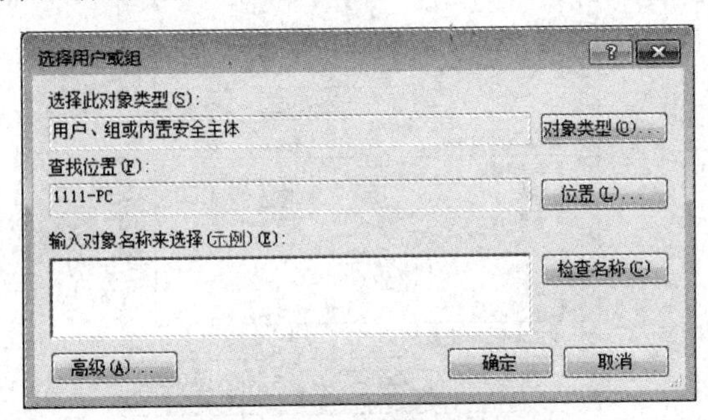

图 5-2-6　添加访问用户

(5) 单击【高级】按钮，打开如图 5-2-7 所示的对话框，再单击【立即查找】，可以选择特定的访问用户。

图 5-2-7　选择访问用户

（6）单击【确定】按钮，将选定的用户添加为访问用户，如图 5-2-8 所示。

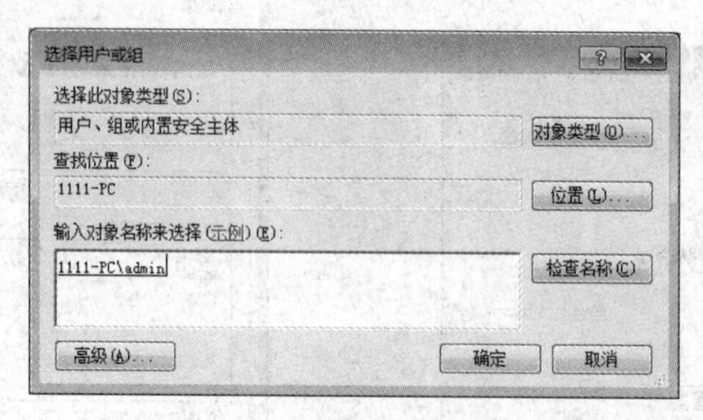

图 5-2-8　添加访问用户

（7）单击【确定】，返回上一级，可进一步设置该用户合适的访问权限。如图 5-2-9 所示。

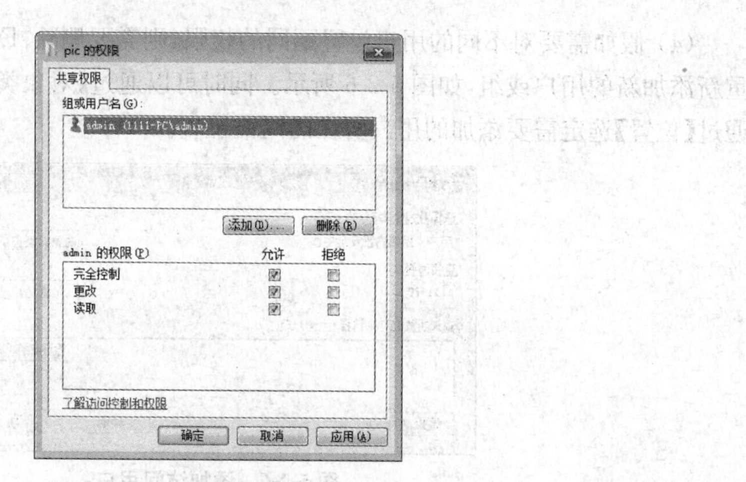

图 5-2-9　设置访问用户的权限

【任务知识】

用户经常会在 Windows 7 系统中遇到共享文件夹操作失败的问题，产生这一问题的原因有很多，下面做具体的分析与解决。

（一）将工作组设置同组

（1）要保证联网的各个计算机的工作组名称一致，首先鼠标右击电脑桌面上的【计算机】图标选择【属性】选项；

（2）然后在弹出来的界面中，点击【计算机名称、域和工作组设置】栏目下的【更改设置】按钮；

（3）接着在系统属性界面中点击【计算机名】选项卡下的【更改】按钮；

（4）最后输入合适的计算机名和工作组名后，点击【确定】按钮保存退出，重启计算机生效。

(二) 更改 Windows 7 系统的相关设置

(1) 依次打开【开始】|【控制面板】|【网络和 Internet】|【网络和共享中心】,然后点击左侧的【更改高级共享设置】项;

(2) 在弹出来的界面中将“网络发现”“文件和打印机共享”和“公用文件夹共享”启用,然后在“密码保护的共享”栏目下选择“关闭密码保护共享”,在“家庭组”部分,建议选择“允许 Windows 管理家庭组连接(推荐)”。

(三) 防火墙的设置

依次打开【控制面板】|【系统和安全】|【Windows 防火墙】,然后检查一下防火墙设置,确保“文件和打印机共享”是允许的状态。

【任务实践】

(一) 实验目的

完成文件共享实训练习,掌握文件共享的设置方法。

(二) 实验内容

完成计算机 2 的文件复制至计算机 1 的 file 文件夹下。

(三) 实验环境及工具

网络实训室和 Windows 7 操作系统。

(四) 实验过程

(1) 查看计算机名;
(2) 搜索计算机;
(3) 从一台计算机将文件复制到另一台计算机上。
① 在计算机 1 上:
A. 找到 C 盘 file(如果不存在,新建该文件夹);
B. 设置共享,右击 file 选择【共享与安全】,点击【共享文件夹】,点击【确定】。
② 在计算机 2 上;
A. 搜索计算机 1;
B. 打开共享 file,复制其中文件到计算机 2。
(4) 设置安全选项:
【开始】|【程序】|【管理工具】|【本地安全策略】,点击【本地策略】|【安全选项】,设置【帐

户】："使用空白密码的本地帐户只允许进行控制台登录"项，将其禁用。

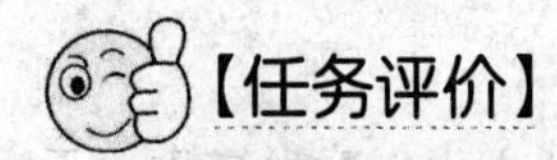

【任务评价】

评价一下自己的任务完成情况，在相应栏目中打"√"。

项目		评价依据	优秀	良好	合格	继续努力
任务背景（10）		明确任务要求　解决思路清晰				
任务实施准备（20）		收集任务所需资料，任务实施准备充分				
任务实施（40）	子任务	评价内容或依据				
	任务一	文件夹共享设置				
	任务二	文件复制				
	任务三	安全选项设置				
任务效果（30）		正确完成任务目标，具有较强的团队精神和合作意识，在任务实施过程中具有探究精神。				
问题与感想						

任务三 网络中的打印机共享

【情景描述】

李想发现公司只有两台打印机，且打印机不带网络打印功能，没有打印机的同事要打印文件时就显得很不方便，经常需要使用U盘拷贝文件或者通过QQ传输文件后才能打印。于是，他打算将公司内的三台打印机设置成共享来解决这一问题。

【任务分析】

共享打印机是在一个局域网内有一台打印机，通过共享硬件资源的方式供所有人使用。要实现这一目标，必须要完成三步操作：

(1) 设置目标打印机共享；

(2) 设置Guest账户；

(3) 查找并安装共享打印机。

【任务实施】

(一) 设置目标打印机共享

(1) 点击【开始】按钮，选择【设备和打印机】，如图5-3-1所示。

(2) 在弹出的窗口中找到要共享的打印机(打印机已正确连接，驱动程序已正确安装)，在该打印机上右击鼠标，选择【打印机属性】，如图5-3-2所示。

图5-3-1 打开设备和打印机

图 5-3-2 打印机属性命令

(3) 在打印机属性窗口中切换到【共享】选项卡，勾选【共享这台打印机】，并且设置一个共享名(请记住打印机共享名，添加共享打印机时会用到)，如图 5-3-3 所示。

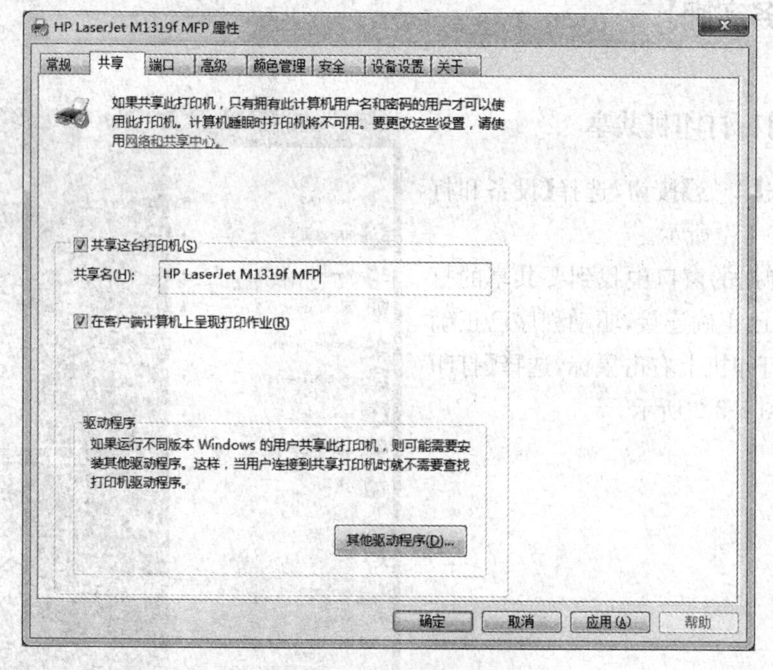

图 5-3-3 打印机属性窗口

(二) 启用 Guest 用户

公司内其他同事要使用目标计算机共享的打印机，必须要连接到目标计算机网络中，即可以访问目标计算机的共享资源。访问目标计算机的共享资源，可以使用目标计算机的账户，也可以使用 Windows 7 系统中自带的 Guest 账户，由于该账户默认是禁用的，所以要将 Guest 用户启用。

(1) 点击【开始】按钮，在【计算机】选项上右键选择【管理】，如图 5-3-4 所示。

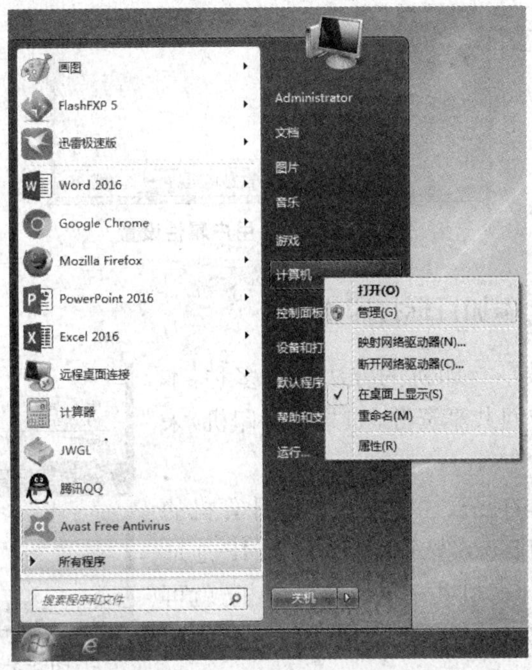

图 5-3-4　管理计算机命令

(2) 在弹出的【计算机管理】窗口中找到【Guest】用户，如图 5-3-5 所示。

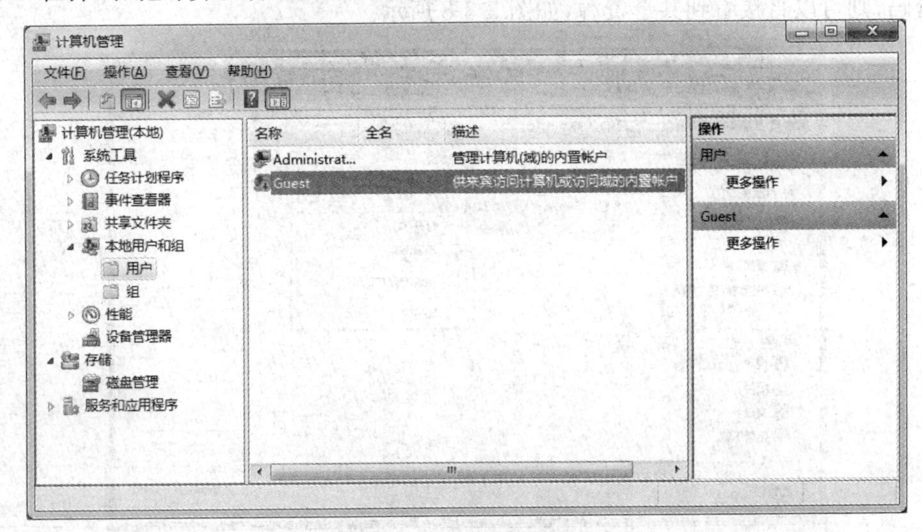

图 5-3-5　用户管理界面

(3) 双击【Guest】,打开【Guest 属性】窗口,确保【账户已禁用】选项处于未被勾选状态,如图 5-3-6 所示。

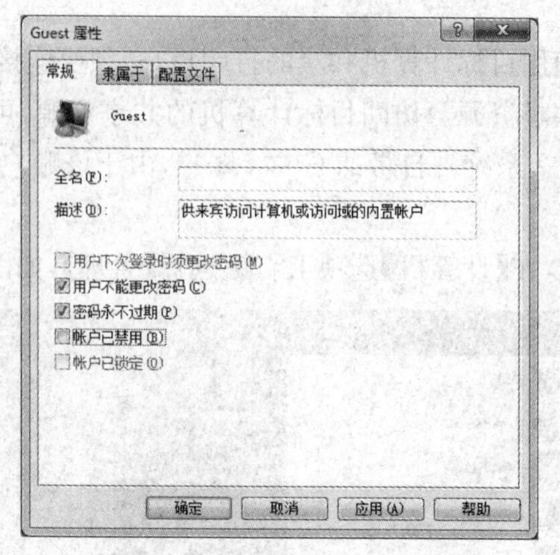

图 5-3-6 Guest 用户属性设置

(三) 在其他计算机上添加目标打印机

在计算机上添加共享打印机的方法有很多种,本文介绍一种直接通过访问共享资源(如共享打印机)来查找打印机的方法。

(1) 在【开始】菜单的搜索栏中输入目标计算机的名称或者 IP 地址,如图 5-3-7 所示。例如已知 IP 地址为 172.16.100.198 的计算机共享了一台计算机,就可以直接输入"\\172.16.100.198",按下回车键,如图 5-3-7 所示。

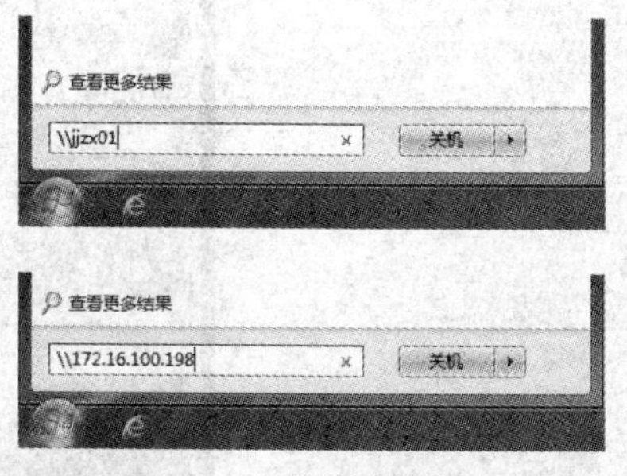

图 5-3-7 搜索共享资源

(2) 如果目标计算机为 Guest 账户设置了密码,则必须要输入密码,如果 Guest 账户未设置密码,则可以直接看到共享资源,如图 5-3-8 所示。

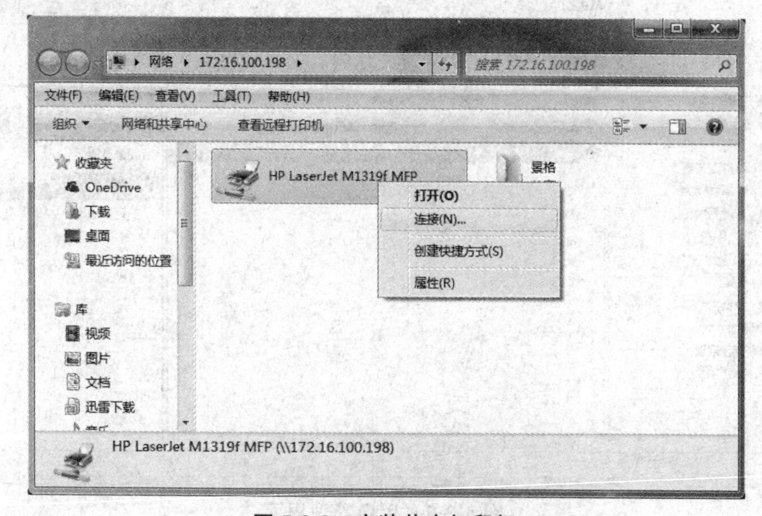

图 5-3-8 安装共享打印机

(3) 在打印机图标上右击鼠标，点击【连接】，可以开始安装共享打印机。打印机安装完成后，可以到【设备和打印机】中查看。可以将新添加的共享打印机设置为默认的打印机，如图 5-3-9 所示，在打印机上图标上右击鼠标，点击【设置为默认打印机】即可。

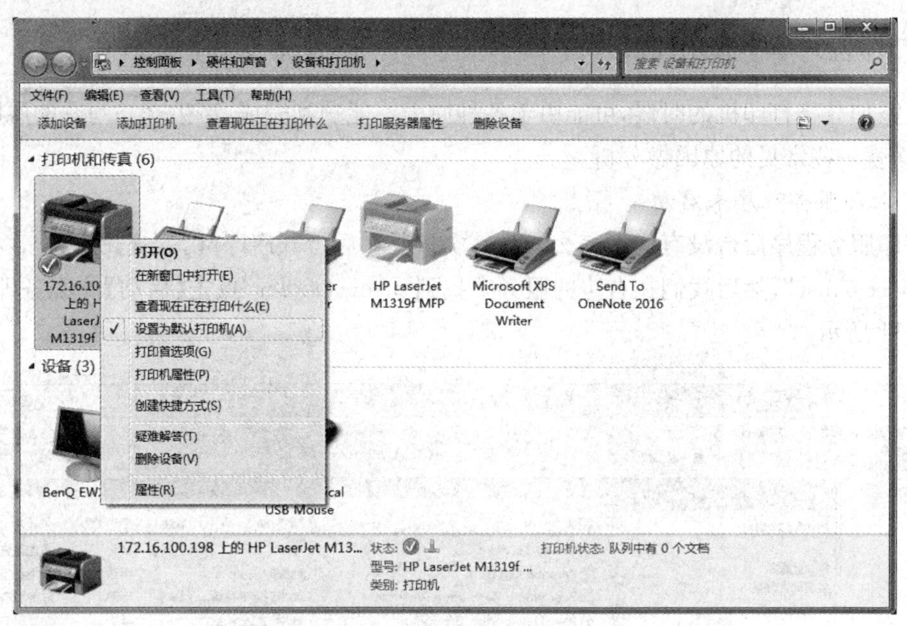

图 5-3-9　设置默认打印机

(4) 共享打印机添加完成后，可以打印测试页来验证。在打印机图标上右击鼠标选择【打印机属性】，在【常规】选项卡中点击【打印测试页】按钮，如图 5-3-10 所示。如果打印机打印出测试页，则说明与共享打印机的连接正常。

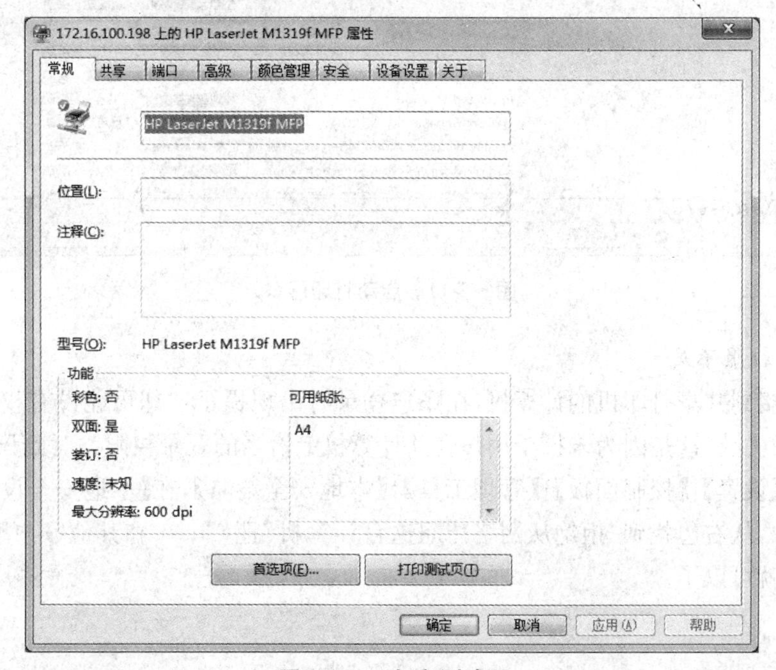

图 5-3-10　打印测试页

【任务知识】

(一) 打印机共享不成功原因分析

在添加共享打印机的时候，可能由于各种原因不能顺利完成，产生这一问题的原因有多种，下面就一些常见的原因做分析。

1. 打印服务程序未启动

打印服务程序后台没有运行怎么办？其实只要在后台开启即可。在【开始】搜索栏中输入“services. msc”，然后我们在右边的服务中找到 print spooler，点击【启动】此服务即可，如图 5-3-11 所示。

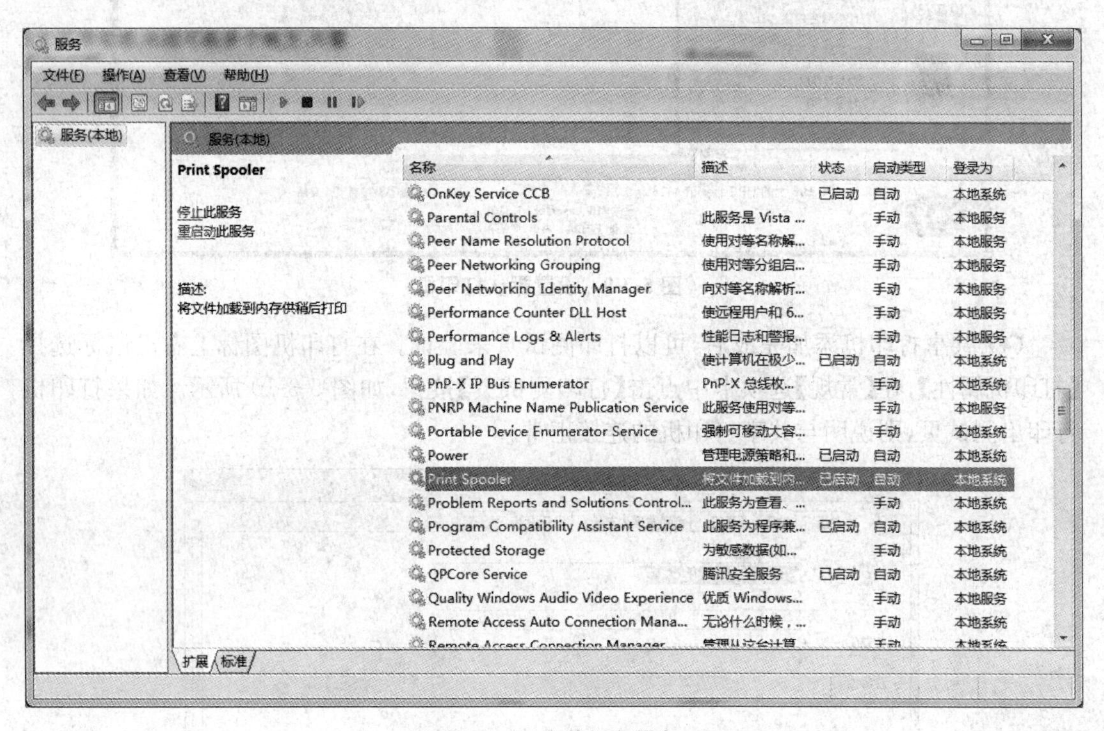

图 5-3-11 启动打印服务

2. 账户权限不足

如果连接到共享打印机的计算机，在账户登录时出现提示：“您可能没有权限使用网络资源”而登录失败，这是因为未授予用户在此计算机上恰当的登录权限。对此只需要在电脑主机上打开【设置】|【控制面板】|【管理工具】|【本地安全策略】，在【本地安全设置】的【用户权利指派】中，从右边找到“拒绝从网络访问这台计算机”把 Guest 和其他账户删除，再点击【确定】按钮就可以了。

(二) 打印机的概念和分类

1. 打印机的概念

打印机(Printer)是计算机的输出设备之一，用于将计算机处理结果打印在相关介质上。衡量打印机好坏的指标有三项：打印分辨率、打印速度和打印噪声。

2. 打印机的种类

打印机的种类很多，对于普通用户主要分为针式打印机、喷墨打印机、激光打印机和3D打印机。

针式打印机在打印机历史的很长一段时间里曾经占有重要的地位，从9针到24针的几十年的历史发展。针式打印机能长时间流行不衰，与它极低的打印成本和较高的易用性以及单据打印的特殊用途是分不开的。当然，它很低的打印质量、很大的工作噪声也是它无法适应高质量、高速度的商用打印需要的根结，所以现在只有在银行、超市等用于票单打印的地方还可以看见它的踪迹。

喷墨打印机因其有着良好的打印效果与较低价位的优点而占领了广大中低端市场。此外喷墨打印机还具有更为灵活的纸张处理能力，在打印介质的选择上，喷墨打印机也具有一定的优势：既可以打印信封、信纸等普通介质，也可以打印各种胶片、照片纸、光盘封面、卷纸等特殊介质。

激光打印机则是近年来高科技发展的一种新产物，也是有望代替喷墨打印机的一种机型，分为黑白和彩色两种，它为我们提供了更高质量、更快速、更低成本的打印方式。其中低端黑白激光打印机的价格目前已经降到了几百元，达到了普通用户可以接受的水平。

3D打印(3DP)即快速成型技术的一种，它是一种以数字模型文件为基础，运用粉末状金属或塑料等可黏合材料，通过逐层打印的方式来构造物体的技术。3D打印通常是采用数字技术材料打印机来实现的。常在模具制造、工业设计等领域被用于制造模型，后逐渐用于一些产品的直接制造，已经有使用这种技术打印而成的零部件。

【任务实践】

(一) 实验目的

掌握打印机的安装和打印机共享设置的方法。

(二) 实验内容

完成本地打印机的安装并共享打印机。

(三) 实验环境及工具

网络实训室，打印机等。

(四) 实验过程

(1) 首先将打印机连接电源,并将打印机与电脑用打印数据线连接。点击屏幕左下角Windows 开始按钮,选择“设备和打印机”进入设置页面。

(2) 在“设备和打印机”页面选择【添加打印机】,此页面可以添加本地打印机或添加网络打印机,如图 5-3-12 所示。

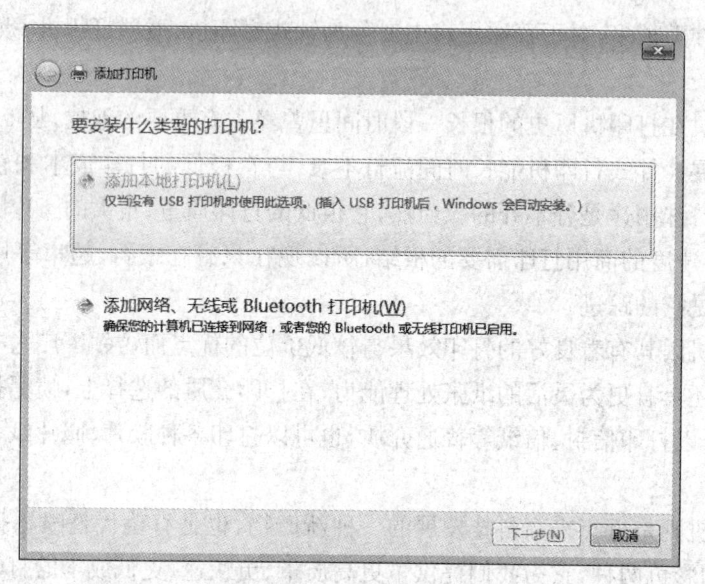

图 5-3-12　安装本地打印机

(3) 选择【添加本地打印机】后,会进入到选择打印机端口类型界面,选择本地打印机端口类型后点击【下一步】,如图 5-3-13 所示。

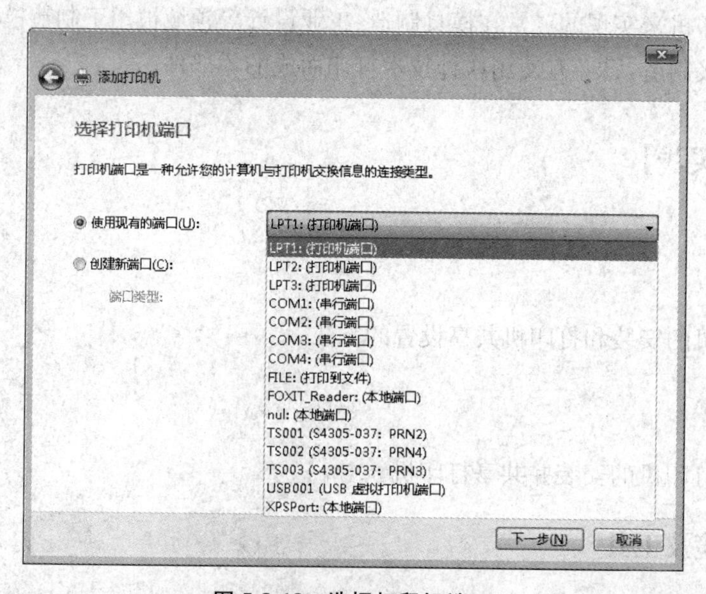

图 5-3-13　选择打印机端口

此页面需要选择打印机的“厂商”和“打印机类型”进行驱动加载，例如“EPSON LP-2200打印机”，选择完成后点击【下一步】。如果Windows 7系统在列表中没有打印机的类型，可以“从磁盘安装”添加打印机驱动。或点击“Windows Update”，然后等待Windows联网检查其他驱动程序，如图5-3-14所示。

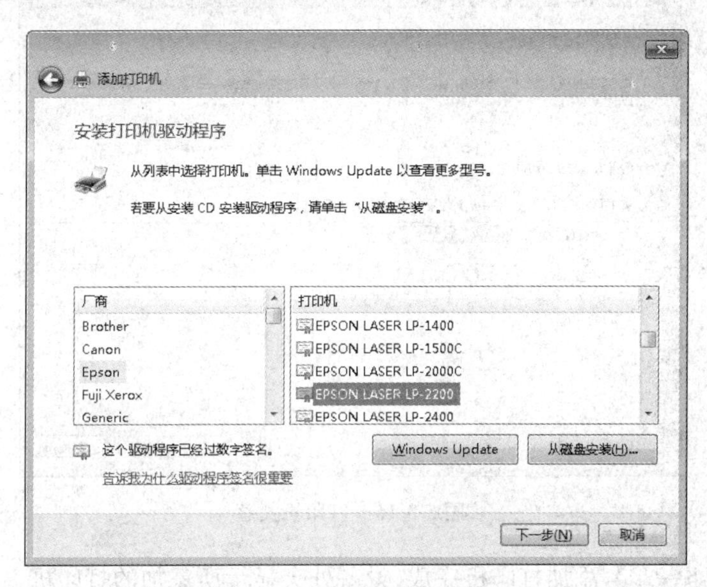

图5-3-14　选择打印机驱动程序

(4) 系统会显示出所选择的打印机名称，确认无误后，然后点击【下一步】进行驱动安装，如图5-3-15所示。

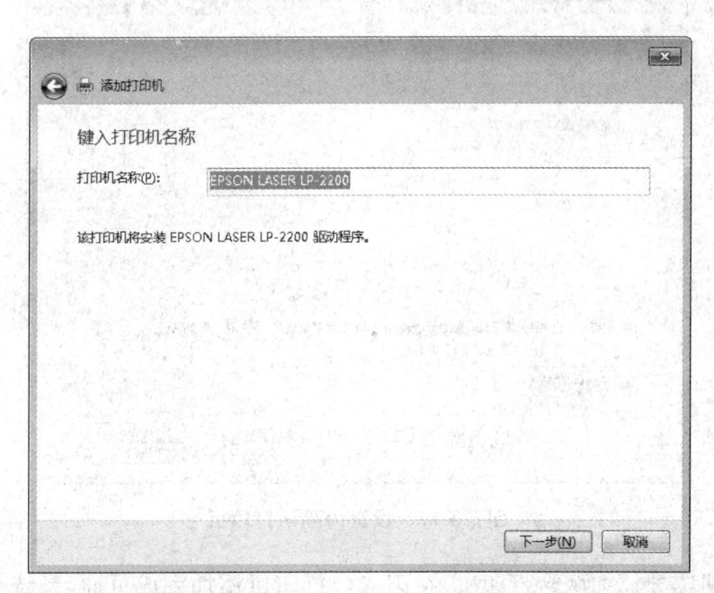

图5-3-15　打印机名称设置

(5) 打印机驱动加载完成后，系统会出现是否共享打印机的界面，可以选择“不共享这台打印机”或“共享此打印机以便网络中的其他用户可以找到并使用它”。如果选择共享此打印机，需要设置共享打印机名称，如图 5-3-16 所示。

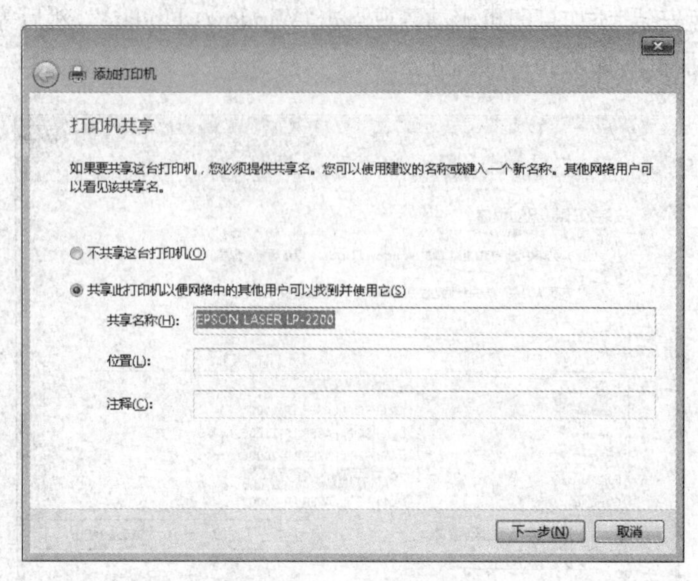

图 5-3-16　打印机共享

(6) 点击【下一步】，添加打印机完成，设备处会显示所添加的打印机。可以通过“打印测试页”检测设备是否可以正常使用，如图 5-3-17 所示。

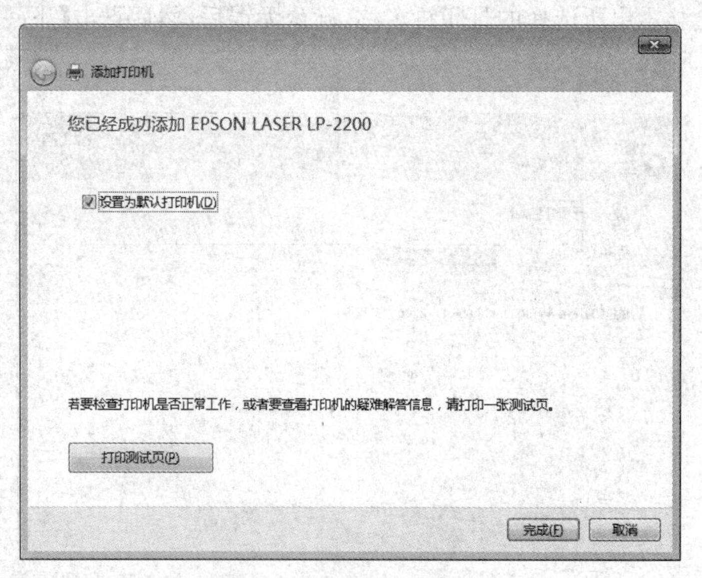

图 5-3-17　设置为默认打印机

如果计算机需要添加两台打印机，在第二台打印机添加完成页面，系统会提示是否“设置为默认打印机”以方便使用。也可以在打印机设备上右击选择【设置为默认打印机】进行更改。

【任务评价】

评价一下自己的任务完成情况，在相应栏目中打“√”。

项目		评价依据	优秀	良好	合格	继续努力
任务背景（10）		明确任务要求，解决思路清晰				
任务实施准备（20）		收集任务所需资料，任务实施准备充分				
任务实施（40）	子任务	评价内容或依据				
	任务一	打印机共享设置				
	任务二	安装网络打印机				
	任务三	安装本地打印机				
任务效果（30）		正确完成任务目标，具有较强的团队精神和合作意识，在任务实施过程中具有探究精神				
问题与感想						

项目六　网络维护

任务一　基本网络测试命令

【情景描述】

李想发现公司网络中的电脑偶尔会发生一些无法联网的小故障，要解决这些小故障就要麻烦公司的网络管理员。细心的他发现，网络管理员在处理这些小故障的时候，首先使用网络命令进行测试，然后逐一排查解决。于是，他决定学习这些基本的网络测试命令，去解决实际问题，这样就可以不用经常麻烦公司的网络管理员了。

【任务分析】

掌握一些基本网络测试命令，可以排除简单的网络故障，这样不但节省时间，还可以有效地提高效率。本任务的主要目的是通过基本网络测试命令的学习，有效运用这些命令对网络进行测试。具体包括以下内容：

(1) 掌握 ipconfig、ping、netstat、arp 这四个最基本网络测试命令的作用和命令格式；

(2) 能够熟练的运用基本网络测试命令对网络进行测试。

【任务实施】

Windows 系统下最常用网络命令有 ipconfig、ping、netstat、arp 等。它们都是在 DOS 命令提示符下使用。DOS 命令提示符可从 Windows 系统的【开始】|【搜索】，输入“cmd”后按回车键，进入命令界面。

(一) 查看电脑的 IP 地址、DNS 地址和网卡的物理地址

ipconfig 命令用于显示本机 TCP/IP 协议配置值，对于通过 DHCP 服务器自动获取 IP 地址的客户端，该命令非常实用。

1. ipconfig 命令格式

ipconfig 命令一般用来检查 TCP/IP 配置是否正确，查看本机 IP 地址、子网掩码和默认网关信息。命令格式(可输入“ipconfig/?”显示)如下：

```
ipconfig [/allcompartments] [/? | /all |
                              /renew [adapter] | /release [adapter] |
                              /renew6 [adapter] | /release6 [adapter] |
                              /flushdns | /displaydns | /registerdns |
                              /showclassid adapter |
                              /setclassid adapter [classid] |
                              /showclassid6 adapter |
                              /setclassid6 adapter [classid] ]
```

2. ipconfig 命令参数

(1) ipconfig

ipconfig 命令无任何参数时，只显示计算机当前的 IP 地址、子网掩码和默认网关值，如图 6-1-1 所示。

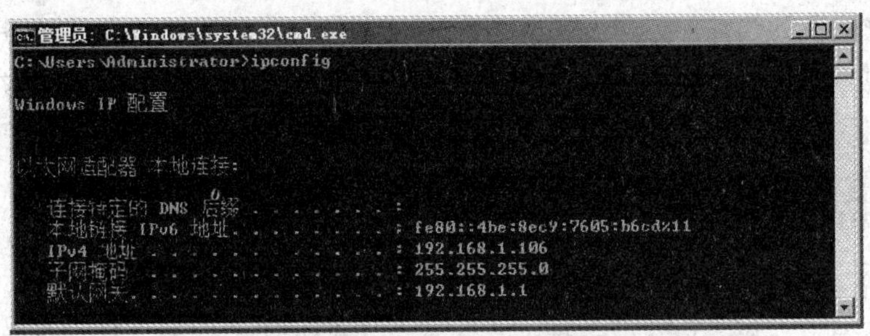

图 6-1-1 无参数的 ipconfig 命令

(2) ipconfig/all

当使用/all 选项时，将显示所有接口的详细信息，包括本地主机名、网卡的物理地址、使用 WINS 和 DNS 服务器解析名称等。如果 IP 地址是从 DHCP 服务器获取的，将显示 DHCP 服务器的 IP 地址和租用地址失效的日期，如图 6-1-2 所示。

```
管理员: C:\Windows\system32\cmd.exe

C:\Users\Administrator>ipconfig/all

Windows IP 配置

   主机名  . . . . . . . . . . . . . : WIN-30E500MCTEH
   主 DNS 后缀 . . . . . . . . . . . :
   节点类型  . . . . . . . . . . . . : 混合
   IP 路由已启用 . . . . . . . . . . : 否
   WINS 代理已启用 . . . . . . . . . : 否
   DNS 后缀搜索列表  . . . . . . . . : localdomain

以太网适配器 本地连接:

   连接特定的 DNS 后缀 . . . . . . . : localdomain
   描述. . . . . . . . . . . . . . . : Intel(R) PRO/1000 MT Network Connection
   物理地址. . . . . . . . . . . . . : 00-0C-29-22-2D-A9
   DHCP 已启用 . . . . . . . . . . . : 是
   自动配置已启用. . . . . . . . . . : 是
   本地链接 IPv6 地址. . . . . . . . : fe80::4be:8ec9:7605:b6cd%11(首选)
   IPv4 地址 . . . . . . . . . . . . : 192.168.182.128(首选)
   子网掩码  . . . . . . . . . . . . : 255.255.255.0
   获得租约的时间  . . . . . . . . . : 2017年7月3日 18:17:40
   租约过期的时间  . . . . . . . . . : 2017年7月3日 18:47:40
   默认网关. . . . . . . . . . . . . : 192.168.182.2
   DHCP 服务器 . . . . . . . . . . . : 192.168.182.254
   DHCPv6 IAID . . . . . . . . . . . : 234884137
   DHCPv6 客户端 DUID  . . . . . . . : 00-01-00-01-20-EB-C8-78-00-0C-29-22-2D-A9

   DNS 服务器  . . . . . . . . . . . : 192.168.182.2
```

图 6-1-2　ipconfig/all 命令返回信息

(3) ipconfig/renew

如果计算机使用 DHCP 服务器获得配置,可使用 ipconfig/renew 命令开始刷新配置,重新获得 IP 地址等配置值。

(4) ipconfig/release

立即释放主机的当前 DHCP 配置,/release 和/renew 只使用于向 DHCP 服务器获得 IP 地址计算机。/release 将所有获得的地址交还给 DHCP 服务器,/renew 参数将重新与 DHCP 服务器联系,并租用获得一个新的 IP 地址。

(二) 检测线路物理连通性

1. ping 命令概述

ping 命令常用于验证与远程计算机的连通性。根据执行命令后的返回信息,确定网络连接是否正常(TCP/IP 参数设置正确性、交换机是否正常、网线是否断开等)。

ping 命令在参数默认情况下,可以发送 4 个 ICMP 回送请求,每个 32 字节的数据,如果一切正常,就能得到 4 个回送应答。回送应答以毫秒为单位显示发送请求到返回应答之间的时间,如果应答时间短,表示网络连接速度比较快,如图 6-1-3 所示。

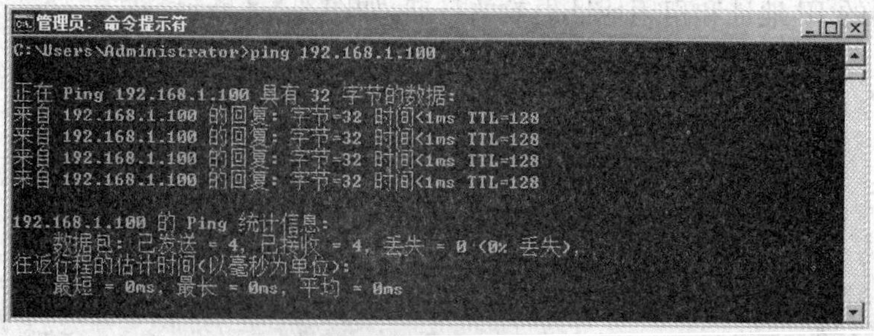

```
管理员: 命令提示符
C:\Users\Administrator>ping 192.168.1.100

正在 Ping 192.168.1.100 具有 32 字节的数据:
来自 192.168.1.100 的回复: 字节=32 时间<1ms TTL=128
来自 192.168.1.100 的回复: 字节=32 时间<1ms TTL=128
来自 192.168.1.100 的回复: 字节=32 时间<1ms TTL=128
来自 192.168.1.100 的回复: 字节=32 时间<1ms TTL=128

192.168.1.100 的 Ping 统计信息:
    数据包: 已发送 = 4, 已接收 = 4, 丢失 = 0 (0% 丢失),
往返行程的估计时间(以毫秒为单位):
    最短 = 0ms, 最长 = 0ms, 平均 = 0ms
```

图 6-1-3　ping 返回信息

如果 ping 不通，对端主机则显示目标“请求超时(Request timeout)”信息，说明网络有故障，如图 6-1-4 所示。有时网络虽然是连通的，但由于目标端主机安装了防火墙(设置 ping 包不通行)，则会造成 ping 包丢失或网络不通的假象。

```
管理员: 命令提示符

C:\Users\Administrator>ping 211.25.3.16

正在 Ping 211.25.3.16 具有 32 字节的数据:
请求超时。
请求超时。
请求超时。
请求超时。

211.25.3.16 的 Ping 统计信息:
    数据包: 已发送 = 4, 已接收 = 0, 丢失 = 4 (100% 丢失),
```

图 6-1-4　ping 不通返回信息

2. ping 命令格式

可以使用“ping/?”显示 ping 命令详细参数：

ping [-t] [-a] [-n count] [-l size] [-f] [-i TTL] [-v TOS] [-r count] [-s count] [[-j host-list] | [-k host-list]] [-w timeout] [-R] [-S srcaddr] [-4] [-6] target_name

主要参数的含义如下：

参数	含义
-t	Ping 指定的主机，直到停止。 若要查看统计信息并继续操作—请键入 Control-Break； 若要停止—请键入 Control-C。
-a	将地址解析成主机名。
-n count	要发送的回显请求数。
-l size	发送缓冲区大小。
-f	在数据包中设置“不分段”标志(仅适用于 IPv4)。
-i TTL	生存时间。
-v TOS	服务类型(仅适用于 IPv4。该设置已不赞成使用，且对 IP 标头中的服务字段类型没有任何影响)。
-r count	记录计数跃点的路由(仅适用于 IPv4)。
-s count	计数跃点的时间戳(仅适用于 IPv4)。
-j host-list	与主机列表一起的松散源路由(仅适用于 IPv4)。
-k host-list	与主机列表一起的严格源路由(仅适用于 IPv4)。
-w timeout	等待每次回复的超时时间(毫秒)。
-R	同样使用路由标头测试反向路由(仅适用于 IPv6)。
-S srcaddr	要使用的源地址。

3. ping 命令检测网络故障的典型次序

当 ping 与目标主机不通，表示网络有故障，这时需要查找故障原因。一般来说，检测顺序可以采用以下步骤：

(1) ping 127.0.0.1

本命令被送到本机的 IP 地址，如果 ping 不通，表示 TCP/IP 协议的安装或运行存在问题。

(2) ping 本机 IP

本命令被送到本机所配置的 IP 地址,计算机对该 ping 命令做出应答,说明网卡工作正常;如果没有,则表示网卡出现故障。

(3) ping 局域网内其他主机的 IP

当返回正确的回送应答,表示本地网络正常。但如果收到 0 个回送应答,则表示网卡配置错误或网络线路有问题。

(4) ping 网关 IP

应答正确表示局域网中的网关路由器正在运行,并能够做出应答。

(5) ping 远程 IP

如果收到 4 个应答,表示成功使用了默认网关。对于拨号上网用户则表示能够成功的访问 Internet。

(6) ping www. xxx. com(如 ping www. cctv. com)

执行 ping www. xxx. com 地址(通过 DNS 服务器解析),如果出现故障,则表示 DNS 服务器的 IP 地址配置不正确或 DNS 服务器有故障。本命令可以将域名对应的 IP 地址解析出来,如图 6-1-5 所示。

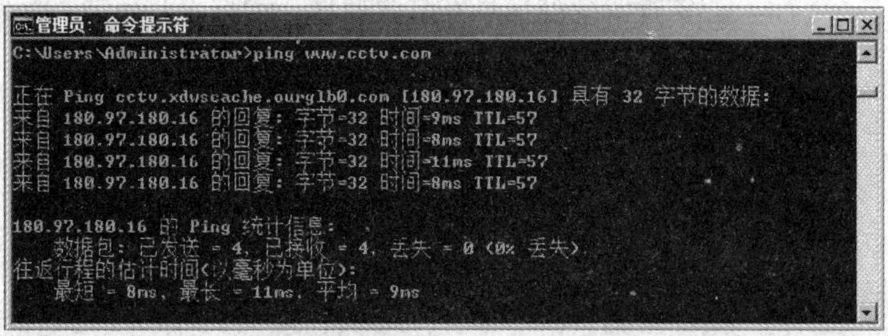

```
管理员: 命令提示符
C:\Users\Administrator>ping www.cctv.com

正在 Ping cctv.xdwscache.ourglb0.com [180.97.180.16] 具有 32 字节的数据:
来自 180.97.180.16 的回复: 字节=32 时间=9ms TTL=57
来自 180.97.180.16 的回复: 字节=32 时间=8ms TTL=57
来自 180.97.180.16 的回复: 字节=32 时间=11ms TTL=57
来自 180.97.180.16 的回复: 字节=32 时间=8ms TTL=57

180.97.180.16 的 Ping 统计信息:
    数据包: 已发送 = 4, 已接收 = 4, 丢失 = 0 (0% 丢失),
往返行程的估计时间(以毫秒为单位):
    最短 = 8ms, 最长 = 11ms, 平均 = 9ms
```

图 6-1-5 ping www. cctv. com 网站返回信息

注意:如果步骤(1)~(6)都正常,则说明本机的本地和远程通信的功能正常。

(三) 显示网络连接信息

1. netstat 命令概述

网络中经常需要与对方进行通信,如打开某个网页,这就需要先建立一个连接,netstat 就可以查看本机当前 TCP/IP 网络的连接状况,也可以监听过程主机的情况。netstat 命令可以显示 IP、TCP、UDP 和 ICMP 等协议的相关统计数据。IP、UDP 是面向无连接的不可靠协议,因此,有时接收到的数据包会出错,TCP/IP 允许这些错误,并能自动重发数据包。但如果出错有较高的比例,或者出错情况加剧,可以使用 netstat 检查出错原因。

2. netstat 命令格式

netstat 命令格式如下:

netstat [-a] [-b] [-e] [-f] [-n] [-o] [-p proto] [-r] [-s] [-t] [interval]

3. netstat 命令参数

netstat 主要几个参数的含义如下：

(1) -a 显示所有连接和侦听的端口。

(2) -e 显示以太网统计，该参数可以与-s 选项结合使用。

(3) -n 以数字格式显示地址和端口号。

(4) -s 显示 TCP、UDP、ICMP 和 IP 等协议的统计。

(5) -r 显示路由表的内容。

4. netstat 常用参数

(1) netstat

无参数时，显示本机当前 TCP/IP 网络的连接情况，如图 6-1-6 所示。

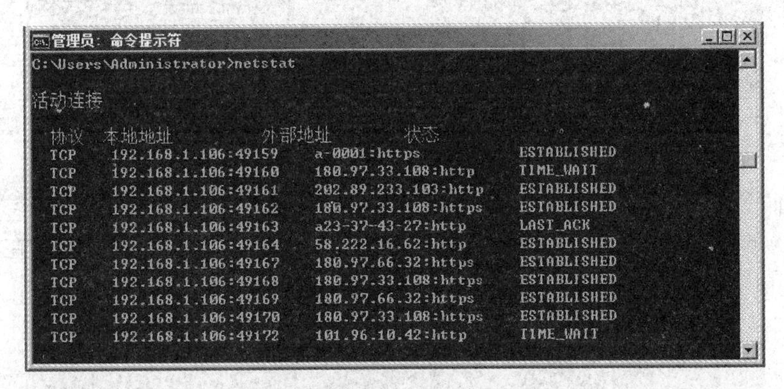

图 6-1-6 执行 netstat 返回信息

(2) netstat -a

参数“-a”显示当前所有有效连接信息列表，此命令可以显示出当前计算机所开放的所有端口，其中包括 TCP 端口和 UDP 端口。当前连接状态有已建立的连接(ESTABLISHED)、监听连接请求(LINTENING)等，如图 6-1-7 所示。

```
管理员: 命令提示符
C:\Users\Administrator>netstat -a

活动连接

  协议  本地地址              外部地址                状态
  TCP   0.0.0.0:135           WIN-30E50OMCTEH:0       LISTENING
  TCP   0.0.0.0:445           WIN-30E50OMCTEH:0       LISTENING
  TCP   0.0.0.0:47001         WIN-30E50OMCTEH:0       LISTENING
  TCP   0.0.0.0:49152         WIN-30E50OMCTEH:0       LISTENING
  TCP   0.0.0.0:49153         WIN-30E50OMCTEH:0       LISTENING
  TCP   0.0.0.0:49154         WIN-30E50OMCTEH:0       LISTENING
  TCP   0.0.0.0:49155         WIN-30E50OMCTEH:0       LISTENING
  TCP   0.0.0.0:49156         WIN-30E50OMCTEH:0       LISTENING
  TCP   192.168.1.106:139     WIN-30E50OMCTEH:0       LISTENING
  TCP   192.168.1.106:49536   202.89.233.103:http     ESTABLISHED
  TCP   192.168.1.106:49537   180.97.33.107:http      TIME_WAIT
  TCP   192.168.1.106:49538   180.97.33.107:https     ESTABLISHED
  TCP   192.168.1.106:49539   180.97.33.107:https     ESTABLISHED
  TCP   192.168.1.106:49540   180.97.66.32:https      ESTABLISHED
  TCP   192.168.1.106:49541   180.97.66.32:https      ESTABLISHED
  TCP   192.168.1.106:49542   180.97.66.32:https      ESTABLISHED
  TCP   192.168.1.106:49543   180.97.33.107:https     ESTABLISHED
  TCP   [::]:135              WIN-30E50OMCTEH:0       LISTENING
  TCP   [::]:445              WIN-30E50OMCTEH:0       LISTENING
  TCP   [::]:47001            WIN-30E50OMCTEH:0       LISTENING
```

图 6-1-7 netstat -a 命令结果

(3) netstat -n

参数“-n”显示所有已建立的有效连接,服务名称以数字形式显示,较为直观,如图 6-1-8 所示。

```
管理员: 命令提示符
C:\Users\Administrator>netstat -n

活动连接

  协议  本地地址              外部地址              状态
  TCP    192.168.1.106:49544    180.97.33.107:443      ESTABLISHED
  TCP    192.168.1.106:49545    180.97.33.107:443      ESTABLISHED
  TCP    192.168.1.106:49546    180.97.33.107:443      ESTABLISHED
  TCP    192.168.1.106:49547    180.97.66.32:443       ESTABLISHED
  TCP    192.168.1.106:49548    180.97.66.33:443       ESTABLISHED
  TCP    192.168.1.106:49549    180.97.66.33:443       ESTABLISHED
  TCP    192.168.1.106:49550    180.97.66.33:443       ESTABLISHED
  TCP    192.168.1.106:49551    180.97.66.33:443       ESTABLISHED
  TCP    192.168.1.106:49552    180.97.66.33:443       ESTABLISHED
  TCP    192.168.1.106:49553    180.97.66.33:443       ESTABLISHED
  TCP    192.168.1.106:49554    180.97.66.33:443       ESTABLISHED
  TCP    192.168.1.106:49555    180.97.66.33:443       ESTABLISHED
  TCP    192.168.1.106:49556    180.97.66.33:443       ESTABLISHED
  TCP    192.168.1.106:49557    180.97.33.107:443      ESTABLISHED
```

图 6-1-8 执行 netstat -n 返回信息

netstat 命令最常用的形式是“netstat -na”,如图 6-1-9 所示。通过“-na”参数可以查看本机开放的一些不正常的端口。如查看到本机某个开放的端口,对端主机正在通过一个端口建立连接,以此可以查看连接到本机的木马等信息。

```
管理员: 命令提示符
C:\Users\Administrator>netstat -na

活动连接

  协议  本地地址              外部地址              状态
  TCP    0.0.0.0:135            0.0.0.0:0              LISTENING
  TCP    0.0.0.0:445            0.0.0.0:0              LISTENING
  TCP    0.0.0.0:47001          0.0.0.0:0              LISTENING
  TCP    0.0.0.0:49152          0.0.0.0:0              LISTENING
  TCP    0.0.0.0:49153          0.0.0.0:0              LISTENING
  TCP    0.0.0.0:49154          0.0.0.0:0              LISTENING
  TCP    0.0.0.0:49155          0.0.0.0:0              LISTENING
  TCP    0.0.0.0:49156          0.0.0.0:0              LISTENING
  TCP    192.168.1.106:139      0.0.0.0:0              LISTENING
  TCP    [::]:135               [::]:0                 LISTENING
  TCP    [::]:445               [::]:0                 LISTENING
  TCP    [::]:47001             [::]:0                 LISTENING
  TCP    [::]:49152             [::]:0                 LISTENING
  TCP    [::]:49153             [::]:0                 LISTENING
  TCP    [::]:49154             [::]:0                 LISTENING
  TCP    [::]:49155             [::]:0                 LISTENING
  TCP    [::]:49156             [::]:0                 LISTENING
  UDP    0.0.0.0:5355           *:*
  UDP    127.0.0.1:52616        *:*
  UDP    127.0.0.1:62927        *:*
  UDP    192.168.1.106:137      *:*
  UDP    192.168.1.106:138      *:*
  UDP    [::]:5355              *:*
```

图 6-1-9 netstat -na 命令结果

(四) IP 地址转换为网卡物理地址

ARP 是地址解析协议,一个重要的 TCP/IP 协议,用于确定对应 IP 地址的网卡物理地址。使用 arp 命令,我们能够查看本地计算机或另一台计算机的 arp 高速缓存中的当前内容。

1. arp 命令格式

arp 命令有以下三种用法：

(1) arp -a [inet_addr][-N if_addr][-N]

(2) arp -s inet_addr eth_addr [if_addr]

(3) arp -d inet_addr [if_addr]

其中，inet_addr 为 Internet 地址，如 IP 地址；eth_addr 为物理地址，如网卡地址；if_addr为网络接口。

2. arp 命令参数

(1) -a　为 all 的意思，用于查看高速缓存中的所有地址映射，如图 6-1-10 所示。

图 6-1-10　arp -a 命令结果

(2) -s　向 ARP 缓存中添加可将 IP 地址 inet_addr 解析成物理地址 eth_addr 的静态项目。

(3) -d　删除指定的 ARP 缓存项，此处的 inet_addr 代表 IP 地址。

arp 欺骗是黑客常用的攻击手段之一，arp 欺骗分为两种，一种是对路由器 ARP 表的欺骗；另一种是对内网计算机的网关欺骗。

【任务知识】

(一) TCP/IP 协议

中文名为传输控制协议/因特网协议，又称网络通讯协议，是 Internet 最基本的协议、Internet 国际互联网络的基础，由网络层的 IP 协议和传输层的 TCP 协议组成。TCP/IP 定义了电子设备如何连入因特网，以及数据如何在它们之间传输的标准。

(二) 域名

由一串用点分隔的字符组成的 Internet 上某一台计算机或计算机组的名称，用于在数据传输时标识计算机的电子方位。一个域名的目的是便于记忆和沟通的一组服务器的地址(网站、电子邮件、FTP 等)。例如，百度网站的域名为“www. baidu. com”。

【思考与讨论】

域名和我们通常所说的“网址”含义是否相同？两者是什么关系？

(三) 端口

1. 端口的概念

计算机“端口”是英文 port 的意译，可以认为是计算机与外界通讯交流的出口。端口可分为虚拟端口和物理端口，其中虚拟端口指计算机内部或交换机路由器内的端口，不可见，如计算机中的 80 端口、21 端口、23 端口等。物理端口又称为接口，是可见端口，如计算机背板的 RJ－45 网口，交换机、路由器、集线器等 RJ－45 端口。

2. 网络中常用的端口号

(1) 端口：20、21　服务：FTP

说明：FTP 服务器所开放的端口，用于上传、下载。最常见的攻击者用于寻找打开 anonymous 的 FTP 服务器的方法。这些服务器带有可读写的目录。

(2) 端口：23　　服务：Telnet

说明：远程登录，入侵者在搜索远程登录 UNIX 的服务。大多数情况下，扫描这一端口是为了找到机器运行的操作系统。

(3) 端口：25　　服务：SMTP

说明：SMTP 服务器所开放的端口，用于发送邮件。入侵者寻找 SMTP 服务器是为了传递他们的 SPAM(垃圾邮件)。入侵者的账户被关闭，他们需要连接到高带宽的 E-Mail 服务器上，将简单的信息传递到不同的地址。

(4) 端口：53　　服务：Domain Name Server(DNS)

说明：DNS 服务器所开放的端口，入侵者可能是试图进行区域传递(TCP)，欺骗 DNS (UDP)或隐藏其他的通信。因此防火墙常常过滤或记录此端口。

(5) 端口：80　　服务：HTTP

说明：用于网页浏览。

(6) 端口：443　　服务：Https

说明：网页浏览端口，能提供加密和通过安全端口传输的另一种 HTTP。

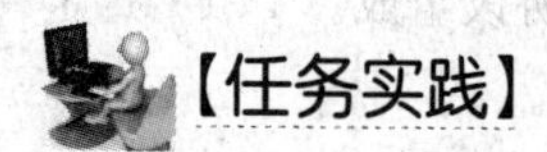

【任务实践】

(一) 实验目的

掌握 ipconfig、ping、netstat、arp 这四个最基本网络测试命令的作用和命令格式，熟练运用基本网络测试命令对网络进行测试。

(二) 实验内容

分组完成以下实验内容，每组同学按要求进行网络命令测试，并将测试结果写入下列相应表格中。

命令	测试要求	测试结果
ipconfig	查看本机 ip 地址、网卡物理地址	
ping	ping 127.0.0.1	
	ping 本机 ip	
	ping 小组内其他计算机 IP	
	ping 61.177.7.1	
	ping www.baidu.com	
netstat	显示所有连接和侦听的端口	
arp	查看高速缓存中的所有地址映射	

(三) 实验环境及工具

(1) 在网络实验室或在机房进行；

(2) 提前做好以下准备工作：每人配置一台台式计算机，提供外网连接。

(四) 实验过程

(1) 按照实验内容所规定的步骤完成实验，保存好相关文档。

(2) 撰写实验报告。

【任务评价】

评价一下自己的任务完成情况，在相应栏目中打“√”。

<table>
<tr><th colspan="2">项目</th><th colspan="2">评价依据</th><th>优秀</th><th>良好</th><th>合格</th><th>继续努力</th></tr>
<tr><td colspan="2">任务背景
（10）</td><td colspan="2">明确任务要求，解决思路清晰</td><td></td><td></td><td></td><td></td></tr>
<tr><td colspan="2">任务实施准备
（20）</td><td colspan="2">收集任务所需资料，任务实施准备充分</td><td></td><td></td><td></td><td></td></tr>
<tr><td rowspan="5">任务实施
（40）</td><td>子任务</td><td colspan="2">评价内容或依据</td><td></td><td></td><td></td><td></td></tr>
<tr><td>任务一</td><td colspan="2">ipconfig 命令的使用</td><td></td><td></td><td></td><td></td></tr>
<tr><td>任务二</td><td colspan="2">ping 命令的使用</td><td></td><td></td><td></td><td></td></tr>
<tr><td>任务三</td><td colspan="2">netstat 命令的使用</td><td></td><td></td><td></td><td></td></tr>
<tr><td>任务四</td><td colspan="2">arp 命令的使用</td><td></td><td></td><td></td><td></td></tr>
<tr><td colspan="2">任务效果
（30）</td><td colspan="2">正确完成任务目标，具有较强的团队精神和合作意识，在任务实施过程中具有探究精神</td><td></td><td></td><td></td><td></td></tr>
<tr><td colspan="2">问题与感想</td><td colspan="6"></td></tr>
</table>

任务二　网络测试命令拓展

【情景描述】

经过一段时间的学习和实践,李想已经能够熟练运用基本网络测试命令解决一些网络小故障,他感到非常高兴。但在一次偶然的机会中,他发现除了已经掌握的 ipconfig、ping 等基本网络测试命令外,还有很多实用的网络测试命令,如 tracert、telnet 命令等,于是他决定再补充一下相关知识,以便更好地进行网络故障的测试和分析。

【任务分析】

tracert、telnet 和 nslookup 也是 Windows 系统下较为常用的网络测试命令。本任务的主要目的是通过网络测试命令的学习,更好地进行网络故障的测试和分析。具体包括以下内容:

(1) 掌握 tracert、telnet 和 nslookup 三个常用网络测试命令的作用和命令格式;

(2) 能够熟练运用网络测试命令对网络故障进行测试和分析。

【任务实施】

(一) 网络诊断和路由跟踪

tracert 是一个网络诊断和路由跟踪实用程序,用于检查 IP 数据包访问目标 IP 地址时所经过的路径(一组路由器)、每一跳所需时间并记录结果。如果数据包不能传递到目标,tracert 将显示路径中最后转发数据包的那个路由器。如果存在 DNS,tracert 返回信息中会有城市、地址和通讯公司的名字。当指定的目标 IP 地址较远,tracert 运行速度就较慢,经过的每个路由器都需要约 15 s。

1. tracert 命令格式

tracert [-d] [-h maximum_hops] [-j host-list] [- wtimeout] [-R] [-S srcaddr] [-4] [-6] target_name

主要几个参数的含义如下:

(1) -d　　不将地址解析为主机名。

(2) -h maximum_hops　　指定搜索目标的最大跃点数。

(3) target_name　　目标主机名。

2. tracert 的使用

tracert 的使用较为简单，只需在 tracert 后跟一个 IP 地址或 URL，tracert 会进行相应的域名转换。

tracert 最常见的用法：

tracert　IP　address　[-d]

该命令返回到达 IP 地址所经过的路由器列表。通过使用-d 选项，将更快地显示路由信息，因为 tracert 不尝试解析路径中路由器的名称。

例如，在命令提示符下输入“tracert　qq. com”，显示如图 6-2-1 所示的信息。

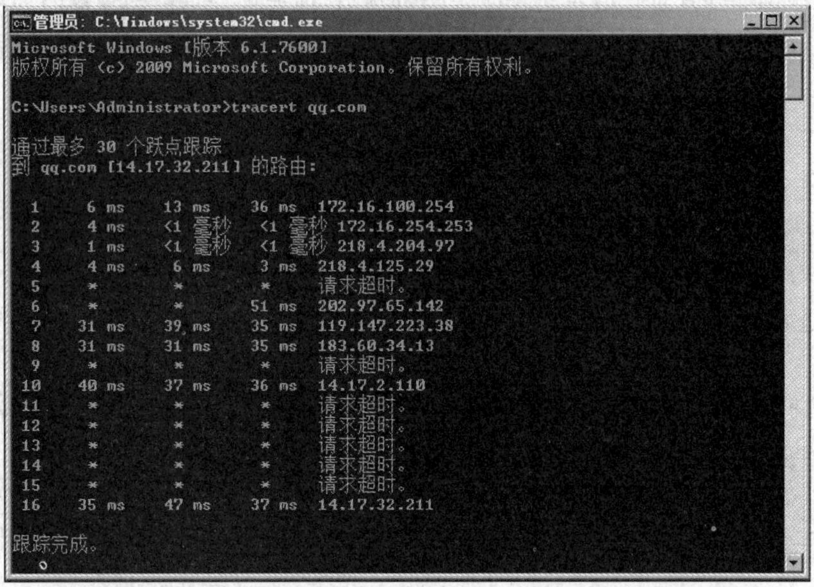

```
管理员: C:\Windows\system32\cmd.exe
Microsoft Windows [版本 6.1.7600]
版权所有 (c) 2009 Microsoft Corporation。保留所有权利。

C:\Users\Administrator>tracert qq.com

通过最多 30 个跃点跟踪
到 qq.com [14.17.32.211] 的路由:

  1     6 ms    13 ms    36 ms  172.16.100.254
  2     4 ms    <1 毫秒   <1 毫秒 172.16.254.253
  3     1 ms    <1 毫秒   <1 毫秒 218.4.204.97
  4     4 ms     6 ms     3 ms  218.4.125.29
  5     *        *        *     请求超时。
  6     *        *       51 ms  202.97.65.142
  7    31 ms    39 ms    35 ms  119.147.223.38
  8    31 ms    31 ms    35 ms  183.60.34.13
  9     *        *        *     请求超时。
 10    40 ms    37 ms    36 ms  14.17.2.110
 11     *        *        *     请求超时。
 12     *        *        *     请求超时。
 13     *        *        *     请求超时。
 14     *        *        *     请求超时。
 15     *        *        *     请求超时。
 16    35 ms    47 ms    37 ms  14.17.32.211

跟踪完成。
```

图 6-2-1　tracert 命令信息

tracert 一般用来检测故障的位置，可以用 tracert IP 确定在哪个环节上出了问题，虽然不能够确定具体是什么问题，但它已经指出问题所在。

(二) 远程登录

telnet 命令为用户提供了在本地计算机上完成远程主机工作的能力，用户在终端使用 telnet 连接到服务器。要开始一个 telnet 会话，必须输入用户名和密码来登录服务器。需要注意的是，telnet 不仅方便用户进行远程登录，也给黑客(Hacker)们提供了一种入侵手段和后门。

1. telnet 命令格式及参数

telnet [-a][-e escape char][-f log file][-l user][-t term][host [port]]

telnet 命令参数如图 6-2-2 所示。

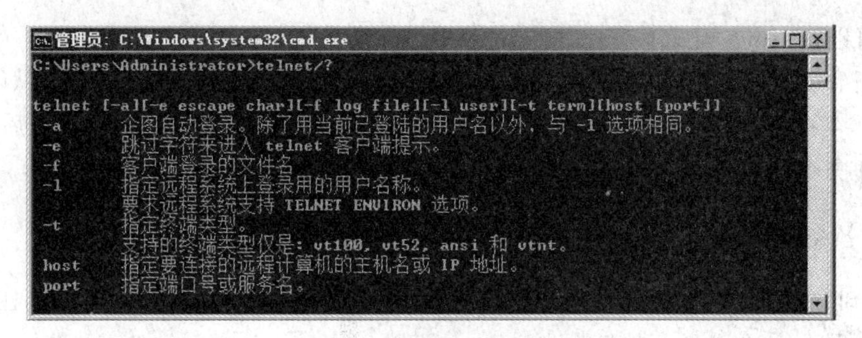

图 6-2-2　telnet 命令参数

2. telnet 模式下的命令

在命令提示符输入 telnet 命令，进入 telnet 模式。屏幕显示 telnet 模式提示符：

Microsoft Telnet>

telnet 模式支持的命令如图 6-2-3 所示，命令可以缩写。例如在该提示符下键入“display”或“d”都表示查看当前配置信息。

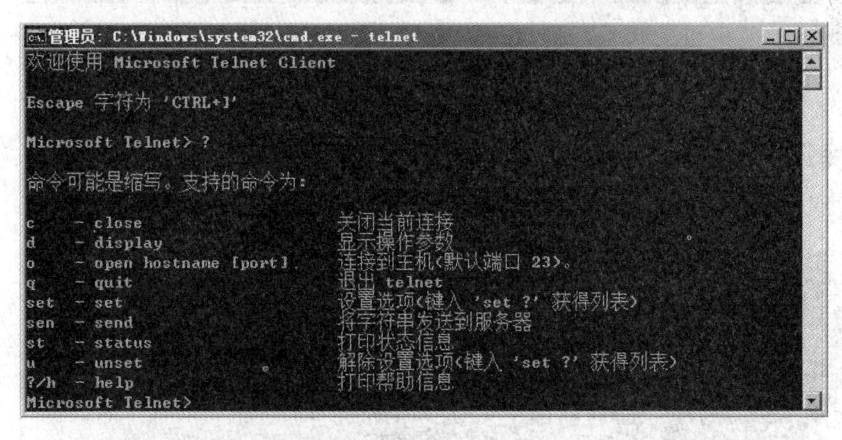

图 6-2-3　telnet 模式下的命令

3. telnet 的使用

使用 telnet 服务连接到主机 192.168.1.106，则可以输入命令“telnet 192.168.1.106”，并输入用户名和密码，如图 6-2-4 所示。

图 6-2-4　执行 telnet 命令信息

也可以在 telnet 模式下输入命令“open 192.168.1.106”。

使用 telnet 一定要有正确的远程主机名和端口号，当端口号不是默认值时(默认的端口号是 23)，需要指定远程主机端口号，否则不能进入对方主机。登录到远程主机后，就可以进行各种操作了。

(三) 域名系统检测

nslookup 是一个监测网络中 DNS 服务器是否能正确实现域名解析的命令行工具。

1. nslookup 命令格式及参数

nslookup 命令参数如图 6-2-5 所示。

```
管理员: C:\Windows\system32\cmd.exe
C:\Users\Administrator>nslookup/?
用法:
   nslookup [-opt ...]             # 使用默认服务器的交互模式
   nslookup [-opt ...] - server    # 使用 "server" 的交互模式
   nslookup [-opt ...] host        # 仅查找使用默认服务器的 "host"
   nslookup [-opt ...] host server # 仅查找使用 "server" 的 "host"

C:\Users\Administrator>_
```

图 6-2-5　nslookup 命令参数

2. nslookup 模式下的命令

在命令提示符下输入 nslookup 命令，进入 nslookup 模式。

nslookup 模式输入“?”回车后可显示所支持的命令如图 6-2-6 所示。

```
管理员: C:\Windows\system32\cmd.exe - nslookup
命令:   (标识符以大写表示，[] 表示可选)
NAME            - 打印有关使用默认服务器的主机/域 NAME 的信息
NAME1 NAME2     - 同上，但将 NAME2 用作服务器
help or ?       - 打印有关常用命令的信息
set OPTION      - 设置选项
    all                 - 打印选项、当前服务器和主机
    [no]debug           - 打印调试信息
    [no]d2              - 打印详细的调试信息
    [no]defname         - 将域名附加到每个查询
    [no]recurse         - 询问查询的递归应答
    [no]search          - 使用域搜索列表
    [no]vc              - 始终使用虚拟电路
    domain=NAME         - 将默认域名设置为 NAME
    srchlist=N1[/N2/.../N6] - 将域设置为 N1，并将搜索列表设置为 N1、N2 等
    root=NAME           - 将根服务器设置为 NAME
    retry=X             - 将重试次数设置为 X
    timeout=X           - 将初始超时间隔设置为 X 秒
    type=X              - 设置查询类型(如 A、AAAA、A+AAAA、ANY、CNAME、MX、
                          NS、PTR、SOA 和 SRV)
    querytype=X         - 与类型相同
    class=X             - 设置查询类(如 IN (Internet)和 ANY)
    [no]msxfr           - 使用 MS 快速区域传送
    ixfrver=X           - 用于 IXFR 传送请求的当前版本
server NAME     - 将默认服务器设置为 NAME，使用当前默认服务器
lserver NAME    - 将默认服务器设置为 NAME，使用初始服务器
root            - 将当前默认服务器设置为根服务器
ls [opt] DOMAIN [> FILE] - 列出 DOMAIN 中的地址(可选: 输出到文件 FILE)
    -a          -  列出规范名称和别名
    -d          -  列出所有记录
    -t TYPE     -  列出给定 RFC 记录类型(例如 A、CNAME、MX、NS 和 PTR 等)
                   的记录
view FILE           - 对 'ls' 输出文件排序，并使用 pg 查看
exit            - 退出程序
```

图 6-2-6　nslookup 模式下的命令

3. nslookup 的使用

配置好 DNS 服务器，添加了相应的记录之后，只要 IP 地址保持不变，一般情况下，用户就不再需要去维护 DNS 的数据文件了。不过在确认域名解析正常之前，最好测试一下所有的配置是否正常。这时就要用到 nslookup 命令了。

nslookup 命令最简单的使用方法：进入 nslookup 模式→输入域名或 IP 地址。例如，使用 nslookup 命令查看 DNS 服务器是否配置正确，如图 6-2-7 所示。

```
管理员: C:\Windows\system32\cmd.exe - nslookup
Microsoft Windows [版本 6.1.7600]
版权所有 (c) 2009 Microsoft Corporation。保留所有权利。

C:\Users\Administrator>nslookup
默认服务器:
Address:  192.168.1.10

> www.kstv.com
服务器:
Address:  192.168.1.10

名称:    www.kstv.com
Address:  192.168.1.10
```

图 6-2-7 执行 nslookup 命令信息

如图 6-2-7 所示，nslookup 命令显示了 DNS 服务器正确地将域名 www.kstv.com 解析为对应的 IP 192.168.1.10。

【任务知识】

(一) URL

统一资源定位符(URL)是对可以从互联网上得到的资源的位置和访问方法的一种简洁的表示，是互联网上标准资源的地址。互联网上的每个文件都有一个唯一的 URL，它包含的信息指出文件的位置以及浏览器应该怎么处理它。简单来说，URL 就是 Web 页的地址。

(二) DNS 服务器

DNS(域名服务器)是进行域名和与之相对应的 IP 地址转换的服务器。

计算机在网络上进行通讯时只能识别如"201.51.0.73"之类的 IP 地址，而不能认识域名。但是，当打开浏览器，在地址栏中输入域名后，就能看到所需要的页面，这是因为有一个叫"DNS 服务器"的计算机自动把域名"翻译"成了相应的 IP 地址，然后调出网页。

【任务实践】

(一) 实验目的

掌握 tracert、telnet 和 nslookup 这三个常用网络测试命令的作用和命令格式，能够熟练运用网络测试命令对网络故障进行测试和分析。

(二) 实验内容

分组完成以下实验内容，每组同学按要求进行网络命令测试，并将测试结果写入下列相应表格中。

命令	测试要求	测试结果
tracert	查看本机到校园网 www. kstvu. cn 所经过的路由信息	
	查看本机到百度网 www. baidu. com 所经过的路由信息	
telnet	登录小组内其他计算机	
nslookup	查看校园网 www. kstvu. cn 解析是否正常	

(三) 实验环境及工具

(1) 在网络实验室或在机房进行；

(2) 提前做好以下准备工作：每人配置一台式计算机，提供互联网连接。

(四) 实验过程

(1) 按照实验内容所规定的步骤完成实验，保存好相关文档。

(2) 撰写实验报告。

【任务评价】

评价一下自己的任务完成情况，在相应栏目中打“√”。

<table>
<tr><th colspan="2">项目</th><th>评价依据</th><th>优秀</th><th>良好</th><th>合格</th><th>继续努力</th></tr>
<tr><td colspan="2">任务背景
(10)</td><td>明确任务要求,解决思路清晰</td><td></td><td></td><td></td><td></td></tr>
<tr><td colspan="2">任务实施准备
(20)</td><td>收集任务所需资料,任务实施准备充分</td><td></td><td></td><td></td><td></td></tr>
<tr><td rowspan="4">任务实施
(40)</td><td>子任务</td><td>评价内容或依据</td><td colspan="4"></td></tr>
<tr><td>任务一</td><td>tracert 命令的使用</td><td></td><td></td><td></td><td></td></tr>
<tr><td>任务二</td><td>telnet 命令的使用</td><td></td><td></td><td></td><td></td></tr>
<tr><td>任务三</td><td>nslookup 命令的使用</td><td></td><td></td><td></td><td></td></tr>
<tr><td colspan="2">任务效果
(30)</td><td>正确完成任务目标,具有较强的团队精神和合作意识,在任务实施过程中具有探究精神</td><td></td><td></td><td></td><td></td></tr>
<tr><td colspan="2">问题与感想</td><td colspan="5"></td></tr>
</table>

任务三 网络故障排查

【情景描述】

李想所在公司的办公网络有时会出现异常，如个别办公电脑无法上网、网络速度慢等情况。排查和解决这些问题耗时耗力，所以李想根据以前所学的知识，结合实践经验，总结了网络故障分析策略，根据策略可以快速正确定位和解决故障。

【任务分析】

本任务的主要目的是通过对网络故障的分析与解决，总结和归纳解决网络故障问题的方法和策略，可以快速的定位故障并解决故障，具体包括以下内容：

(1) 掌握网络故障解决的步骤：界定故障现象、收集信息、列举可能导致故障的原因、排查原因、实施方案、测试解决效果；

(2) 掌握网络故障定位的一般策略：试错法、参照法、替换法。

【任务实施】

(一) 网络故障解决步骤

下面给出了解决网络故障的一般步骤：

- 界定故障现象。
- 收集信息。
- 列举可能导致故障的原因。
- 排查原因。
- 实施方案。
- 测试解决效果。

上面过程中的步骤有时从第二步到第六步要多次重复，直到找到一个确定的解决方法。所以在解决问题前最好用记事本记下操作的每一步，这样随时对细节问题有较清楚了解，即使对大型复杂的网络维护起来也轻松自如。

1. 界定故障现象

明确故障的范围不仅可以帮助确定解决方法的起点，还可以确定解决问题时的优先顺序。作为网络管理员，在准备排除故障之前，必须清楚知道网络上到底什么地方出了问题，这是成功排除故障的重要一步。例如公司某用户向网络中心打电话说：“我的电脑不能上网了”，这个用户所反映的故障现象的范围是不确切的。

在界定用户反映的故障现象时，一般会询问以下几个问题：

(1) 同房间的其他人能上网吗？

(2) 整栋楼中的其他用户能上网吗(确定同一交换机下的用户)？

(3) 当换上周围其他的电脑时能上网吗？

(4) 你的机器配置是否正确？

通过全面与用户交流后，才能逐步明确故障的范围。

2. 收集信息

最初收集到的关于某种故障的大多数信息都是来自于用户。如果仅凭用户对故障现象的描述，有时并不能得出结论。这时就需要网管员亲自操作运行一下导致故障的程序，并注意相关的出错信息。

询问用户，了解他们都遇到了什么故障，他们认为是哪里出了问题。用户是故障信息的主要来源，毕竟他们每天都使用网络，而且他们所遇到的故障现象最明显、最直接。然后询问其他同事，有多少用户受到了影响？受影响的用户有什么共同点？发生的故障是持续的还是间歇的？在故障发生之前，是否对局域网中的设备和软件进行了改动？办公楼是否在装修或施工？是不是停过电？以前是不是有同样的问题出现？

用户提出他的电脑不能上网，假如故障界定到与用户使用的工作站有关，但还是有许多具体信息需要收集：

- 以前的工作是否正常；
- 故障发生前后的对比；
- 绝对不容忽视的一些明显问题。

3. 列举可能导致故障的原因

对于用户提出的电脑不能上网这一种网络故障现象，经过网管员界定和收集信息后，列出了种种原因，如 TCP/IP 协议设置不当、网络连接故障、网卡硬件故障、网络设备(如交换机以及路由器)故障等。

这时，肯定不能急于下结论，网管员根据出错的可能性对上述问题要按照“路由器→交换机(或集线器)→网卡连接故障→TCP/IP 协议设置”分层次排序，按轻重缓急进行一个个故障的排除。

4. 排查原因

分层次列出故障原因列表后，就要初步利用网络故障检测的软件工具和硬件工具缩小搜索的范围，更加准确地定位引起网络故障的原因，及时设计解决网络故障的方案。例如，在处理某台电脑不能联网的问题时，我们可以用交叉电缆直接连接两台电脑，看是否能够连通，将电脑与网络设备隔离开来，判断是电脑的问题，还是网络设备的问题。

在排查原因时，网管工具或肉眼观察检查各个设备的工作状态是必不可少的，往往会提高工作效率。在排查原因时，应注意做好如下工作：

(1) 保存全部的网络设备配置文件；

(2) 记录网络连线所对所应的端口。

5. 实施方案

前面四个步骤顺利进行，那么在方案的实施阶段就会相对容易。如在局域网中与互联网相连的路由器发生了故障，在实施安装路由器的同时，在关键点处同样要进行测试，步骤如下：

(1) 配置路由器；

(2) 使用 ping 工具测试每个接口，以确定这是唯一的操作；

(3) 将路由器与网络的其他部分相连接；

(4) 使用 ping 工具测试，确保网络中所有部件的连接方法正确；

(5) 使用 trace 程序来确定网络路径；

(6) 确定在计算机上通过 ping 工具可以访问路由器接口；

(7) 确定从计算机可以访问互联网。

可以看出，关键点的及时测试为方案的正确实施提供了可靠的基础。

6. 测试解决效果

判定测试结果是否正确解决了网络故障，仅使用 ping 工具确定网络畅通与否还是不够的。如果可能，网管员一定要测试用户所需的网络服务是否能正常运行。如果没有解决用户所需要的网络服务，则要从步骤二重复这一过程，直到问题正确的解决。

如果解决方案得到了正确的实施，还要及时总结导致这种故障的原因，做好相应记录，为再次发生此类故障现象积累经验。

(二) 案例分析

有人告诉你，营销部门的某些用户无法在装有 Windows 7 的工作站上通过网络登录到 Windows Server 2008 的服务器上。发现这些用户遇到了“无法通过任何域服务器的身份查验”的问题。

使用网络故障解决步骤来分析问题：

第一步：界定故障现象，明确故障的范围；

第二步：收集信息；

第三步：列举可能导致故障的原因；

第四步：排查原因；

第五步：实施方案；

第六步：测试解决效果。

如果故障依然存在，则要重复第二到第六步。至此，营销部门的几台工作站同时出现了“无法通过任何域服务器的身份查验”的问题已得到解决，故障原因是两台交换机相连网线的 RJ-45 接头因氧化而造成，记录下来，为以后的网络故障的排除积累经验。

【任务知识】

网络故障定位的一般策略有以下几种：

(一) 试错法

试错法是一种通过推测解决问题而得出故障原因的方法。

在下列情况下可以选择采用试错法：

(1) 在没有解决网络故障之前，每次测试仅做一项改变；

(2) 确保所做的修改具有可恢复性；

(3) 依据工作经验，可以确定可能产生故障的原因，并能够提出相应的解决方法；

(4) 与其他故障排除法相比，采用试错法会节约很多时间，耗费更少的人力和物力。

采用试错法的步骤下：

(1) 故障提出：网络管理员首先了解网络故障发生的现象；

(2) 故障评价：网络管理员根据网络故障发生的现象分析、评价网络发生的原因及需要采取的方法；

(3) 故障定位：根据上步的分析，为故障定位，确定可能的故障原因；

(4) 实施方案：非常快捷地实施相应的解决方案；

(5) 测试结果：判定测试结果是否正确解决了网络故障。如果没有解决，则要从步骤二重复这一过程，直到问题正确的解决；

(6) 解决问题。问题得以解决，记下这种情况下解决问题的方法，为再次发生此类故障现象积累经验。

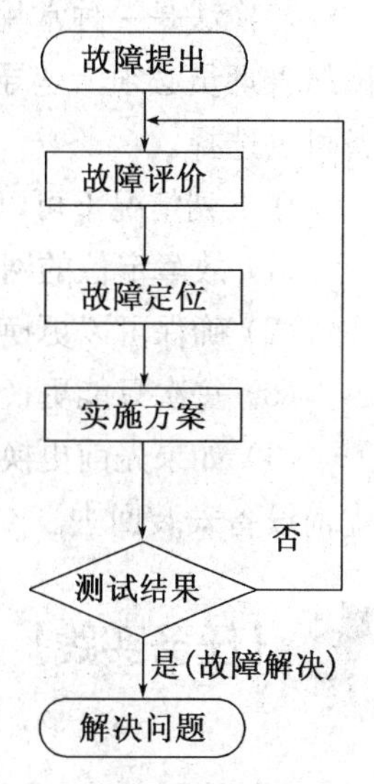

图 6-3-1　试错法流程图

试错法一般流程如图 6-3-1 所示。

(二) 参照法

参照法是一种比较快速解决网络故障的方法，因为它并不需要懂得太多的网络知识或网络故障排除的经验。但前提是只有当故障设备与正常工作设备具有相近的情况下才可以使用参照法。

在下列情况下可以选择采用参照法：

(1) 只有当故障设备与正常工作设备具有相近的条件下才可以使用参照法；

(2) 不要做出任何会导致冲突的配置修改；

(3) 确保所做的修改具有可恢复性。

采用试错法的步骤如下：

(1) 故障提出：网络管理员首先了解网络故障发生的现象；

(2) 故障评价：网络管理员根据网络故障发生的现象，分析、评价网络发生的原因及需要采取的方法；

(3) 故障定位：根据上步的分析，为故障定位，确定可能的故障原因；

(4) 参考相近设备配置：分析相近设备的配置，并做好记录；

(5) 配置故障设备：配置故障设备时，注意与相近设备的不同项，并检验是否正确解决了网络故障。如果没有解决，则要从步骤二重复这一过程，直到问题正确的解决；

(6) 解决问题：问题得以解决，记下这种情况下解决问题的方法，为再次发生此类故障现象积累经验。

参照法的一般流程如图 6-3-2 所示。

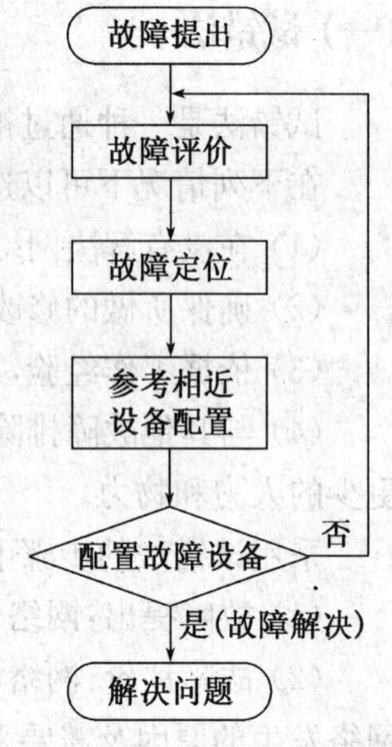

图 6-3-2　参照法流程图

(三) 替换法

替换法是一种常用的网络检测与维护方法。采取这种方法，网络管理员必须清楚导致故障可能的原因，并且手边有正常的设备可供选择。

在下列情况下可以选择采用替换法：

(1) 故障定位的网络设备限定 1～2 个组件之间；

(2) 确保可以更换正常工作的网络设备；

(3) 每次只能更换一个组件；

(4) 如果先前更换的网络设备并没有解决问题，则在替换第二个网络设备之前必须将先前设备安装回去。

【任务实践】

(一) 实验目的

依据网络故障定位的一般策略和网络故障解决步骤对出现的网络故障进行分析与处理，确保网络的可用性。

(二) 实验内容

分组完成以下实验内容，并撰写实验报告。

(1) 检查网卡是否正确安装；

(2) 检查网线和交换机是否完好；

(3) 检查操作系统中协议配置是否正确；

(4) 检查是否安装了 Microsoft 网络用户；是否正确登录到域中，或者是否加入了工作组。

(三) 实验环境及工具

(1) 网络实验室或机房；

(2) 每人一台计算机、网线若干、集线器或交换机。

(四) 实验过程

先检查网线是不是已经松脱了，或者甚至就没插在网卡上，检查交换机端，网线是否连接好了，交换机的电源是否打开，交换机是否有问题，最直接的方法是检查网卡和交换机上的工作状态指示灯。如果指示灯不亮，就说明硬件连接有问题。把网线从接口上拔下来，再重新插好，看看问题是否解决。

如果问题依旧，就把网线换到交换机的另一个接口试一试。如果问题解决了，就说明问题出在交换机上；如果换接口不行，就使用电缆测试仪对网线进行检查。如果确实是电缆的问题，就需要重新制作网线。

如果问题还没有解决，网卡和交换机的指示灯显示工作正常，就需要通过软件对网卡进行诊断。最直接的方法就是使用 ping 命令进行诊断。

单击【开始】菜单，然后单击【运行】命令，在【运行】文本框中输入“ping＋本机 IP 地址”。如果可以连通，表明本机网卡没有硬件问题；如果无法连通，则表示本机的网卡损坏了，解决的办法就只能是更换了。

（3）检查是否安装了局域网中所需的协议；

如果进行了以上检查仍然一无所获，看一看电脑是否安装了局域网中使用的通信协议。具体的方法是在该连接的“属性”框中查看所使用的网络组件列表。

（4）检查是否安装了 Microsoft 网络用户；是否正确登录到域中，或者是否加入了工作组。

检查电脑加入的域或者工作组的设置是否正确，可以使用 ipconfig 命令。打开 MS-DOS 对话框，然后在命令行后输入“ipconfig/all”，电脑将列出本机的 TCP/IP 设置，查看主 DNS 后缀(Primary DNS Suffix)就可以了解本机的工作组或域的设置，如图 6-3-3 所示。

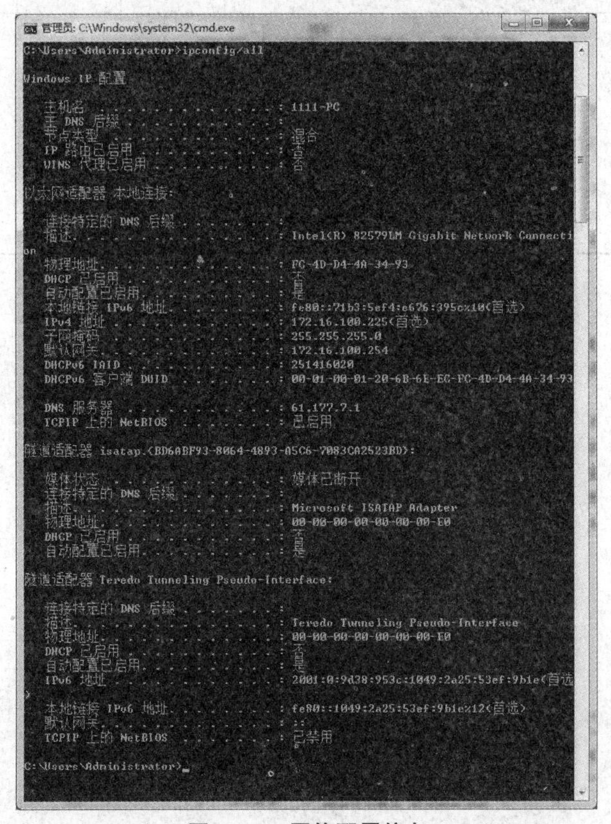

图 6-3-3　网络配置信息

ipconfig 是用于检查 TCP/IP 协议的常用工具，通过“ipconfig/all”可以详细查看每一块网卡的设置情况。

【任务评价】

评价一下自己的任务完成情况，在相应栏目中打“√”。

<table>
<tr><th colspan="2">项目</th><th>评价依据</th><th>优秀</th><th>良好</th><th>合格</th><th>继续努力</th></tr>
<tr><td colspan="2">任务背景
(10)</td><td>明确任务要求，解决思路清晰</td><td></td><td></td><td></td><td></td></tr>
<tr><td colspan="2">任务实施准备
(20)</td><td>收集任务所需资料，任务实施准备充分</td><td></td><td></td><td></td><td></td></tr>
<tr><td rowspan="4">任务实施
(40)</td><td>子任务</td><td>评价内容或依据</td><td colspan="4"></td></tr>
<tr><td>任务一</td><td>检查物理连接</td><td></td><td></td><td></td><td></td></tr>
<tr><td>任务二</td><td>检查网络协议配置信息</td><td></td><td></td><td></td><td></td></tr>
<tr><td>任务三</td><td>使用 ipconfig 命令查看网络配置</td><td></td><td></td><td></td><td></td></tr>
<tr><td colspan="2">任务效果
(30)</td><td>正确完成任务目标，具有较强的团队精神和合作意识，在任务实施过程中具有探究精神</td><td></td><td></td><td></td><td></td></tr>
<tr><td colspan="2">问题与感想</td><td colspan="5"></td></tr>
</table>

任务四　网络安全防范

【情景描述】

公司里的计算机都与互联网连接，现在网络安全事件时有发生，轻则造成计算机运行速度变慢、网络拥堵，重则造成文件丢失或被锁、数据丢失，后果很严重。所以要对网络信息安全有足够的认识，同时要对办公电脑和服务器设置安全措施，防患于未然，并且要加强数据的备份。

【任务分析】

本任务的主要目的是通过最近发生的计算机病毒案例，认识网络安全的重要性，学会下载并安装使用杀毒软件保障计算机的数据安全，同时要养成重要数据定时备份的习惯，具体包括以下内容：

(1) 杀毒软件的下载与安装；

(2) 杀毒软件的设置与病毒查杀；

(3) 杀毒软件的病毒库更新，文件的备份等。

【任务实施】

(一) 认识网络安全

网络安全五要素：保密性、完整性、可用性、可控性、不可否认性。

1. 保密性(Confidentiality)

指网络信息不被泄露给非授权的用户、实体或过程，即信息只为授权用户使用。保密性是建立在可靠性和可用性基础之上，保障网络信息安全的重要手段。

2. 完整性(Integrity)

指在传输、存储信息或数据的过程中，确保信息或数据不被非法篡改或在篡改后能够被迅速发现，只有得到授权的用户才能修改实体或进程，并且能够判别出实体或进程是否已被修改。

3. 可用性(Availability)

可用性是网络信息可被授权实体访问并按需求使用的特性。即网络信息服务在需要时，允许授权用户或实体使用的特性，或者是网络部分受损或需要降级使用时，仍能为授权用户提供有效服务的特性。

4. 可控性(Controllability)

可控性主要指对危害国家信息(包括利用加密的非法通信活动)的监视审计。

使用授权机制,控制信息传播范围、内容,必要时能恢复密钥,实现对网络资源及信息的可控性。

5. 不可否认性(Non-Repudiation)

指对出现的安全问题提供调查的依据和手段。使用审计、监控、防抵赖等安全机制,使得攻击者、破坏者、抵赖者无法辩解,并提供调查安全问题的依据和手段,实现信息安全的可审查性。一般通过数字签名来提供不可否认服务。

(二) 计算机病毒案例

2017 年 5 月 12 日,一种"蠕虫式"的勒索病毒软件 WannaCry(又称 Wanna Decryptor)通过 MS17－010 漏洞在全球范围大爆发,感染了大量的计算机。WannaCry 利用 Windows 操作系统 445 端口存在的漏洞进行传播,并具有自我复制、主动传播的特性。

图 6-4-1　勒索病毒

被该勒索软件入侵后,用户主机系统内的照片、图片、文档、音频、视频等几乎所有类型的文件都被加密,加密文件的后缀名被统一修改为". WNCRY",并会在桌面弹出勒索对话框,要求受害者支付价值数百美元的比特币到攻击者的比特币钱包,且赎金金额还会随着时间的推移而增加。

统计数据显示,100 多个国家和地区超过 10 万台电脑遭到了勒索病毒攻击、感染。勒索病毒是自灰鸽子和熊猫烧香以来影响力最大的病毒之一。WannaCry 勒索病毒全球大爆发,至少 150 个国家、30 万名用户中招,造成损失达 80 亿美元,影响到金融,能源,医疗等众多行业，造成严重的危机管理问题。部分大型企业的应用系统和数据库文件被加密后，无法正常工作，影响巨大。

(三) 计算机病毒的防范

既然计算机病毒危害性这么大，又不能彻底的防范，我们平常的工作生活又离不开计算机，应该采取怎么样的措施才能使我们能够最好地预防计算机病毒的侵入呢？其实只要我们能在工作或者生活中注意以下几个方面，就可以将计算机被病毒感染的可能性降到最低。

(1) 树立个人安全防范意识：对病毒的防范首先要树立好的个人防范意识，对一些来历不明的邮件、不了解的网站、网上下载的未经杀毒处理的软件等不要轻易打开，将主动感染病毒的几率控制到最低。

(2) 关闭系统中不需要的服务：系统默认情况下，在开机时会加载很多的服务项，而这些服务项对于普通用户来说使用率比较低，甚至根本用不上，反而为病毒攻击提供了入口和条件。关闭平时不需要的服务项，会减少被病毒攻击的可能性。

(3) 注意修复系统漏洞：计算机操作系统特别是 Windows 操作系统都会有安全漏洞，而有 80%的网络病毒是通过系统安全漏洞进行传播的，因此操作系统公司会定期地根据最新情况发布安全漏洞补丁。通过各种上网辅助软件，如 360 安全卫士、鲁大师等都可以及时地修复系统安全漏洞，大大加强系统的安全性。

(4) 第一时间隔离受感染的计算机：大部分病毒都是通过网络传播的，并且很多病毒都具有局域网广播式攻击性，当发现计算机感染病毒时，应该第一时间断开网络连接，再进行相应的杀毒处理，防止被二次感染或者成为感染源。

(5) 防毒软件要全面而专业：防毒软件作为普通用户对抗和防范病毒的主要武器，一定要选择全面专业的，并且防毒软件要及时更新和升级，这样才能保证计算机随时都处于最安全的状态。

(6) 要注意 U 盘的使用：虽然大部分病毒是通过网络传播，但作为现在常用的存储工具——U 盘也是病毒传播的主要途径之一，很多 U 盘病毒会趁用户不注意时对计算机造成极大损害。因此对 U 盘的防范也是病毒防范的重点，每个接入计算机的 U 盘都应该经过防毒软件的全面查杀后再打开。

【任务知识】

木马程序

木马这个名字来源于古希腊传说。木马程序是目前比较流行的病毒文件，与一般的病毒不同，它不会自我繁殖，也并不“刻意”地去感染其他文件，它通过将自身伪装吸引用户下载执行，向施种木马者提供打开被种主机的门户，使施种者可以任意毁坏、窃取被种者的文件，甚至远程操控被种主机。木马病毒的产生严重危害着现代网络的安全运行。

1. 木马的原理

一个完整的特洛伊木马套装程序含了两部分：服务端(服务器部分)和客户端(控制器部

分)。植入对方电脑的是服务端,而黑客正是利用客户端进入运行了服务端的电脑。运行了木马程序的服务端以后,会产生一个有着容易迷惑用户的名称的进程,暗中打开端口,向指定地点发送数据(如网络游戏的密码、即时通信软件密码和用户上网密码等),黑客甚至可以利用这些打开的端口进入电脑系统并拥有大部分操作权限,如给计算机增加口令,浏览、移动、复制、删除文件,修改注册表,更改计算机配置等。

特洛伊木马程序不会自动运行,它是暗含在某些用户感兴趣的文档中,用户下载时附带的。当用户运行文档程序时,特洛伊木马才会运行,信息或文档才会被破坏和遗失。特洛伊木马和后门不一样,后门指隐藏在程序中的秘密功能,通常是程序设计者为了能在以后随意进入系统而设置的。

2. 木马的查杀

(1) 检测网络连接;

(2) 禁用不明服务;

(3) 轻松检查账户;

(4) 对比系统服务项。

3. 木马的危害

(1) 盗取网游账号,威胁虚拟财产的安全;

(2) 盗取网银信息,威胁真实财产的安全;

(3) 利用即时通讯软件盗取身份,传播木马病毒;

(4) 打开计算机的后门,使电脑可能被黑客控制。

4. 木马的防御

(1) 利用杀毒软件对木马进行查杀;

(2) 不随便访问来历不明的网站,使用来历不明的软件;

(3) 及时更新系统漏洞。

【任务实践】

(一) 实验目的

掌握360杀毒软件的下载、安装、设置、病毒查杀和更新,保障计算机的正常使用与数据安全。

(二) 实验内容

(1) 杀毒软件的下载与安装;

(2) 杀毒软件的配置,病毒查杀;

(3) 杀毒软件的更新;

(三) 实验环境及工具

(1) 网络实验室;

（2）Internet。

（四）实验过程

1. 360 杀毒软件的下载和安装

360 杀毒是完全免费的杀毒软件，360 杀毒整合了四大领先防杀引擎，包括国际知名的 BitDefender 病毒查杀、云查杀、主动防御、360QVM 人工智能等四个引擎，不但查杀能力出色，而且能第一时间防御新出现的病毒木马。

（1）在浏览器中输入网址“http://www.360.cn/”，打开 360 公司官网。找到软件图标，并点击下载。同时该杀毒软件官网还会自动识别系统是多少位的操作系统，如果需要在别的电脑安装，需要查看对方系统是 32 位的操作系统还是 64 位的操作系统。

（2）双击运行下载好的安装包，弹出 360 杀毒安装向导。在这一步可以选择安装路径，建议按照默认设置即可，如图 6-4-2 所示。

图 6-4-2　杀毒软件安装

（3）如果需要改变安装路径，可以点击【浏览】按钮选择安装目录。

（4）接下来安装等待，如图 6-4-3 所示。

如果电脑中没有装载 360 安全卫士，还会弹出推荐安装卫士的弹窗。推荐可同时安装 360 安全卫士以获得更全面的保护。

图 6-4-3　杀毒软件安装进程

（5）安装完成之后，就可以看到 360 杀毒软件运行界面，如图 6-4-4 所示。

图 6-4-4 360 杀毒软件主界面

2. 360 杀毒软件的使用

(1) 在 360 杀毒软件的右上角点击【设置】打开设置对话框，可以根据需要进行参数的设置，如图 6-4-5 所示。

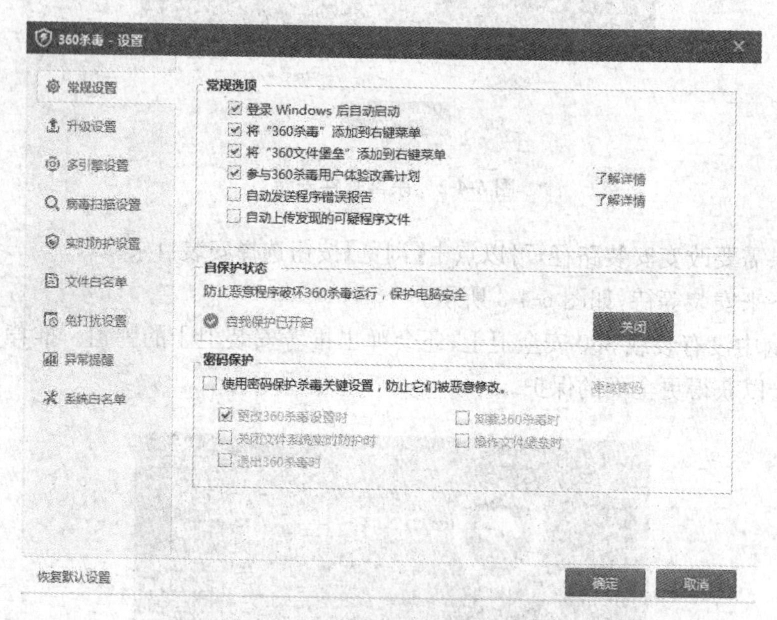

图 6-4-5 360 杀毒软件设置

(2) 在 360 杀毒软件的主界面点击【全盘扫描】，即可开始对计算机进行病毒的查杀。如图 6-4-6 所示。

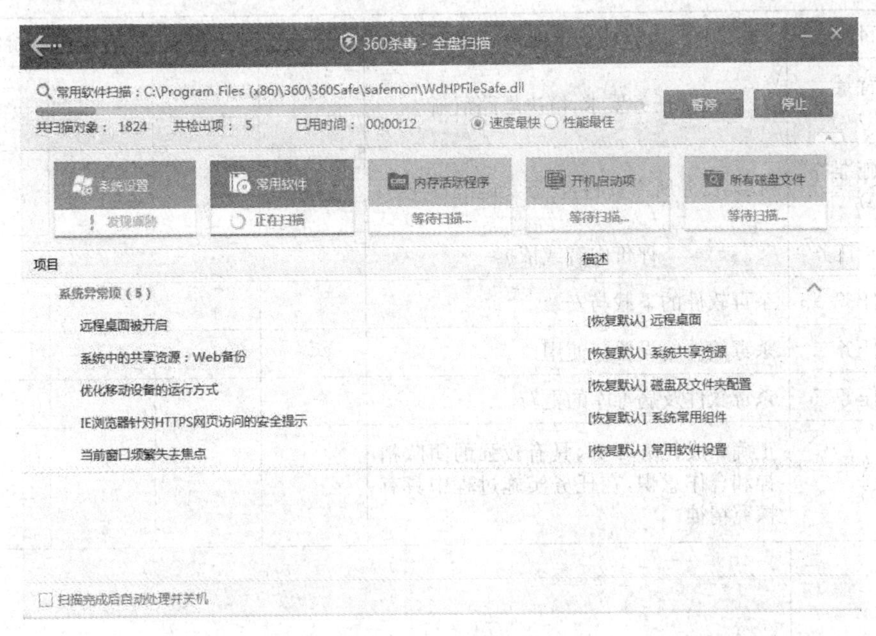

图 6-4-6　全盘扫描

在全盘扫描完成后，可以根据扫描结果进行修复或处理。

(3) 杀毒软件的更新

在 360 杀毒软件的主界面下方，点击“检查更新”，360 杀毒软件会进入病毒库和程序版本检测，如果病毒库和软件不是最新的，则自动对病毒库和杀毒软件程序进行更新。

【任务评价】

评价一下自己的任务完成情况，在相应栏目中打“√”。

项目		评价依据	优秀	良好	合格	继续努力
任务背景 (10)		明确任务要求,解决思路清晰				
任务实施准备 (20)		收集任务所需资料,任务实施准备充分				
任务实施 (40)	子任务	评价内容或依据				
	任务一	杀毒软件的下载与安装				
	任务二	杀毒软件的设置与使用				
	任务三	杀毒软件及病毒库的更新				
任务效果 (30)		正确完成任务目标,具有较强的团队精神和合作意识,在任务实施过程中具有探究精神				
问题与感想						